생활 속의
화학과 고분자

JN442635

한국과학기술한림원

• 과학기술에 전문적 경륜과 식견을 가진 석학들을 회원으로 엄선, 각 부문별 전문성을 효율적으로 활용함으로써 국가 과학기술의 진흥과 창달에 기여하기 위해 1994년에 설립되었습니다.
• 2005년 기초과학연구진흥법 제11조(한국과학기술한림원의 설립 등)에 의거 법정기구화 되었습니다.
• 독립성, 자율성 및 전문성을 바탕으로 하는 순수 민간 과학아카데미로, 편견 없는 대정부 정책자문을 통해 올바른 과학기술정책의 수립을 유도하고 있으며, 범부처적 국가 과학기술정책에 대한 자문과 건의를 통한 과학기술 발전의 장기적 비전을 제시하고 있습니다.
• 또한, 우리나라의 과학기술 선진국 진입을 위한 기초 과학기술 진흥사업을 수행하고 있으며, 외국 한림원 및 과학기술 국제기구 등과의 학술교류를 통해 과학기술 민간외교의 중심체 역할을 담당하고 있습니다.

생활 속의
화학과 고분자

저　　자 정진철
발 행 인 주정희
발 행 처 자유아카데미
디 자 인 오피에스디자인

주　　소 경기도 파주시 교하읍 문발리 527-2
파주출판문화정보산업단지
전　　화 031-955-1321
팩　　스 031-955-1322
홈페이지 www.freeaca.com
전자우편 main@freeaca.com(대표)
editor@freeaca.com(편집)

등　　록 제406-2003-017호, 1980. 7. 12
제1판1쇄 2010년 12월 31일 발행
제1판2쇄 2011년 9월 30일 발행
정　　가 22,000원

ISBN 978-89-7338-857-8 93430

한국과학기술한림원

『석학, 과학기술을 말하다』 시리즈 ⑫

생활 속의 화학과 고분자

정진철 지음

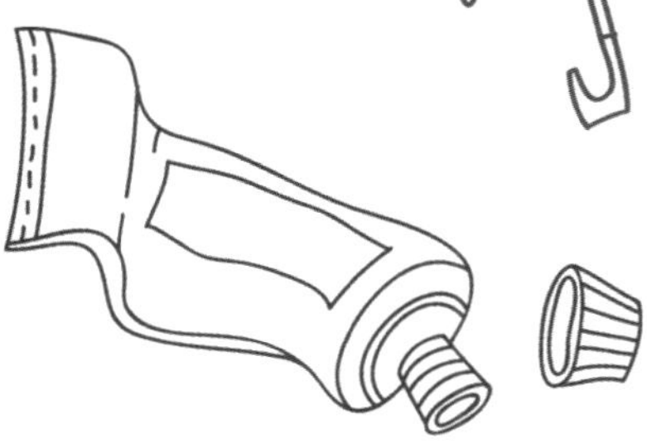

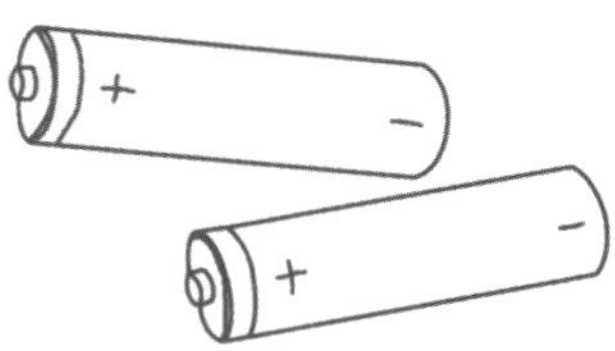

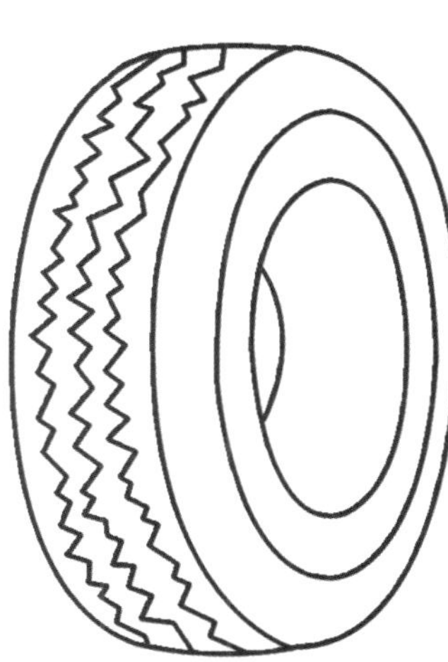

자유아카데미

책 머리에

국민소득이 1인당 2만 불에 이를만큼 여유로운 삶을 살게 되자, 우리 사회에는 건강에 대한 관심이 부쩍 늘었다. 그 결과는 여러 가지로 나타나고 있는데, 그중에서도 웰빙, 그린, 유기농, 자연친화, 친환경, 저탄소 등이 새로운 화두가 되고 있다. 새로운 화두가 등장하면 새로운 지식이 많이 파생되는 법이다. 더군다나 현대는 각종 언론매체와 인터넷 등 통신기술의 발달로 건강과 관련된 지식은, 옳건 그르건 거대한 홍수를 이루고 있다. 이런 지식의 홍수 중에는 일반인이나 학생이 이해하기 어려운 전문 지식도 많다.

인체 자체는 생체 고분자로 구성된 하나의 복잡한 화학반응기라고 볼 수 있다. 이 생체(살아 있는) 고분자 화학반응기는 모자로부터 시작해서, 안경렌즈, 옷, 허리띠, 양말, 신발에 이르기까지 모두 "사체(죽어 있는)" 고분자로 뒤덮여 있다. 그래서 화학과 고분자는 건강은 물론 실생활과 관련이 아주 많다. 이것이 화학과 고분자에 대해 알아두면 좋은 이유이다.

생활 속 "지식의 홍수"에는 고분자나 화학에 관련된 전문용어나 전문지식이 상당히 많다. 유방 확대에 쓰이는 "코헤시브 젤(cohesive gel)"을 한 예로 들어본다. 웬만큼 화학과 고분자를 안다는 전문가도 이론적으로 코헤시브가 무슨 뜻인지는 알겠지만, 이 상품이 실리콘 젤이란 사실을 알기는 쉽지 않다.

현대사회 구조가 복잡해지자 언론매체가 다루는 주제도 매우 다양해졌다. 이런 주제들 중에는 고분자와 화학으로 간단히 설명할 수 있는 것이 상당히 많음에도 불구하고, 언론이 올바른 정보를 제공하지 못하는 경우가 많다. 그 예가 트랜스 지방이다. 트랜스 지방이 건강에 나쁘다는 점만 강조할 뿐, 천연 포화지방과 똑같다는 점을 소개하는 언론은 아직 보지 못했다. 이런 예는 수없이 많다.

필자가 이 책을 쓴 이유는 세 가지다. 하나는, 생활 속에 무슨 이유에서건 잘못 소개되어 있는 화학과 고분자 지식을 올바르게 고치자는 것이다. 잘못 배우는 것은 안 배우는 것보다 못하다는 것이 필자의 지론이다. 잘못 아는 것을 응용하면 당연히 잘못된 결과가 나온다. 이것은 반드시 막아야 한다. 이를 위해서는 가급적 분명한 과학적인 논리를 개진해 두었다.

또 하나는, 알아두면 좋을 것으로 판단되는 화학과 고분자 지식을 소개하자는 것이다. 일반인들도 이제 좀 복잡하고, 어려운 이론이더라도 어느 정도의 전문지식을 갖추고 있어야 잘못된 정보를 피해 제대로 된 웰빙을 누릴 수 있는 시대가 되었다. 유용한 정보를 제대로 익혀 주위 사람에게 전달해 주고, 타인이 잘못 알고 있는 정보를 바로 잡아 준다면 이 또한 기쁜 일이다.

마지막으로, 화학과 고분자를 배우는 학생들이 이 책을 읽고 화학과 고분자에 대해 더 많은 흥미와 관심을 가지게 되기를 기대해서이다. 교과서 속의 화학과 고분자는 지루하겠지만, 이들이 일상생활에 직결되어 있음을 알면 생동감을 느끼게 될 것이다. 또 지금의 학생들이 성장하는 동안 사회는 더 복잡해질 것이고, 언젠가는 여기서 다룬 문제점들과 비슷하지만 더 어려운 주제들이 더 많이 등장할 것이다. 그때는 이 책을 읽은 학생들이 나서서 전문지식이 부족한 이들에게 정보를 제공할 수 있어야 할 것이다.

이 책에는 필자가 평소에 관심을 가지고 메모해 오던 고분자와 화학에 관한 주제를 모아 기술한 내용을 12개의 절로 나누었다. 그러고 나서 보니 화학과 고분자를 전혀 모르는 일반인들을 위해서 초보적인 안내가 필요하다는 생각이 들었다. 그래서 한 개의 절을 추가하였다.

여기서 다룬 주제들에 대해서는 일반인들이 이해할 수 있도록 쉽게 설명하려고 노력했지만, 그래도 너무 어렵지 않은가 하는 걱정이 된다. 떠도는 오류를 정확하게 비판하기 위해서, 또는 정확한 설명을 제공하고 배우는 학생들의 이해를 위해서 여러 그림과 화학식을 많이 제시하고 인용하였다. 화학과 고분자를 전혀 모르는 독자들은 제1절은 생략하고, 제2~13절의 본문만 읽어도 된다. 본문만 읽어도 충분할 수 있도록 노력하였다. 자세한 정보를 원한다면 제1절부터 꼼꼼히 읽는 것이 좋다.

화학과 고분자를 잘 아는 전문가가 이 책을 읽는다면 필자의 논리에 허점이 많다고 볼 수도 있을 것이다. 학생과 일반인들을 위해서 상세하고 전문적인 것은 일정 수준에서 선택했고, 거기에 맞게 설명하려고 노력했기 때문이다. 전문가들은 이 책의 대상이 학생과 일반인들이란 관점에서 평가하고 좋은 의견을 보내 주기 바란다.

이 책은 한국과학기술한림원이 과학과 기술을 일반인들과 학생들에게 널리 알리기 위해 실시하고 있는 회원저술지원사업을 통해 발간되었다. 본인에게 이런 기회를 제공해 준데 대해서 한림원 정길생 원장을 비롯한 모든 관계자분들께 심심한 감사의 말씀을 드린다. 완성된 딱딱한 초고를 읽고, 일반인들과 학생들에게 좀 더 쉽게 다가갈 수 있도록 애써 준 한림원 도서 편집부, 자유아카데미 출판부의 실무진과 OPS 디자인의 호혜정 씨에게 감사드린다.

이 책을 쓰는 동안 근거리에서 격려해 주고 정성스레 토의에 참여해 준 필자의 지인들인 아내 김현숙, 아들 현양과 민양, 딸 유진 그리고 며느리 박선미에게 내 마음 속의 사랑과 고마움을 전한다.

2010년 12월

정진철

차례

01 원자에서 고분자까지

02 화학과 고분자 없이 첨단기술은 없다

03 먹는 물, 제대로 알자

04 에너지와 화학

05 지방과 지방산

06 비누, 세제, 계면활성제

09 환경

10 천연 고분자, 생체의 기본이다

11 합성 고분자

인체 자체는 생체 고분자로 구성된 하나의 복잡한 화학반응기라고 볼 수 있다.
이 생체(살아 있는) 고분자 화학반응기는 모자로부터 시작해서, 안경렌즈, 옷, 허리띠, 양말, 신발에 이르기까지 모두 "사체(죽어 있는)" 고분자로 뒤덮여 있다.
그래서 화학과 고분자는 건강은 물론 실생활과 관련이 아주 많다.
이것이 화학과 고분자에 대해 알아두면 좋은 이유이다.

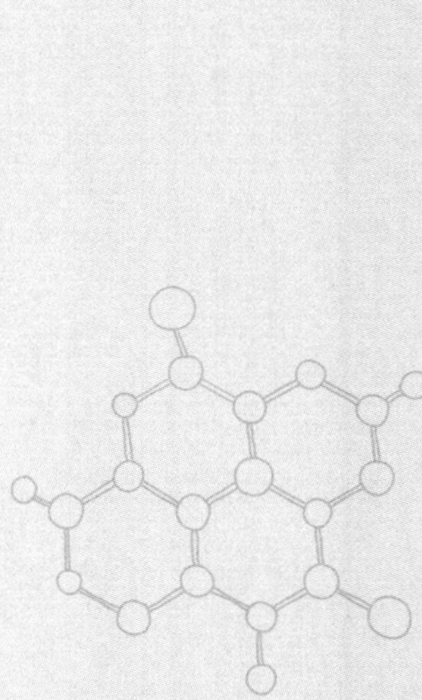

01

원자에서 고분자까지

여기에서는 화학과 고분자를 전혀 모르는 일반인들이 이 책을 읽는 데 조금이나마 도움을 제공하기 위해서 아주 기초적인 개념 몇 가지를 소개한다. 이 개념들만 정확히 알아 두어도 일상생활에서 만나고 있는 화학과 고분자를 이해하는 데 많은 도움이 될 것이라고 믿는다.

01 소립자와 원자

최근에는 화학을 전혀 모르는 사람일지라도 물의 화학식은 H_2O, 탄산가스는 CO_2, 소금은 NaCl이란 정도는 많이 듣고, 알고 있다. 참으로 반가운 일이다. 여기서 H_2O, CO_2 및 NaCl은 각 물질의 성질을 나타내는 분자[1]의 화학식이다. 분자를 구성하는 H(수소), O(산소), C(탄소), Na(나트륨), Cl(염소)는 원자[2]라고 한다.

원자들만 결합해서 생성된 물질을 원소라고 한다. 현재 원소는 100개가 넘게 알려져 있다. 모든 원소에는 부호가 붙여져 있고, 원소를 일정한 원칙에 의해 나열한 표가 원소주기율표이다. 화학자에게 이런 부호는 언어의 알파벳과 마찬가지지만, 화학을 배우기 시작하는 학생들이라면 자주 사용되는 10여 개만 알아도 충분하다. 고등학교에서 화학을 처음 배우는 학생들에게 수많은 원소기호의 암기를 요구하는 것은 "화학은 암기과목"이란 오명만 남길 뿐이다. 흥미로운 수업을 통해 자연스럽게 익히게 하는 방법도 화학교사들이 유념해 둘 일이다.

분자는 원자로 구성되므로 분자를 쪼개면 원자가 된다. 하지만 쪼개면 이미 분자의 상태가 아니기 때문에 분자로서의 성질을 잃게 된다. 물은 수소와 산소가 화학적으로 결합해서 생기지만, 수소나 산소가 가진 성질은 전혀 나타내지 않는다. 단지 물 분자를 구성하고 있을 뿐이다. 실온에서 수소나 산소

• 물질구성 입자 크기 순서: 소립자 < 원소 < 원자 < 분자

1) 분자(molecule): 물질의 성질을 가지고 있는 최소의 단위. 여러 개의 원자가 화학결합으로 연결된 1개의 독립된 입자로 행동한다. 고체, 액체, 기체 상태로 존재할 수 있다.

2) 원자(atom): 화학 원소로서의 특성을 잃지 않는 범위에서 도달할 수 있는 물질의 기본적인 최소 입자이다.

는 기체지만, 물은 액체인 사실만 보아도 성질이 전혀 다름을 알 수 있다.

원자를 구성하는 입자에는 양자[3], 중성자[4], 전자[5], 양전자[6]가 있다. 이들 모두를 소립자라고 한다. 이 책에서 단 한 번만 언급하는 것은 양전자이다. 무게는 전자와 같은데, 전자는 음전하[7]를 가지지만 양전자는 이름처럼 양전하[8]를 띤 입자이다.

양전기를 띠는 양자와 전기를 띠지 않는 중성자는 원자의 중앙에 있는 원자핵[9] 속에 들어 있다. 수소(H)를 제외한 다른 원자의 핵 속에는 양자와 중성자가 들어 있는데, 둘의 무게는 같다. 100개 이상의 원자를 서로 구분하기 위해 모든 원자에는 번호가 붙여져 있다. 이 원자번호는 양자수에 따라 붙인 것이다. 수소 원자핵 속에는 중성자가 들어 있지 않고, 양자만 1개 있다. 그래서 원자번호가 1번이다.

전자는 음전기를 띠며 아주 가벼워서 양자 무게의 1/1,836 밖에 되지 않는다. 원자는 전기적 중성을 유지하기 위해서 양자수만큼 전자를 가지고 있다. 전자는 거의 광속에 가까운 속도로 원자핵 주위의 궤도[10]를 돌고 있다. 화학에서는 원자핵보다 전자의 움직임이 훨씬 중요하다.

---

3) 양자(proton, 양성자): 중성자와 함께 원자핵을 구성하는 소립자의 하나로, 양의 전하를 가지고 있다.

4) 중성자(neutron): 원자를 구성하고 있는 입자의 한 종류로 전하를 띠지 않는다.

5) 전자(electron): 음전하를 가지는 질량이 아주 작은 입자로 모든 물질의 구성요소이다.

6) 양전자(positron): 전자의 반입자. 전기량, 질량, 스핀 등 소립자로서의 속성은 전자와 같지만, 양의 전하를 가지는 입자이다.

7) 음전하(negative electric charge): 물체가 띠고 있는 음의 전기적 성질을 뜻하며, 양전기보다 음전기를 더 많이 가지고 있는 상태 또는 음의 전기적 성질을 가지는 전하이다.

8) 양전하(positive electric charge): 물체가 띠고 있는 양의 전기적 성질을 뜻하며, 음전기보다 양전기를 더 많이 가지고 있는 상태 또는 양의 전기적 성질을 가지는 전하이다.

9) 원자핵(atomic nucleus): 양전하를 띠고 원자의 중심에 위치하며, 원자 질량의 대부분을 차지한다.

10) 궤도(orbit): 중력장 또는 전자기장 등에서 물체가 운동하는 일정한 길로, 경로라고도 한다.

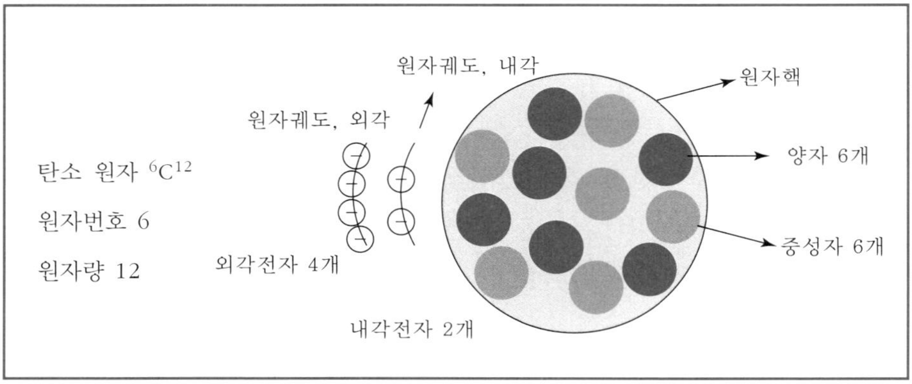

탄소 원자의 구조와 소립자

지금까지 설명한 내용에 따라 탄소 원자의 구조를 그림에 나타내었다. 탄소는 원자번호 6번, 원자량 12이다. 그래서 탄소(C) 원자핵에는 6개의 양자와 6개의 중성자가 들어 있다. 핵 밖의 원자궤도에는 6개의 전자가 회전하고 있는데, 2개는 핵에 가깝고(내각), 4개는 더 멀다(외각).

양자는 모두 양전기를 띠고 있는데 원래 양전기를 띠는 입자끼리 접근하면 강력한 반발력이 생긴다. 그런데도 불구하고 여러 개의 양자가 비좁은 원자핵 속에서 서로 반발하지 않고 잘 공존하는 이유는 무엇인가? 학생들이 가지는 첫 질문이다. 중성자와 양자는 매우 빠른 속도로 양전하를 서로 주고 받기 때문에, 사실 양자와 중성자가 서로 구분되지 않아 양자끼리 반발할 시간여유가 없는 것이다.

원자의 양자와 중성자의 무게를 합친 것을 원자량이라고 부른다. 원자무게에서 전자는 너무 가벼워 무게를 무시한다. 원자핵이 너무 무거우면 쪼개지려고 하는 성질이 있다. 핵의 원활한 운동에 장애를 초래하기 때문이다. 이때 많은 에너지가 생기는데 원자력 발전은 이 에너지를 전기로 변환시키는 기술이다.

우라늄(U)은 원자번호가 92인데, 이 번호 이상의 원소는 모두 쪼개지면서 에너지가 높은 파동이나 입자인 방사선을 낸다. 즉, 일정 시간이 경과되면 저절로 붕괴되어 다른 원소로 바뀐다. 원래 농도의 절반으로 감소하는데 걸리는 시간을 반감기라고 하는데, 이는 암석이나 지질의 연대측정에도 활용된다. 원자번호 100번을 초과하는 원소의 수명은 너무 짧아 존재 자체를 인지하기조차 매우 힘들 정도이다.

02 원자에서 분자로

원자가 모여 화학적으로 결합해서 생겨난 새로운 결합체를 분자라고 한다. 즉, 원자들이 분자를 이루기 위해서는 단순히 모이기만 해서는 안되고, 화학적으로 결합하여야 한다.

그런 뒤에 완전히 다른 성질을 가지는 분자가 완성된다.

화학결합에도 여러 가지가 있지만, 특히 공유결합[11)]과 이온결합[12)]이 가장 중요하다. 두 원자 사이의 공유결합은 각 원자의 핵에서 가장 먼 궤도가 서로 합쳐지고, 이어 각 원자에 있던 전자(최외각 전자)가 새로 합쳐진 궤도를 돌면 이루어진다.

물 분자를 생성시키는 화학결합 과정을 그림 1에 나타내었다. 먼저 수소의 궤도와 산소의 궤도가 합쳐지고, 이어 각 원자에 속했던 전자는 이제 내

11) 공유결합(covalent bond): 화학결합의 하나로 2개의 원자가 서로 전자를 제공하여 전자쌍을 형성하고, 이를 공유함으로써 생기는 결합이다. 대부분의 유기화합물과 일부 무기화합물에서 나타난다.

12) 이온결합(ion bond): 양이온과 음이온이 정전기적 인력으로 작용하여 생기는 화학결합이다.

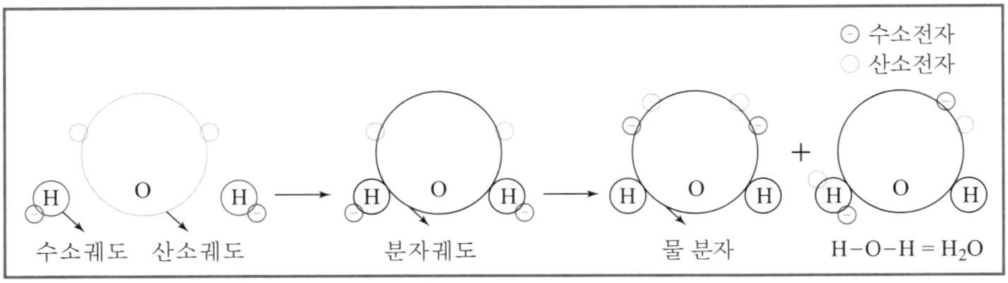

그림 1. 물의 공유결합 형성 과정

것, 네 것의 구분없이 서로 공유해서 합쳐진 궤도를 돌게 된다. 새로 생겨난 궤도를 분자궤도[13)]라고 부른다. 이제 수소 원자 두 개와 산소 원자 한 개는 떨어지지 않는 분자가 되었다.

이온결합을 이루는 대표적인 분자는 소금 분자인 염화나트륨(NaCl)이다. 최외각 궤도에 전자 1개를 가진 나트륨(Na) 원자와 7개를 가진 염소(Cl) 원자가 서로 접근해서, 소금 분자를 이루는 과정을 그림 2에 나타내었다. 물 분자에서와 달리 Na는 Cl에 가까이 접근하더라도 원자궤도를 합치지 않으며 자기가 가진 전자 한 개를 Cl 원자에 준다.

전자를 준 Na는 양이온[14)] Na^+로 되고, 전자를 받은 염소는 음이온[15)] Cl^-로 된다. 즉, 이온은 전자를 받거나 내주어 전하를 띠고 있는 원자나 분자 또는 분자의 조각을 말한다. 음이온과 양이온은 서로 다른 전하를 띠므로 전기적인 인력이 생겨 멀리 떨어져 나가지 않고 결합 상태를 유지한다. 이런 결합을 이온결합이라고 부른다.

---

13) 분자궤도(molecular orbital; MO): 분자에서 전자의 양자적 배치를 기술하기 위한 수학 함수이다. 여러 이론들 중 하나이며, MO 이론이라고도 한다. 분자궤도는 보통 원자궤도와 혼성궤도를 합친 형태이다.

14) 양이온(cation): 중성의 원자, 또는 원자단이 전자를 잃고 양의 전하를 띠게 되는 것이다.

15) 음이온(anion): 중성의 입자가 전자를 얻어 만들어지는 음전하를 띠는 물질이다.

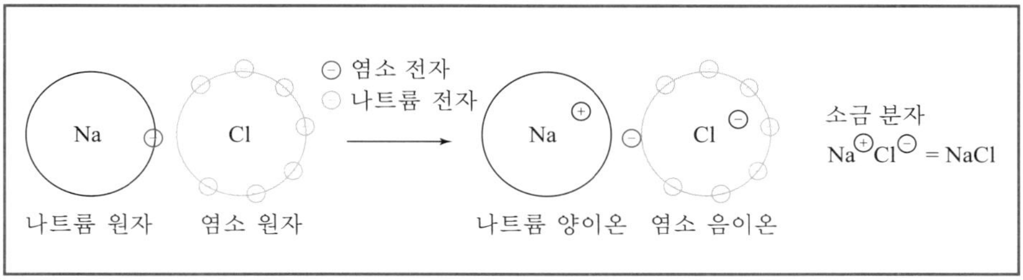

그림 2. 소금 분자의 이온결합 형성 과정

그러나 양이온 Na^+과 음이온 Cl^-은 분자궤도를 공유하지 않으므로 두 이온 사이에 작용하는 정전인력보다 더 큰 힘이 작용하면 멀리 떨어질 수 있다. 예를 들어, 소금을 물에 녹여 아주 묽은 용액을 만들면, 두 이온 사이의 거리는 아주 멀어지게 된다. 이런 점에서 이온결합은 공유결합과 다르다.

탄소의 화합물인 유기화합물은 거의 모두 공유결합으로 이루어져 있고, 금속의 산화물이 주종인 무기화합물도 강산과 강알칼리를 제외하고는 많은 것들이 공유결합을 가지고 있다. 즉, 화학에서는 공유결합이 가장 중요한 결합이다.

03 원자량과 분자량

원자의 무게를 원자량이라고 하듯이 분자의 무게를 분자량이라고 부른다. 분자량은 그 분자를 구성하는 모든 원자의 원자량을 합한 값이다. 원자량과 분자량에는 상대값과 절대값이 있는데 화학에서는 상대값을 사용한다.

수소 원자 1개의 무게와 물 분자 1개의 무게는 얼마나 될까? 이탈리아의 화학자 아보가드로[16]는 여러 가지 원자와 분자의 무게를 측정하여 수소 1개는 $1/(6.023 \times 10^{23})$ 그램이고, 물 분자 1개는 $18/(6.023 \times 10^{23})$ 그램이란 사실을 발견하였다. 즉, 수소 원자량은 물 분자량의 1/18이다.

아보가드로는 이런 측정을 많은 물질에 대해 실시한 결과, 분자량은 항상 6.023×10^{23}이란 상수의 일정한 배수로 나타남을 알게 되었고, 이 상수에 자기 이름을 붙여 아보가드로 상수[17]라고 명명했다. 이 측정작업을 계속한 결과 많은 원소에 대해 이 배수를 결정할 수 있었다.

그 결과 수소는 1, 탄소는 12, 질소는 14, 산소는 16, 물은 18이란 사실을 알아냈다. 이 배수를 화학에서는 몰[18]이라고 부른다. 즉, 물 H_2O와 탄산가스 CO_2 1몰의 무게는 각각 18과 44이고, 아보가드로 상수만큼의 분자수가 들어 있다.

측정기술이 더 발달하자 세계 화학회에서는 탄소의 원자량을 12.0000으로 정하고, 이를 기준으로 삼아 다른 모든 원자의 상대적인 원자량을 훨씬 더 정확하게 확정했으며, 지금은 이 원자량이 표준화되어 있다.

04 분자의 표시

분자를 표시한 식을 분자식이라고 한다. 분자식에도 두 가지가 있다. 프로필렌을 분석해서 각 원소의 함량비를 식으로 나타내면 C_3H_6가 된다. 이

16) 아보가드로(1776~1856): 이탈리아의 물리학자이자 화학자이다.

17) 아보가드로 상수(Avogadro' s number, NA)는 1몰에 해당하는 입자(원자, 분자, 이온 등)의 개수를 나타내는 큰 수이며, 그 값은 1몰당 6.023×10^{23}개이다.

18) 몰(mol): 물질의 입자의 수를 나타내는 국제 단위계의 기본 단위이다.

런 원소 조성비를 표시하는 화학식을 시성식이라고 한다. 분자가 아주 작은 경우가 아니라면, 일반적으로 시성식은 화합물의 성질을 짐작하는 데에는 전혀 도움이 되지 못한다. 분자의 자세한 성질을 알기 위해서는 구조식이 필요하다. 흔히 알려진 포도당의 시성식은 $C_6H_{12}O_6$이다. 한데 갈락토오스와 과당은 포도당과 같은 시성식이지만, 구조식이 상당히 다른 분자이다. 시성식에서 구조식을 알아내려면 많은 연구가 더 필요하다.

원자수를 많이 가지지 않아 구조가 비교적 간단한 무기분자는 구조식을 표시하는 것이 쉽지만, 원자수가 대단히 많아 구조가 복잡한 유기분자나 고분자의 3차원 입체 모양을, 종이 위에 2차원 모양으로 표시하는 것은 간단한 일이 아니다. 그래서 세계 화학회에서는 아무렇게나 표시하지 못하도

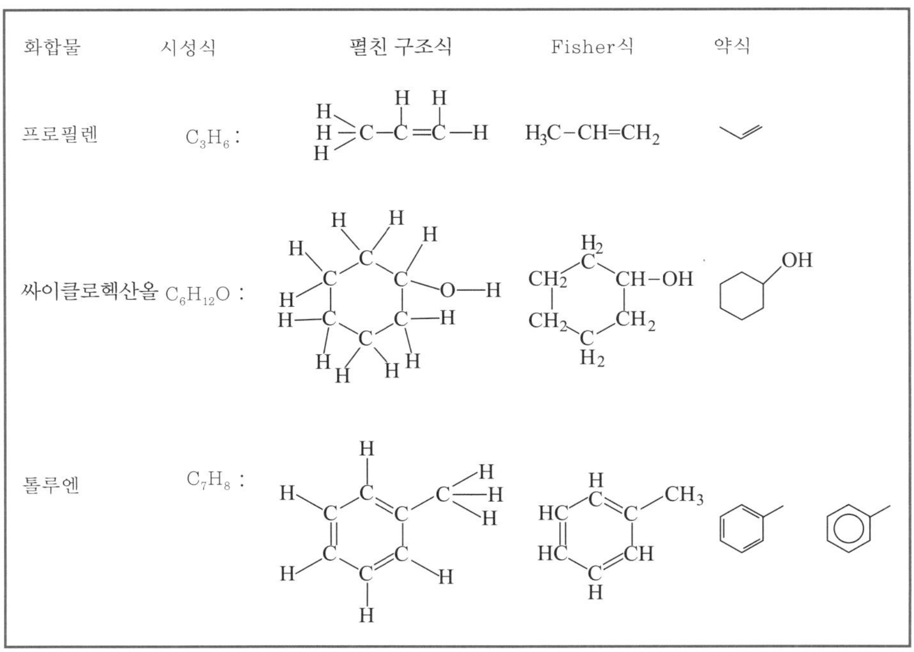

분자 구조의 표시 방법

록 하기 위해서, 일정한 원칙에 따라 분자를 종이 위에 세우고 위로부터 투영된 모양을 표시하도록 정했다.

이 원칙들은 사실 전문가들에게조차 상당히 복잡해서 여기서 이를 소개하는 것은 무의미한 일이다. 오히려 구체적인 예를 들어 유기화합물의 구조를 표시하는 방법을 소개하는 것이 이해에 더 많은 도움이 될 것이다. 그런 예로서 여기서는 프로필렌, 싸이클로헥산올 및 톨루엔 등 세 가지를 선택하였다.

앞쪽의 그림에서 볼 수 있는 것처럼, 구조식을 표현하는 방법에도 세 가지가 있다. 분자에 함유된 모든 원자의 입체적인 위치까지 고려해서 표시하는 펼친 구조식은 가장 정확한 반면, 공간을 너무 많이 필요로 하며 또 더 복잡한 화합물은 좁은 공간에 너무 많은 원자를 전부 표시해야 되므로, 표시하기가 불가능할 수 있다는 것이 단점이다.

이를 개선해서 현재 화학 교과서에서 가장 많이 쓰이는 구조식은 피셔(Fischer)[19) 표시법이다. 이 방식은 펼친 구조식의 모든 정보를 반영하면서도 공간을 절약해 준다는 장점을 가지고 있다. 이 구조를 더 간략화한 구조식은 그림에서 보듯이, 탄화수소를 선으로만 표시하는 방식이다. 다만 벤젠은 고리 속에 원을 그려 표시하는 방식도 많이 쓰인다. 이 고리 속의 원은 분자가 방향성을 띤다는 성질을 보여 준다. 여기서 말하는 방향성은 동서남북의 위치를 의미하는 방향(方向)이 아니라, 향기를 낸다는 의미의 방향(芳香, aromatic)이다. 본서에서는 가급 피셔 방식을 사용하였다.

19) 에밀 피셔(1852~1919) : 독일의 유기화학자이다. 페닐하이드라진을 이용하여 당의 입체구조를 결정하는 등 다양한 업적을 남겼다. 1891년 3차원 유기 분자의 2차원 표시법을 고안하였다.

05 화학반응과 촉매

분자는 고체, 액체, 기체로 구분되는 물질의 상태에 따라 다르긴 하지만, 전체 또는 일부가 항상 움직이고 있다. 이 분자운동[20]은 물질의 상태에 의해 크게 달라진다. 고체 상태에서 분자 전체가 움직이는 것은 불가능하고, 분자의 일부만 움직이고 있다. 액체 및 기체 상태에서는 전체 및 일부의 운동이 모두 가능한데, 액체에서는 느리고, 기체에서는 매우 빠르다.

분자 수준에서 볼 때 고체인 쌀과 보리는 절대 섞일 수 없고, 액체는 물과 에칠알코올처럼 쉽게 섞일 수도, 물과 기름처럼 전혀 섞이지 않을 수도 있다. 모든 기체는 순식간에 섞인다. 두 물질 사이에서 일어나는 화학반응에서는 물질의 상태 중 특히 액체에 가장 관심이 많다. 고체 상태의 두 물질은 아예 섞이지도 않고, 기체 상태의 물질은 수가 너무 적기 때문이다.

또한 분자운동은 온도에 크게 영향을 받는다. 온도가 내려가면 느려지고, 올라가면 빨라진다. 고체에 온도를 올려 주면 분자 일부의 운동이 더 빨라지다가 온도가 더 오르면, 분자 전체가 움직이기 시작한다(얼음이 녹기 시작한다). 즉, 액체가 되기 시작한다. 이 온도가 녹는점[21]이다. 액체의 온도를 올리면 분자이동속도가 빨라지다가(얼음이 녹아 물이 된다) 온도가 더 오르면 결국 분자가 액체 상태를 벗어나 기체가 되어 증발[22]한다(물은 온도가 더 높아지면 끓고 수증기가 된다). 증발된 기체의 압력, 즉 증기압이 1기압인 온도가 끓는점[23]이다.

---

20) 분자운동(molecular motion): 물질을 이루는 분자들의 움직임이다. 물질의 상태가 고체일 때, 액체일 때 기체일 때에 따라서 움직임의 정도가 달라진다.

21) 녹는점(melting point): 물질이 고체에서 액체로 상태 변화가 일어날 때의 온도이다.

22) 증발(vaporization): 액체의 표면에서 일어나는 기화현상이다.

23) 끓는점(boiling point): 액체가 표면과 내부에서 기포가 발생하면서 끓기 시작하는 온도이다.

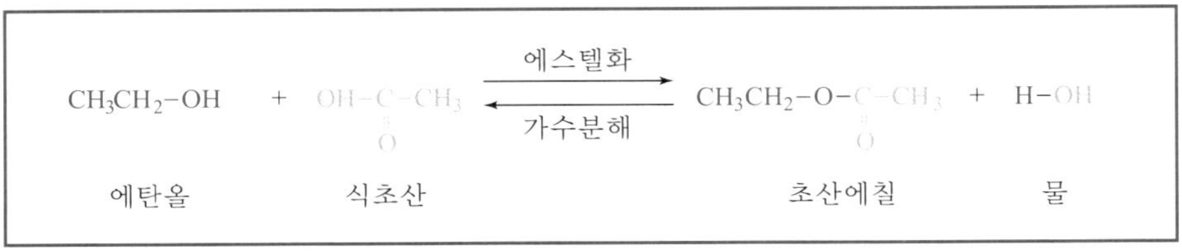

그림 1. 에탄올과 식초산의 에스텔화 및 초산에칠의 가수분해반응

두 액체를 혼합했을 때, 물과 에탄올처럼 서로 잘 섞이는 경우에는 상대방 분자와의 인력(부착력)이 자기 분자와의 인력(응집력) 보다 강하고, 반대로 물과 기름처럼 서로 전혀 섞이지 않는 경우에는 응집력이 부착력보다 강한 것이다. 응집력과 부착력을 비교해서 어느 경우에 어느 것이 더 높은지를 미리 아는 것은 어려운 일이므로 전문가들이 해야 할 일이다.

주변에서 흔히 볼 수 있는 물과 에탄올의 혼합물[24]은 대표적 주류인 소주이다. 혼합물에서는 두 성분이 단순히 섞여 있을 뿐이어서, 물은 물 맛을 내고 에탄올은 에탄올 맛을 낸다. 끓였다가 식혀도 변화는 전혀 없다. 그러나 에탄올 1몰에 식초산 1몰을 혼합하고, 2~3시간쯤 끓인 뒤 냉각해서 분석해 보면, 그림 1에 → 방향으로 보인 바와 같이, 에탄올, 식초산 외에 물과 초산에칠이란 두 화합물[25]이 새로 생긴 것을 알 수 있게 된다. 이때 알코올과 산과의 반응을 에스텔화[26] 반응이라고 부르고, 생성물 초산에칠을 에스텔이라고 한다. 이 반응의 역반응은 그림 1에 ← 표로 표시하였다. 즉, 에

24) 혼합물(mixture): 두 종류 이상의 물질이 화학적 반응을 일으키지 않고, 물리적으로 단순히 섞여 있는 물질이다.

25) 화합물(compound): 2개 이상의 다른 원자들이 화학결합을 통해 생성된 순물질을 말하는데, 탄소와 수소의 포함여부에 따라 유기화합물과 무기화합물, 원자의 결합방식에 따라 이온결합 화합물과 공유결합 화합물로 나뉜다.

26) 에스텔화(esterification): 알코올 또는 페놀과 산이 축합반응을 일으켜 에스터를 생성하는 반응이다.

스텔에 물을 가하여 알코올과 산을 얻는다. 이렇게 물을 가해서 어느 분자를 쪼개는 반응을 가수분해라고 부른다.

물과 에탄올 사이에는 아무런 화학반응이 없는데, 에탄올과 식초산 사이에는 에스텔화 반응이 일어난다. 어느 경우에는 화학반응이 일어나고, 어느 경우에는 일어나지 않는지를 아는 것은 매우 어려워 전문가의 영역에 속한다. 일반인들에게는 아무 물질이나 혼합하면 안된다는 주의만 환기시키고 싶다.

그림 1의 반응 시 소량의 황산을 가하면 반응속도는 대단히 빨라진다. 이때 황산은 반응 전후에 전혀 변화가 없다. 이런 기능을 나타내는 화합물을 촉매라고 한다. 촉매는 반응속도를 올려주는 물질이므로 대량합성 시 반응시간을 단축시켜 반응 공정의 생산성을 향상시키는 데에 중요한 역할을 한다.

화학에서 중요한 물질로서 산과 염기가 있다. 염기 중에서 물에 잘 녹는 것을 알칼리라고 부른다. 그림 2에 표시한 바와 같이, 산은 분해해서 수소양이온(H^+)을 내는 물질이고, 염기는 수산 음이온(HO^-)을 내는 물질이다. 그림 2에는 산과 염기가 반응해서 염과 물을 생성시키는 중화반응[27]과 이의 역반응인 가수분해 반응도 표시하였다. 이를 보면, 중화는 H^+와 HO^-가 반응해서 H_2O로 되는 반응임을 알 수 있다.

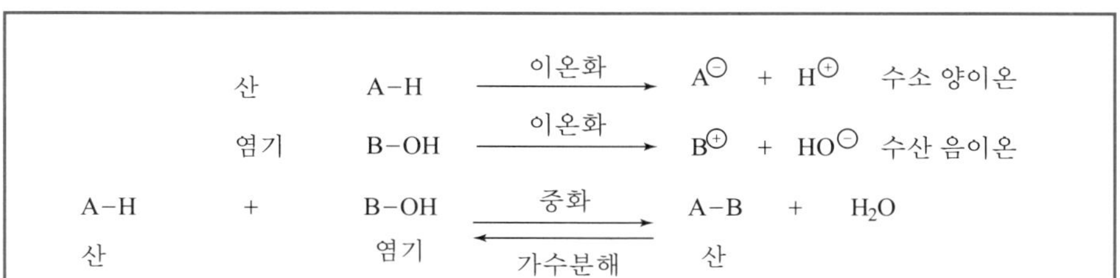

그림 2. 산, 염기, 중화 및 가수분해

27) 중화반응(neutralization reaction): 산과 염기가 반응하여 물과 염을 생성하는 반응이다.

강산과 강염기는 각각 H^+와 HO^-를 많이 발생시키는 물질이다. 즉, AH가 모두 이온화하면 AH는 강산이고, 거의 이온화하지 않으면 약산이다. 식초산은 약산이다. 약 10^4개의 분자 중에서 겨우 1개만 이온화하기 때문이다. 이런 면은 염기에 대해서도 동일하다.

강산과 강염기의 중화로 생긴 염은 가수분해하지 못한다. 약산/강염기 또는 강산/약염기의 중화에서 생성된 염은, 물에 녹으면 가수분해해서 일부가 산과 염으로 되므로 수용액은 각각 염기성 또는 산성을 띠게 된다. 학생들은 약산/약염기의 중화에 의해 생성된 염이 가수분해하는지에 대해 생각해 보기 바란다.

06 유기화합물의 종류

산과 염기 외에 유기화합물도 화학에서 매우 중요하다. 유기화합물은 종류도 많고, 구조도 복잡해서 이해하기 어렵다. 그래서 탄소와 수소만으로 이루어진 탄화수소를 기본 화합물로 정해 두었다. 모든 다른 화합물들은 탄화수소의 수소 원자 대신 다른 원자나 분자의 일부(이를 기라고 부른다)가 치환[28]되어 생성된 것으로 간주한다. 탄화수소 중 벤젠고리를 함유하는 것을 방향족 탄화수소, 함유하지 않는 것을 지방족 탄화수소라고 부른다.

지방족 탄화수소중 포화 탄화수소[29]는 C_nH_{2n+2}(n=1,2,3,4 등)의 일반적인 시성식을 가진다. 이를 알칸이라고 부르고, C_nH_{2n+1}의 기를 알킬기라고 부

28) 치환(substitution): 화합물의 원자 · 작용기 등을 다른 원자 · 작용기 등으로 바꾸는 반응이다.

29) 포화 탄화수소(saturated hydrocarbon): 탄소와 수소로만 구성되어 있는 화합물인 탄화수소 중에서 이중결합이나 삼중결합 등의 불포화결합이 하나도 포함되어 있지 않은 것이다.

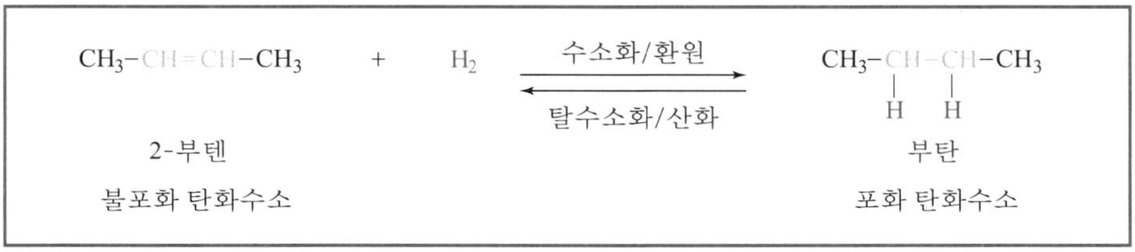

2-부텐의 수소화 및 이의 역반응

른다. 또 알칸의 H 원자 1개가 OH로 치환된 $C_nH_{2n+1}-OH$는 알코올이고, COOH로 치환된 $C_nH_{2n+1}-COOH$는 산이다.

불포화 탄화수소[30]는 포화 탄화수소보다 수소수가 적다. 그래서 C_nH_{2n}의 시성식을 가지는 불포화 탄화수소에는, 1개의 −CH=CH− 탄소-탄소 이중결합[31]을 가지게 된다. 이중결합이 2개인 불포화 탄화수소는 C_nH_{2n-2}의 시성식을 가지며, 포화 탄화수소보다 수소 원자가 4개 적다.

이 이중결합을 가진 화합물의 한 예인 2-부텐에 수소를 첨가하면, 그림 2에 표시한 바와 같이, 부탄으로 포화[32]된다. 즉, 불포화결합 −CH=CH− 가 포화결합 $-CH_2CH_2-$로 변환된다. 이 반응을 수소화[33] 또는 환원, 그 역반응을 탈수소화[34] 또는 산화라고 부른다. 다시 말하면 환원은 어떤 화합물에 수소를 첨가하는 반응이고, 산화는 수소를 제거하는 반응이다. 어느 화합물에 대해 산화는 원래 탈수소화를 가리키기보다는 산소를 결합시키는

30) 불포화 탄화수소(unsaturated hydrocarbon): 탄화수소 중에서 분자 내에 이중결합 또는 삼중결합 등의 불포화결합을 포함하는 것으로서, 반응성이 풍부하다.

31) 이중결합(double bond): 분자내 원자간의 화학결합에서 2개의 원자가 서로 2개의 원자가에 의해서 결합해 있는 화학결합이다. 보통의 이중결합은 2개의 공유결합으로 구성되어 있으며, 구조식은 C=C, C=O, C=N, N=N, N=O 등과 같이 2개의 선으로 나타낸다.

32) 포화(saturation): C=C 이중결합에 수소가 결합되는 반응을 말한다.

33) 수소화(hydrogenation): 어느 화합물에 수소를 결합시키는 반응이다.

34) 탈수소화(dehydrogenation): 수소화의 역반응이다.

반응을 일컫는다. 알칸 C_nH_{2n+2}에 1개의 산소 원자를 결합시켜 알코올 $C_nH_{2n+1}-OH$로 변환시키는 반응이 진짜 산화반응이다. 이처럼 산화/환원에서 산소와 수소는 서로 대치된 개념을 형성하고 있다.

07 분자에서 고분자로

고분자는 원래 매우 큰 분자를 말한다. 즉, 분자량(1만 이상)이 매우 높은 분자이다. 합성 고분자는 보통 10만 정도에 이르고, 알려진 고분자 중에서 가장 분자량이 높은 것은 세포핵에 자리잡고 있는 생체 고분자인 DNA로서, 20~30억이라고 한다. 고분자에 대하는 개념으로서 분자량이 낮은 분자(1만 미만)는 저분자라고 한다.

자연에서 만들어진 생체 고분자건, 사람이 만든 합성 고분자건 고분자의 구조를 들여다 보면, 모두 기본단위를 이루는 구조체가 있고, 이들이 수 없이 많이 모여 긴 사슬 모양으로 공유결합을 이루고 있다는 것을 발견하게 된다.

고분자를 영어로는 폴리머[35](polymer)라고 칭하는데, "폴리(poly)"는 많다는 뜻이고, "머(mer)"는 기본단위란 뜻이다. 폴리머는 많은 수의 저분자 기본단위(A)가 $[A]_n$ 형태로 결합해서 사슬 모양을 이룬 물질인 것이다. $[A]_n$ 형태의 화학 결합체는 중합체라고도 부르는데, 기본단위(=반복구조) A를 겹겹이 여러 개 합쳐서 만든 물질이란 뜻이다.

고분자 사슬의 기본단위가 한 가지로 구성된 중합체는 단일 중합체라 부

35) 폴리머(polymer, 중합체): 분자가 중합하여 생기는 화합물이다. 단위체(monomer)에 대응하는 말이다.

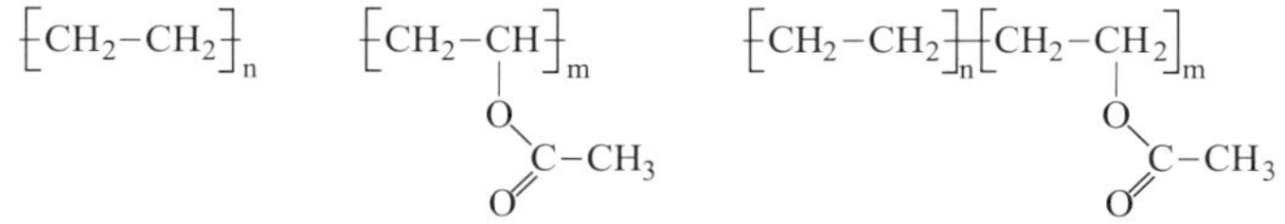

단일 중합체 및 공중합체의 예

르고, 두 가지 이상의 기본단위를 가지는 중합체는 공중합체라고 부른다. 그림에는 폴리에칠렌과 폴리초산비닐의 단일 중합체와 이 두 고분자의 기본단위가 n : m의 비율로 혼합되어 있는 것은 에칠렌-초산비닐 공중합체의 화학구조를 보여주고 있다. 두 단일 중합체 폴리에칠렌과 폴리초산비닐을 혼합한 것을 블랜드라고 부른다. 그러므로 폴리에칠렌-폴리초산비닐 블랜드와 에칠렌-초산비닐 공중합체는 완전히 다른 물질이다.

08 고분자의 사슬 구조

단일 중합체이든 공중합체이든 고분자는 긴 사슬 모양을 가지고 있다. 그런데 이 사슬 모양에도 다음 그림에서 보는 바와 같이, 세 가지가 있다. 먼저 선형사슬이다. 이 사슬은 사슬 한 개당 말단기 F가 두 개로, 선형사슬은 길이가 길수록 마치 실처럼 타래로 엉키기 쉽다. 엉키면 사슬이 직접 결합되어 있지 않아도 기계적 강도가 높다. 대부분의 사출성형, 압출성형용 고분자는 이 선형사슬구조를 가지고 있다.

선형사슬 고분자는 가공이 잘못되더라도 다시 용융하거나, 용해해서 재

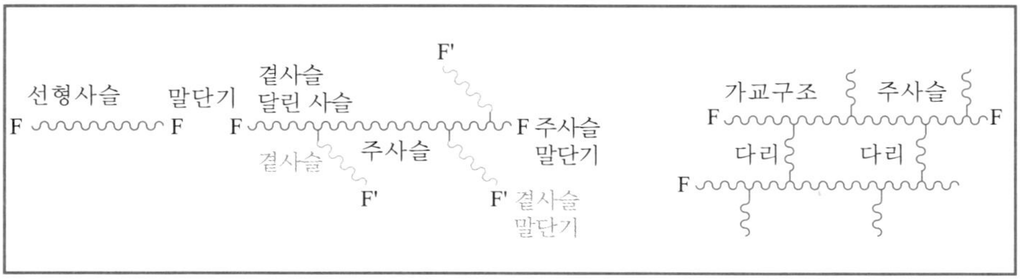

고분자 사슬의 구조

가공할 수 있다. 즉, 재사용성이 우수한 것이다. 대부분의 플라스틱들은 여기에 속하고, 가열하면 부드러워진다. 이런 플라스틱(plastic)이란 이름은 그리스어의 'Plastikos' 에서 유래하며, 그 뜻은 'can be molded(or shaped)' 로서 '가소성이 있는' 이라는 의미를 담고 있다. 즉, 선형 고분자는 열가소성 고분자이다.

곁사슬 달린 사슬(그라프트 사슬)에서 곁사슬은 충분히 길어서, 그 자체로 하나의 고분자 사슬에 속한다. 주사슬의 말단기 F는 선형사슬에서처럼 2개이지만, 곁사슬의 말단기 F′은 곁사슬수와 같다. 이 고분자는 합성이 매우 어렵고, 주사슬의 길이가 선형사슬과 같아도 용융온도와 점도가 매우 높아 안전하게 용융시키는 것이 쉽지 않다.

가교구조 사슬에서 가교는 다리를 건설한다는 뜻이다. 두 주사슬 사이를 여러 개의 다리로 연결시켜 놓은 사슬이다. 다리를 건설하는데 제공하는 물질을 경화제[36] 또는 가교제[37]라고 부른다. 이 구조의 사슬은 그물망처럼 모든 사슬이 서로 연결되어 한 점에서 잡아 당기면 전체가 끌려 나오게 된

36) 경화제(hardener): 열경화성수지에 첨가하여 가교결합을 일으켜 경화시키는 약제이다. 페놀 수지에 사용하는 헥사메틸렌테트라민, 에폭시수지에 사용하는 아민류, 폴리아마이드 등이 있다.

37) 가교제(cross-linking agent): 사슬 모양 고분자의 사슬 사이에서 가교역할을 하는 물질로, 수지에 굳기나 탄력성 등 기계적 강도와 화학적 안정성을 준다.

다. 그래서 이런 구조를 망상구조라고 부른다.

망상구조 고분자는 분자량과 점도가 모두 무한대이다. 그래서 가교제에 의해서 일단 망상구조로 변환되면, 절대 재용융 또는 재용해해서 재가공할 수 없다. 그러므로 이런 고분자를 가공할 경우에는 망상구조가 생기기 전에 가공을 끝내야 한다. 이런 성질을 가지는 고분자는 열가교성 고분자라 부르는 데 재사용이 안 된다.

02

화학과 고분자 없이 첨단기술은 없다

현재 우리나라의 핵심 기술분야는 반도체, LCD, LED, 3D-TV, 휴대전화기, 컴퓨터, 리치움(Li)/고분자 배터리, 자동차 등의 첨단기술 제품이다. 이들 모든 제품에는 화학과 고분자 기술이 단순히 들어 있는 정도가 아니라, 매우 핵심적인 역할을 하고 있다. 이 분야의 국내 기술력은 국내뿐만 아니라 국외에서도 인정받고 있으며, 유수한 외국기업에서도 우리나라 회사와 기술제휴를 맺으려 한다.

첨단 제품에는 세부기술도 매우 많고 또 복잡하다. 그래서 고도의 전문가가 아니면 제대로 이해하기란 쉽지 않다. 필자도 각각의 기술 전부를 이해하는 전문가는 못되고, 해당기술에 필요한 고분자 재료와 화학에 대한 전문지식을 가지고 있다. 이런 측면에서 화학과 고분자를 중심으로 가급적 쉽게 설명하려고 노력하였으니, 조금이라도 도움이 되었으면 한다.

01 반도체 소자의 화학

전기를 잘 통하는 물질은 전도체(은, 구리, 알루미늄 등), 전혀 통하지 않는 물질을 부도체(종이, 유리, 나무, 고무 등)라고 한다. 원래 반도체는 전도체와 부도체의 중간 정도의 전도성을 가지는 물질을 말한다. 반도체는 다이오드[1], 트랜지스터[2] 등 여러 가지 마이크로 소자를 만드는 데 쓰이는 기초소재이다. 오늘날의 IT 혁명은 모두 이 소자들의 정보저장 및 처리능력 때문에 발전할 수 있었다.

하나의 반도체 소자가 완성되기 위해서는 크게 세 단계의 공정을 거쳐야 된다. 첫 공정은, 그림 1에 개략적으로 소개한 실리콘 웨이퍼[3] 제조 공정이다. 이 공정의 1단계에서는 코크스로 모래를 환원해서 저순도 실리콘을 만

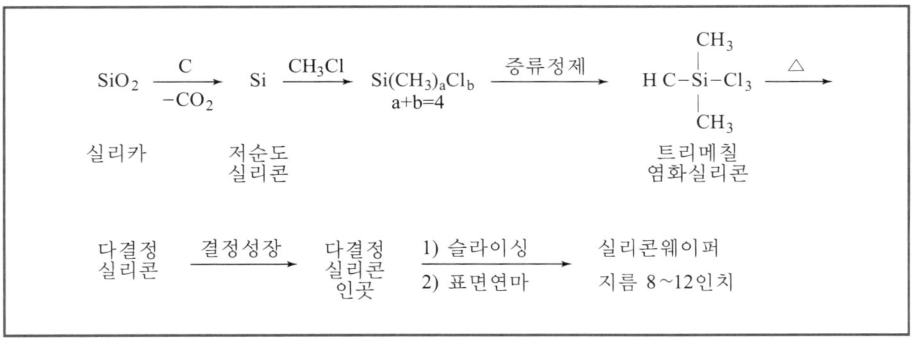

그림 1. 반도체 소자용 실리콘 웨이퍼 제조 공정

---

1) 다이오드(diode): 반도체의 기본적인 요소. 단자의 한쪽 방향을 애노드(양극), 다른 한쪽 방향을 캐소드(음극)라고 부르며, 전류는 양극에서 음극 방향으로만 흐른다.

2) 트랜지스터(transistor): 반도체를 이용하여 전기 신호를 증폭 · 제어 · 발생하는 데 사용하는 소자이다.

든다. 이를 고순도로 정제하기 위해서는 먼저 실리콘/염화메칠 부가체를 만든 다음, 증류해서 고순도 트리메칠염화실리콘을 얻고, 이를 열분해해서 고순도 다결정 실리콘을 만들어야 한다.

다결정 실리콘 분말로부터 초고순도 단결정 실리콘을 얻으려면, 지름이 8~12인치 크기로 결정을 성장시켜 팽이 모양을 가진 인곳(ingot)을 얻어야 된다. 인곳에서 웨이퍼를 만들기 위해서는 인곳에서 실리콘 단결정판을 얇게 썰어낸(슬라이싱) 다음 표면을 잘 연마해야 한다.

값싼 모래에서 여러 공정을 거쳐 웨이퍼까지 만들면 엄청난 부가가치가 생긴다. 우리나라는 당초 슬라이싱과 표면연마 전문업체가 먼저 생겼고, 이어 그림 1의 역순으로 단결정 성장 전문업체가 생겼고, 지금은 동양제철화학에 의해 다결정 실리콘이 대량으로 생산되기에 이르렀다.

두 번째는 회로색인 공정이다. 반도체 소자 제조공정의 핵심공정이기도 하다. 이 공정은 대단히 많은 세부공정들을 포함하고 있고, 1기가[4] 반도체 소자의 회로색인을 위해서는 3개월 이상의 긴 시간이 소요될 정도로 복잡하다. 그래서 여기서는 그림 2에 보인 바와 같이, 자외선을 이용한 회로색인 공정만을 간단히 소개한다.

실리콘 웨이퍼 위에 포토(photo, 빛)레지스트라 부르는 감광성 고분자를 도포하고, 그 위에 포토마스크를 덮고 자외선을 쪼이면 노광부가 감광되어, 그림 2에 보인 것처럼 현상하면 없어지게 된다. 이런 형태의 포토레지스트를 포지티브형이라고 부른다. 이 감광성 고분자를 이용해서 회로를 작

---

3) 실리콘 웨이퍼(silicon wafer): 고순도의 실리콘을 전기로 내에서 단결정 실리콘으로 성장시킨 후, 절단과 연마 등의 공정을 거쳐 생산되는 반도체의 원판이다. 두께가 약 1/30인치 정도로 마이크로프로세서의 제조에 사용된다.

4) 기가(giga): 미터계 단위의 10억 배를 나타내는 접두어를 뜻한다. 기호 G. 그리스어 'gigas(거대한)' 에서 유래한 것으로, 보통 단위명 앞에 붙여서 그 단위의 10^9배를 나타낸다.

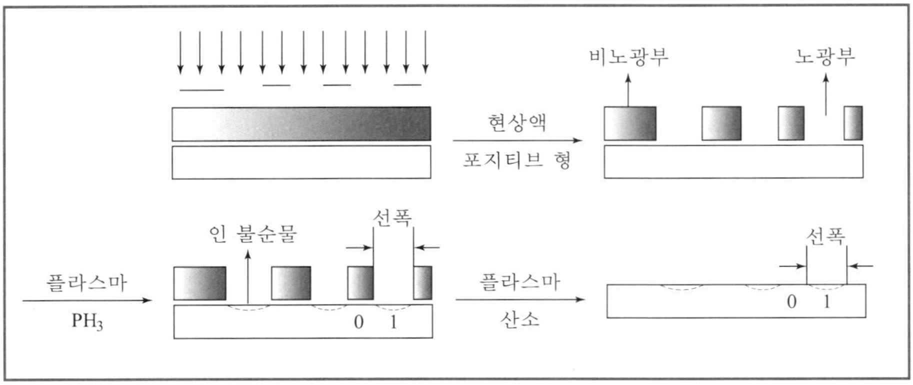

그림 2. 빛을 이용한 반도체 회로색인 공정 개략도

성하는 기술은 리소그라피라 부르는데, 전체 반도체 제조기술 중에서 가장 중요한 핵심기술이다.

현상 후, 노광부에는 실리콘 표면이, 비노광부에는 포토레지스트 표면이 드러나게 된다. 여기에 포스핀(PH_3) 같은 5족 원소 화합물을 산소 플라스마를 이용하여 분해해서 실리콘 표면에 확산시키면, 실리콘 결정 속으로 불순물 인(P)이 확산해 들어간다. 즉, 초고순도 실리콘 결정 속에 소량의 불순물을 넣는 것이다. 이 기술을 도핑이라고 한다.

도핑 후 포토레지스트를 산소 플라스마로 태워 제거하면 반도체 소자 회로가 완성된다. 이 회로에서 도핑된 부분은 전기 전도성이므로, 신호 1이 되고 도핑되지 않은 부분은 절연성이므로 신호 0이 된다. 이런 과정을 거쳐 제조된 제품을 반도체 칩이라고 부른다. 반도체의 전도성은 1과 0의 중간인 1/2이 된다.

칩은 수분이나 산소에 대단히 예민하므로, 대기조건에 노출되는 즉시 반도체로서의 능력을 상실한다. 그래서 전극을 제외한 나머지 부분을 모두 폴리이미드란 특수 고분자로 코팅해서 보호처리를 한다. 이 보호처리가 끝면 대기조건에서 반도체를 다음 공정으로 넘겨 작업을 계속할 수 있게 된다. 폴리이미드는 외부에서 오는 대부분의 방사능에 의해 회로가 훼손되는 것도 어느 정도 막아 준다.

반도체 칩

반도체 소자의 집적도(단위 면적당의 트랜지스터 수)[5)]가 높아짐에 따라 웨이퍼의 지름은 계속 커지고, 도선과 도선 사이의 선폭은 계속 좁아져 왔다. 지금까지 거의 매 2년마다 집적도가 2배로 늘어났다. 이런 결과는 그만큼 넓은 웨이퍼 표면 위에 그만큼 좁은 선폭의 회로가공에 성공했기 때문이다. 현재 실험실에서 개발 중인 플래쉬 메모리의 최고 집적도는 64Gb(기가바이트)인데, 이는 약 20~30나노미터(nm)의 선폭을 가지고 있다.

선폭이 좁은 회로를 만들기 위해서는 노광광의 파장이 짧아야 하고, 포토레지스트는 짧아진 파장의 빛에 대한 감광성이 높아야 된다. 노광광의 파장은 고압 수은등에서 방출되는 435nm(G선이라 부름)을 쓰다가, 365nm(I선이라 부름)와 248nm[불화 크립톤(KrF) 엑사이머 레이저]를 거쳐 지금은 193nm[불화 아르곤(ArF) 엑사이머 레이저]로 짧아졌는데, 다시 157nm(불소 엑사이머 레이저)로 더 짧은 것을 시험하고 있다.

이 파장도 너무 길어서 노광할 때 물 층을 통과시키는 방법을 써서 파장을 줄이는 시도를 하고 있다. 그러나 물은 포토레지스트에 나쁜 영향을 미치게 된다. 그래서 새로운 광원으로 13nm의 빛인 EUV(극자외선, extreme UV)가 많은 관심을 끌고 있지만, 상업생산에 활용되려면 상당히 오랜 시간이 걸릴 것으로 보인다.

자외선 파장보다 파장이 훨씬 짧은 방사광으로 α(알파)-선, γ(감마)-선, X(엑

---

5) 집적도: 한 변이 수 밀리미터(mm)인 실리콘 등의 칩(chip) 위에 반도체 기술을 이용하여 트랜지스터나 다이오드 등의 부품으로 회로를 구성할 때 칩당 소자의 수를 일컫는 말이다.

스)-선, 전자선이 있다. 그러나 α-선과 γ-선은 에너지가 너무 높아 쓸 수 없다는 결론이 일찍 내려졌고, X-선과 전자선에 대해서는 집중적인 연구가 이루어졌지만, 대량생산을 위한 넓은 빛 다발과 적절한 포토레지스트 물질을 만들기 어려워, 역시 쓸 수 없다는 결론에 이르렀다. 이런 까닭에 반도체 집적도 증가는 현재 큰 벽에 부딪친 상태이다.

노광광의 파장이 짧아짐에 따라 쓰는 포지티브형 포토레지스트도 파장에 알맞도록 변화를 거듭하였다. G선이나 I선 노광용 포토레지스트로는, 빛을 받으면 빠른 속도로 분해하는 나프토퀴논디아자이드란 화합물에 알칼리 가용성 페놀수지를 섞어서 썼다.

최근에는 KrF 및 ArF 엑사이머 레이저 노광용으로 폴리메칠메타크릴레이트 수지 및 그 유도체들이 포토레지스트 기능을 담당하고 있지만, 아직도 광분해가 완전하지 못한 단점이 해결되지 못하고 있다. 여전히 새로운 재료를 계속 찾고 있다.

세 번째는 반도체 칩을 리드프레임에 조립하고, 에폭시 수지로 봉지(encapsulation)하는 공정이다. 반도체를 보면 거의 모두 검정색 판을 가지고 있는데, 이 판을 구성하는 재료가 에폭시 수지이다. 검정색을 띠는 이유는 카본블랙(검댕)을 에폭시 수지에 배합했기 때문이다.

이 에폭시 수지 봉지 공정작업을 그림 3에 나타내었다. 먼저 소자 칩을 구리로 만들어진 리드프레임 기판에 얹는다. 그림 3에서는 편의상 리드프레임의 핀 수를 10개로 표시하였다. 다음에는 리드프레임의 전극과 칩의 전극을 금선으로 연결한다. 금선으로 연결할 때에는 금선의 끝에 전도성 접착제를 쓰는데, 이 접착제의 주성분은 은이다.

최근에 "도시광산"이란 기술이 생겼다. 이 기술은 버려진 반도체를 분해해서 금과 은을 회수하는 공장을 지칭한다. 전자기기의 성능이 높아지고 다양화됨에 따라 대단히 많은 반도체가 쓰이고 또 폐기되었고, 이 회수산

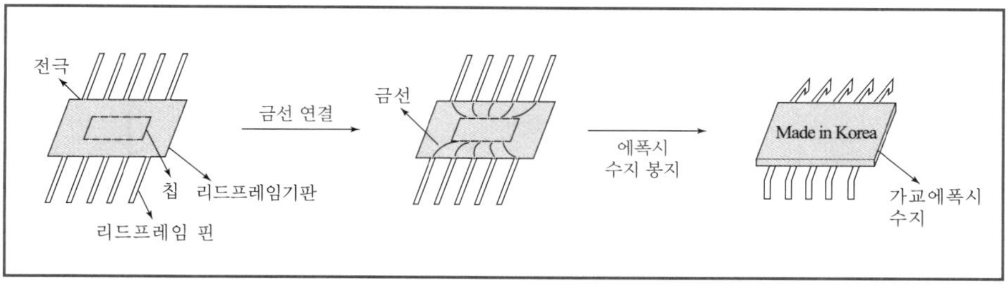

그림 3. 반도체 소자의 조립 및 에폭시 수지 봉지

업이 경제성을 가지게 되었다. 대도시의 아파트형 공장에서 금과 은을 캐내는 광산업이 생긴 것이다.

에폭시 수지로 봉지할 때에는 트랜스퍼 성형이란 기술을 써서 칩은 물론, 리드프레임의 일부가 묻히도록 소자의 대부분을 수지로 덮는다. 대부분의 반도체는 에폭시 수지로 봉지하지만, 우주선 등에 쓸 초고온용 반도체는 내열성이 월등히 우수한 세라믹인 산화알미늄으로 봉지한다. 일본의 '교세라' 라는 세라믹 회사는 이 용도의 산화알미늄 분말과 세라믹 칼을 개발하여 세계적으로 유명해진 회사이다. 이 회사의 사장은 씨 없는 수박을 개발한 우장춘 박사의 사위이기도 하다.

수지 성형이 끝나면, 그림 3에서 보는 바와 같이, 리드프레임 핀을 쓰기 편리한 각도로 굽히고, 표면의 전도성을 향상시키기 위해서 은으로 도금한다. 마지막으로 이 소자의 출처를 밝히기 위해 레이저로 필요한 글귀나 정보를 새긴다. 그림 3에는 "Made in Korea"로 표시했다.

반도체 소자의 집적도를 획기적으로 향상시킬 수 있는 원천적인 아이디어는 인간의 뇌를 흉내내는 것이다. 뇌는 뉴런으로 되어 있고, 뉴런의 원천은 결국 DNA(Deoxyribo Nucleic Acid)에 있다. 그래서 현재 전 세계의 많은 과학자들은 고분자 반도체를 만들기 위한 기초연구에 몰두하고 있다. 우리나라에서도 훌륭한 연구결과가 나오기를 기대한다.

02 액체결정과 유리: 제4의 물질 상태

물질에는 세 가지 상태, 즉 고체, 액체, 기체가 있다. 사람이 생활하는 보통의 조건, 즉 실온 1기압에서는 고체인 물질도, 액체인 물질도, 기체인 물질도 있는데, 어떤 상태를 가지느냐는 물질이 가지고 있는 고유한 성질이다.

기체에 대해서는 과학자와 일반인들 사이에 이해의 차이가 없는데, 고체와 액체에 대해서는 차이가 존재한다. 고체와 액체의 차이는 결정성과 흐름성에 있다. 재료 과학자는 결정성을 중시하고, 일반인들은 흐름성을 중시한다. 고체는 흐르지 않는데 액체는 눈에 띄게 빠른 속도로 흐르므로, 흐름성이 고체와 액체를 구분한다고 생각하는 것이다. 그래서 실온에서 "유리는 액체"라고 말하면 일반인들은 전혀 이해할 수 없을 것이지만, 재료과학자들은 유리를 점도가 지극히 높은 액체로 여긴다. 유리에는 결정질이 전혀 없기 때문이다. '크리스탈 유리' 라는 것이 있는데, 이것도 크리스탈처럼 투명성이 좋다는 것이지 결정성 유리란 뜻은 아니다.

유리는 실온에서 흐를까? 그렇다. 지금도 실온에서 아주 천천히 흐르고 있다. 액체이기 때문이다. 다만, 점도가 매우 높은 탓에 흐르는 속도가 너무 느려 짧은 시간 동안에는 관찰하기 어려운 것뿐이다. 이런 유동을 저온유동이라 부른다. 실제로 로마의 박물관에 있는 2000년 이상 오래된 창유리는 밑부분이 윗부분보다 두껍다. 창유리가 그만큼 흘러내렸기 때문이다.

실온에서 "액체"인 소다유리를 가열하면 573℃에서 흐름성이 갑자기 엄청나게 증가하여 육안으로 보아도 액체처럼 빨리 흐른다. 점도가 높은 유리상이 탄성을 가지는 고무상으로 변했기 때문이다. 과학자들은 이 변환온도를 유리 전이온도라 부른다. 이 흐름성의 차이 때문에 유리를 세공 하려면, 유리 전이온도 이상으로 가열해야 된다.

지금까지 논의한 바를 요약하면, 일반인들의 관점에서 본 고체에는 결정질 고체와 유리질(비결정질) 고체가 있고, 가열하면 결정질 고체는 융점에서 액체로 변하고, 비결정질 고체는 유리 전이온도에서 액체로 변한다.

액체인 물은 투명하고 흐름성이 좋다. 그런데 어떤 고체를 가열하면 흐름성은 좋은데 투명하지 않고, 뿌연 상태가 된다. 온도를 더 올리면 그제서야 투명해진다. 뿌옇게 되는 온도를 액정형성온도라 부르고, 투명해지는 온도를 융점이라고 한다. 액정상은 액정형성온도와 융점 사이의 온도에서 존재하는 새로운 상태인 것이다.

그렇다면 뿌연 상태로 남아 있는 물질은 무엇일까? 아직 녹지 않은 수많은 분자들이 자기들끼리 모여 그림에 나타낸 것처럼, 하나의 알맹이를 이루어 이미 녹은 액체 속에 분산되어 있는 것이다. X-선 회절법을 이용해서 이들 알맹이들을 자세히 관찰한 결과, 이들은 완전히 무질서하게 존재하는 것이 아니라, 그림에서 나타낸 바와 같이 스멕틱, 네마틱 또는 콜레스테릭 모양을 이루고 있다.

콜레스테릭 모양은 나선 모양으로 알맹이들이 배향된 것이다. 콜레스테롤처럼 바이오 분자들이 주로 이 모양을 이뤄 콜레스테릭이란 이름도 여기서 나왔다. 스멕틱 모양은 x방향과 y방향 모두 빛을 통과시키지만, 네마틱 모양에서는 x방향으로만 빛이 통과할 수 있고, y방향으로는 통과할 수 없

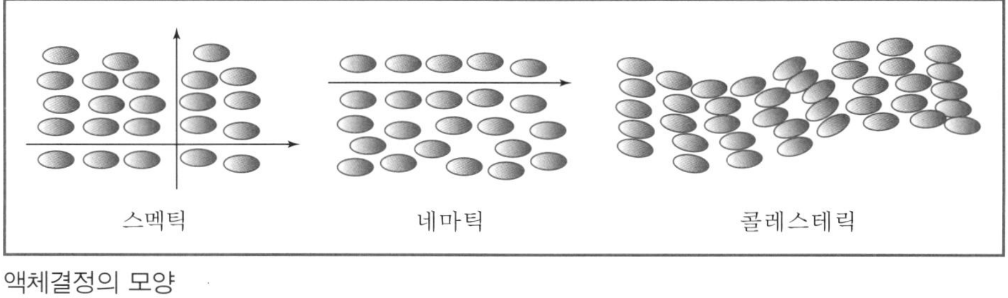

액체결정의 모양

다. 액정표시소자 제작에는 네마틱 액정이 대단히 중요한 역할을 한다.

액정 상태는 단지 물질의 용융 상태에서만 형성되는 것이 아니다. 용매에 녹았을 때에도 완전히 녹지 않고 일부가 남아, 그림에서 보는 것과 똑같은 배열을 이룰 수 있다. 용융 상태에서 형성된 액정을 용융액정이라고 부르고, 용매에 녹아 형성된 액정은 용액액정이라고 부른다. 일상생활에서, 용융액정은 쉽게 관찰할 수 없지만, 용액액정은 비눗물에서도 쉽게 볼 수 있다. 50~70℃ 정도의 물에 비누를 약간 진하게 녹이면 완전히 투명하지만, 이를 실온으로 냉각하면 뿌옇게 되는데, 이 상태가 네마틱 액정 상태이다. 화장품에도 용액액정을 이용한 것들도 많다.

우리는 고체, 액체, 기체 상태에 대해서 매우 익숙하지만, 이미 언급한 것처럼 고체상에는 결정질 외에 비결정질(유리질)이 있고, 액체상에는 순수한 액체상 외에 결정성 고체가 분산되어 있는 액정상도 있다. 유리와 액정은 전혀 상관이 없는 듯이 보이지만, 유리질과 액정상은 물질의 3대 상태가 아닌 또 다른 상태를 가지고 있다. 이 상태를 포함시키면 물질의 상태에는 3개가 아닌 5개의 상태가 존재하는 것이다. 이러한 특별한 상태 중 용융액정을 이용하여 정보를 표시하는 방식이 LCD(Liquid Crystal Display)이다.

제4의 물질 상태를 이루는 유리상과 액정상은 그 자체로서는 첨단기술에 속하지 않는 자연현상일 뿐이다. 하지만 이런 물질 상태가 알려지고 더 정확한 구조까지 밝혀지면서 LCD란 첨단기술이 탄생하게 되었다. 이렇게 기초를 응용하여 첨단기술을 만들어 내니, 과학에서는 기초만큼 중요한 것이 없다.

03 LCD의 핵심, 액정은 화학물질이다

LCD는 영어 Liquid Crystal Display(액체결정 표시)의 약자이다. 우리나라는 2002년 월드컵 축구경기를 계기로 기존 브라운관 TV에서 가벼우면서도 얇고, 큰 화면의 PDP(Plasma Display Panel, 플라스마 표시판) TV 또는 LCD TV로 바뀌었다. 한동안 PDP TV와 LCD TV가 서로 경쟁하는 듯하더니, LED-LCD TV가 시장에 나온 지금은 LCD의 완승인 것으로 보인다. LED는 Light-Emitting Diode의 약어로 발광이극소자(발광다이오드, p. 45 참조)를 말한다.

LCD 표시장치에서는 네마틱 액정이 쓰인다. 이 액정을 이용해서 정보를 표시하는 소자를 만들 수 있는 원리를 다음 그림에 표시하였다. 소자는 액정이 주입된 두 장의 폴리이미드 고분자 박막과 두 장의 투명한 ITO(Indium Tin Oxide, 인디움 틴 산화물) 유리 전극, 가시광선 광원 및 전기장으로 구성되어 있다.

폴리이미드는 모든 합성 고분자 중에서 치수 안정성과 내열성이 가장 우수한 것이다. 전기 전도성 ITO 유리는 유리 판 표면에 90% In_2O_3/10% Sn_2O_3 혼합물을 진공 증착시켜 만든다. 네마틱 액정으로서는 결정화를 방

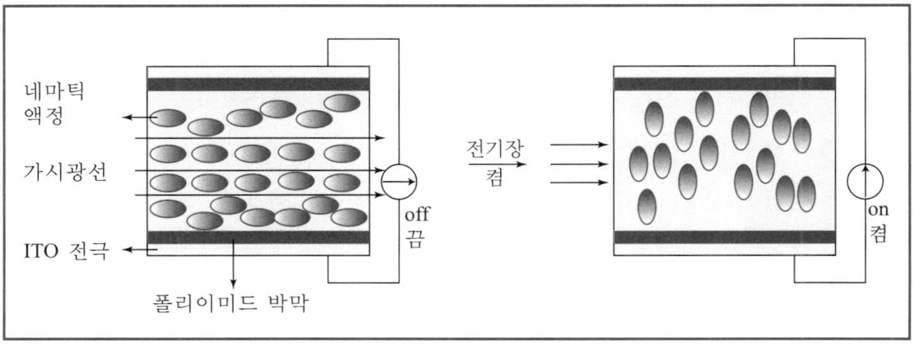

LCD 소자의 모형도 및 전원이 켜졌을 때와 꺼졌을 때의 액정의 움직임

지하고, 전기장의 on-off(켬/끔)에 대한 반응을 빠르게 하기 위해서 여러 가지 액정 분자를 혼합하여 쓴다.

전기장을 걸지 않은 상태에서 폴리이미드 박막 위에 액정을 배향시키면, 그림의 왼쪽에서 보는 바와 같이 액정 알맹이들이 박막 위에 일정한 방향으로 "눕는다". 이런 배향을 평행배향이라고 한다. 액정이 평행으로 배향되면, 가시광선은 x축 방향으로는 통과할 수 있다. 즉, 전기가 꺼져 있을 때에는 x축 방향으로 광신호가 나오는 것이다. 이 상태에서 전기장을 y축 방향으로 걸면 액정은 전기장 방향을 따라 y축을 향해 "일어선다." 이런 배향을 수직배향이라고 부른다. 전기장에 의해 액정이 수평배향에서 수직배향으로 바뀌면 빛은 이제 x축 방향으로는 통과할 수 없다. 즉, 전기가 켜지면 x축 방향으로 광신호가 나오지 못하게 되는 것이다.

배향된 액정에 전기장을 걸면 액정의 배향방향이 전기장을 따라 바뀐다는 현상은 러시아의 물리학자 프레데릭손에 의해 발견되었다. 이런 현상이 일어나는 이유는 액정 분자가 매우 높은 전기적인 감응능력을 가지고 있기 때문이다. 1991년 액정배향 이론개발 공적으로 프랑스 물리학자 드 쟁이 노벨상을 수상하자 러시아는 크게 불만을 표시하였다.

액정화면은 수많은 화소(픽셀, pixel)로 구성되어 있다. 화소 하나 하나에 대해서 빠른 속도로 전기를 껐다, 켰다 하면 우리는 모니터 화면을 통해서 전체영상을 보게 된다. 단위 면적당 화소가 많으면 화면이 정밀하고, 적으면 거칠게 보인다. 이 정밀성의 척도를 해상력이라고 한다.

2009년 중반까지도 LCD TV에서는 백색 형광등을 배경광원으로 썼다. 그래서 모니터 뒤가 브라운관 TV처럼 불룩 튀어 나왔었는데, 지금은 LED에서 나오는 빛을 이용하므로 TV가 더 얇아져 액자처럼 걸 수 있게 되었고, 밝기(콘트라스트)도 더 좋아졌다. 이 LED-LCD TV 개발에 성공함으로써 우리나라는 상당 기간 동안 세계의 TV 시장을 주름잡을 것으로 보인다.

04 번개와 LED

LED는 Light-Emitting Diode란 영어의 약자로서 발광다이오드를 의미한다. 다이오드는 이극체(diode), 즉 두 극으로 된 물체를 말한다. 그런데 전기에는 양극과 음극의 두 극뿐이므로, 이극체는 결국 양극과 음극을 모두 가진 장치이다.

전하를 가진 음극과 양극이 가깝게 접근하면 어떻게 될까? 합선된다. 합선되면 소리도 나고 불빛도 나온다. 합선은 가정에서도 가끔 볼 수 있지만, 가장 대표적인 것이 비 오는 여름날에 치는 번개와 천둥이다. 번개는 엄청난 전기량을 띠는 음극과 양극이 부딪쳐 일시에 합선되는 현상에서 초래되는 빛이다. 천둥은 일부의 에너지가 소리로 변한 것이다. 또 과거 등대용 불빛은 두 개의 고전압 탄소전극을 가깝게 접근시켜 나오는 번개 빛이었다.

음극에는 전자가 모여 있어 음전하를 띠고, 양극에는 반대로 양전하를 띤다. 물리학자들은 음전하를 전자, 양전하를 전자가 비어서 생긴 구멍이라고 부른다. 전기가 흐르는 현상, 즉 전류는 전자가 구멍으로 이동하는 것으로 간주한다. 하지만 이동이란 상대적인 것이어서 구멍이 전자로 이동한다고 간주할 수도 있고, 둘이 서로 접근한다고도 볼 수 있는 것이다.

LED는 그림에 보인 바와 같이, 전자를 발생시키기 쉬운 전자공여물질(전자물질)과 구멍을 형성하는 전자수용물질(구멍물질)을 접합시켜 만든 소자이다. 여기에 잘 조절된 낮은 전류를 흘리면 전자와 구멍이 접합면에서 만나 합선해서 엑사이톤[6]을 만든다. 이 엑사이톤은 곧 빛으로 변해서 밖으로 나오게 된다.

이 빛의 파장과 세기는 전자물질과 구멍물질이 무엇인지, 전류가 얼마인

---

6) 엑사이톤(exciton): 여기된 전자와 남겨진 홀의 조화를 엑사이톤이라고 부른다. 여기된 전자와 홀이 다시 결합하면 광자, 즉 빛이 방출된다.

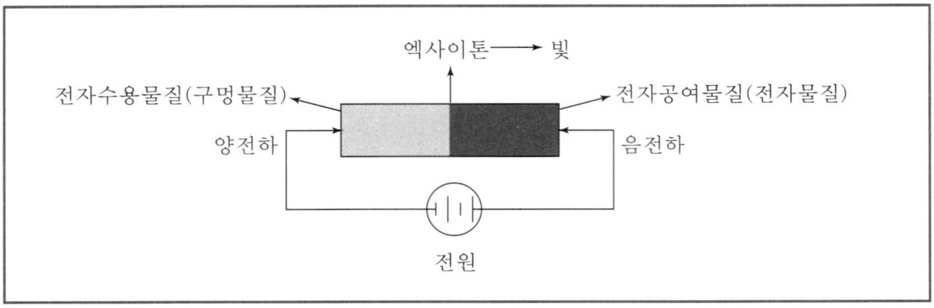

LED 소자의 모식도

지에 따라 달라진다. 보통 전자물질로서는 원소주기율표의 V족 원소인 질소, 인, 비소, 안티몬이 쓰이고, 구멍물질로서는 III족 원소인 Ga이 주로 쓰인다. 다른 원소와 달리 질소는 기체여서 단시간에 고농도로 주입할 수 없으므로, GaN(질화 갈륨) 같은 화합물 형태로 만들어 쓴다.

최근 LED의 인기가 하늘을 모르게 치솟고 있다. 왜 이렇게 인기가 있는 것일까? 백열등, 형광등에 비해서 전력소모가 적고, 수명이 길 뿐만 아니라, 작은 소자로 만들어 디스플레이가 용이하기 때문이다. 위 그림에서 전원의 켜고(1 상태), 끔(0 상태)을 반도체로 조절하면 바로 디스플레이가 되는 것이다.

LED 디스플레이는 휴대전화, LED-LCD TV 등 많은 제품에 응용되고 있다. LED-LCD TV에서는 하나의 LED 소자가 하나의 LCD 픽셀을 비춰준다. 그래서 형광등을 쓸 필요가 없어져 TV가 과거에는 상상도 할 수 없을 만큼 얇아졌고, 화질도 훨씬 선명해졌다.

AMOLED란 말이 있는데, 이는 Active Mode Organic LED(능동식 유기 발광 이극체)의 약자이다. 국내 한 회사에서는 이를 소리 나는 대로 "아몰레드"라고 읽는다. AMOLED는 현재 쓰이고 있는 무기 구멍물질과 전자물질을 모두 유기화합물로 바꾼 것이다. 굳이 유기화합물로 바꾸려는 이유는, 유기물이 코팅 같은 간단한 공정에 의한 가공이 훨씬 쉬워, 생산성이 높고 가공비가 덜 들기 때문이다. 기술적으로는 아직 초기단계에 있지만, 앞으로의 큰 발전이 기대되고 있어 우리나라의 차세대 핵심산업기술이 될 것이다.

05 빛을 굽히는 광섬유

과학시간에 빛의 성질에 대해서 맨 처음 배우는 것은 "빛은 직진한다"이다. 그래서 빛을 통과하지 못하게 막으면 그림자가 생긴다. 광물리를 조금 더 배우면 굴절, 회절, 산란, 반사, 흡수 등에 대해서 알게 된다. 빛의 굴절을 잘 이용하면 빛을 마음대로 굽힐 수 있다. 이 굽힘이 가능하기에 우리가 지금 즐겨 이용하는 초고속 인터넷 망은 물론, 건강검진을 위한 위나 장의 내시경 검사가 가능해진 것이다. 바로 광섬유 이야기다.

광섬유에서 왜 빛은 섬유를 따라 굽어질 수 있는지를 이해하려면, 굴절률이 1.004인 공기와 굴절률이 1.333인 물과의 계면에서의 나타나는 굴절을 살펴보는 것이 이해하기 쉽다. 그림 1의 왼쪽 도형에서 볼 수 있는 것처

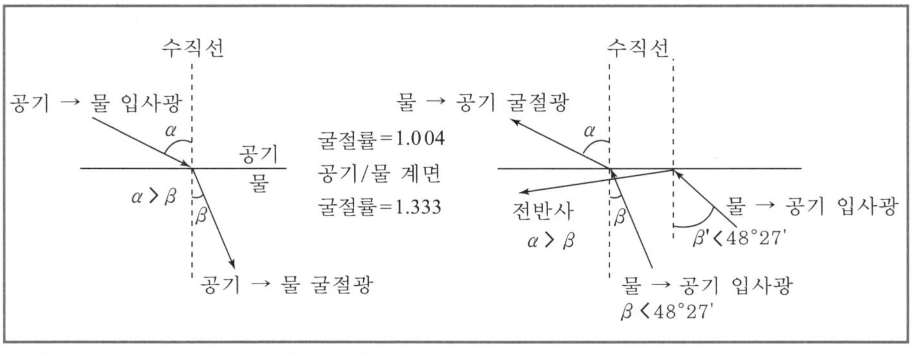

그림 1. 공기/물 계면에서의 빛의 굴절

럼, 굴절률이 작은 공기에서 α의 각도로 물속으로 입사하는 빛은 α > β의 각도로, 즉 수직선을 향해서 굴절된다. 그래서 물속의 물고기는 어부가 실제로는 멀리 떨어져 있는데도 불구하고, 바로 자기 등위에 있는 것으로 착각하고 경계를 시작한다.

그림 1의 오른쪽 도형을 보면, 굴절률이 큰 물속에서 β의 각도로 공기를 통과해 입사하는 빛은 α > β의 각도로, 즉 수직선을 벗어나 물표면을 향해서 굴절된다. 그래서 어부는 먼 곳에 있는 물고기는 보여도 발 밑의 물고기는 보기 어려운 것이다. 이 빛이 공기 속으로 나갈 수 있는 이유는 입사각 β가 작기 때문이다.

이 입사각이 커지면 물표면을 따라 꺾일 것이고, 더 커지면 아예 물속으로 반사하게 된다. 물표면을 따라 꺾이는 입사각을 한계각이라고 부르는데, 물의 값은 그림 1에 나타낸 것처럼 48°27′ 이다. 그림 1, 오른쪽에는 β > 48°27′ 인 빛이 전반사하는 경로를 나타내었다. 이 한계각은 굴절률 차이가 크면 클수록 작아진다. 공기에 대해서 유리(굴절률 1.458)는 38°41′, 다이아몬드(굴절률 2.419)는 23°42′ 의 값을 가진다.

두 매질 사이의 굴절률 차이가 아주 크면 한계각이 작아지므로, 사실상 빛의 입사각에 상관없이 전반사를 달성할 수가 있게 된다. 이런 이론을 이용해서 개발된 첨단 제품이 광섬유이다. 전반사로 인해 빛은 굽힘에 상관없이 섬유를 따라 진행하게 된다. 빛이 굽어진 것이다.

광섬유에는 유리 광섬유(GOF)와 플라스틱 광섬유(POF)가 있는데, 두 가지 모두 구체적인 소재의 성분에 따라 신호전송 방식과 쓰는 파장이 달라진다. 그림 2에는 대표적인 GOF와 POF를 소개하였다. 두 가지 모두 중심과 외피로 구성되어 있고, 재료의 굴절률 차이는 적어도 > 0.1 이상 되어야 한다.

그림 2에서 PMMA(폴리메칠메타크릴레이트)는 소위 아크릴 판재로서 광고판, 자동차 램프덮개, CD 등에 많이 쓰이며, 엘지화학, 호남석유화학 등에서

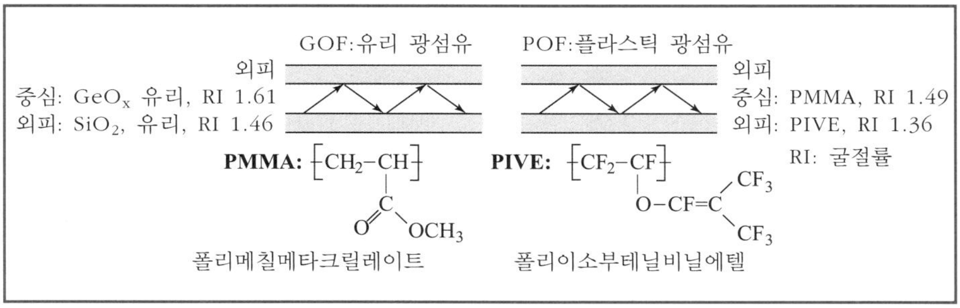

그림 2. 유리 광섬유 및 플라스틱 광섬유의 개략적 구조

대량으로 생산된다. PIVE(폴리이소부테닐비닐에텔)는 특수한 불소수지로서 국내에서는 생산되지 않는다. 불소를 치환해둔 이유는 굴절률을 낮게 만들고, 광학적, 기계적 성질을 좋게 만들기 위해서다.

GOF는 불순물이 POF보다 훨씬 적어 광손실이 적다. 그래서 비싸고, 깨지기 쉽고, 또 끝을 접착하기 어렵다는 단점에도 불구하고 대륙간, 국가간 장거리 통신망은 모두 GOF를 쓴다. 여기에 비해 POF는 싸고, 가공도 쉽지만, 광손실이 많아 근거리 통신망과 장식용으로 많이 쓴다. GOF의 개발로 인해 인터넷 기술이 가능하게 되었다.

광섬유는 특히 의료분야에서도 매우 중요한 기능을 수행하고 있다. 위, 장, 식도, 폐 등의 내시경 관찰 및 촬영은 광섬유가 개발되었기 때문에 가능한 것이다. 지금 선진국에서는 개복하지 않고 수술할 수 있는 소형, 지능형 의료용 로봇 개발에 전력을 경주하고 있다. 광섬유는 앞으로 더 중요한 역할을 하게 될 것이다.

06 제록스 복사와 오존과 NOx

생활속도가 빨라지면서 제록스 복사기의 보급과 복사량은 천문학적이다. 대부분의 사무실에 복사기가 없는 곳은 거의 없고, 사무원 1인당 복사량도 지금은 완전히 잊혀진 청사진에 비교하면, 혁명적인 수치로 증가하였다.

그렇다면 청사진을 아는 사람은 얼마나 될까? 한데 원래 청사진은 사진이 아니다. 건식 제록스 복사의 전신으로서 습식현상방식이었고, 게다가 글씨는 흑색이 아닌 청색으로 전사되었다. 이때의 청색물질은 프러시안 블루란 수용성 청색 물감이었다. 그래서 청사진(blue print)이라고 표현한 것이다.

대기오염에 대한 관심이 고조되자 오존과 NOx(질소산화물)에 대해서는 한 번 정도는 들어보았을 것이다. 서울시에서는 수시로 대기 중의 오존 및 NOx 농도를 측정해서 시민들에게 알리고 경각심을 일깨운다. 대한문 앞에도 이 농도를 알리는 게시판이 하나 있다. 또 지구의 성층권 밖에 오존층이 있다는 사실, 그중의 일부가 파괴되어 호주의 일부에는 자외선이 더 강하다는 사실도 많이 알려졌다. 그런데 제록스 복사기에서 오존과 질소산화물 NOx가 발생한다는 사실은 많이 알려져 있지 않은 것 같다. 오존과 NOx가 왜 발생하는지 그 원인을 살펴보려고 한다.

제록스 복사는 1938년 칼슨이란 미국사람이 최초로 개발한 건식복사방식이다. 이 사람은 자신이 개발한 복사방식을 전자사진(electrophotography)이라고 불렀지만, 뒤에 제록스사진(xeroxgraphy)이라고 바꾸었다. Xerox는 건식이란 뜻이고, graph는 표시, 사진, 쓰기를 뜻한다.

오늘날 제록스 복사기가 없는 사무는 생각할 수조차 없을 정도로, 1700년대 발명된 타자기 다음으로 이는 사무자동화를 제공한 주요 공신이다. 그래서 대부분의 사무실이라면 이 복사기가 한 대씩 놓여 있지 않는 곳이 없

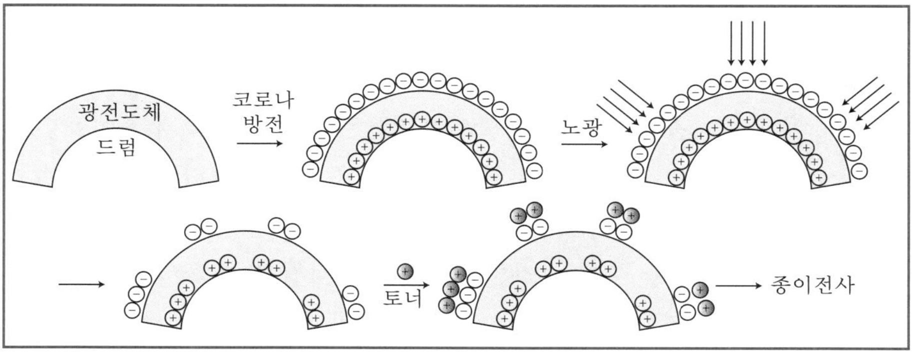

제록스 복사 과정

다. 이 복사 방식의 핵심은 광전도성 드럼과 건식토너(색재)에 있다. 광전도성 드럼은 강철드럼 표면에 셀레니움, 아연화 또는 폴리비닐카바졸 같은 광전도성 물질을 코팅한 것이다. 이 물질들은 어두운 곳에서는 전혀 전도성이 없는 부도체인데, 빛을 받았을 경우에만 전기를 통한다. 즉, 안정화 상태인 바닥상태일 때는 부도체이고, 빛 에너지를 받아 형성된 활성화된 들뜬상태일 때는 전도체인 것이다.

그림에는 광전도체가 코팅된 드럼을 이용해서 복사하는 과정을 나타내었다. 그림에는 드럼의 일부만 보였다. 드럼을 회전하면서 약 15,000볼트의 고전압 전장을 인가해 코로나 방전[7]을 실시하면 표면 코팅층에 음전하가, 내피면에 양전하가 생성된다. 복사하려는 문서에 빛을 쪼이면 검정 글씨가 쓰여진 부분은 빛을 흡수하고, 글씨가 없는 부분에서만 빛이 반사된다. 이 반사된 빛을 드럼에 쪼이면, 빛을 받은 드럼부분에서는 음전하가 양전하로 이동해서 방전되고, 빛을 받지 않은 부분의 음전하는 그대로 남아

7) 코로나 방전(Corona discharge): 도체 주위의 유체의 이온화로 인해 발생하는 전기적 방전이며, 전위 경도(전기장의 세기)가 특정값을 초과하지만, 완전한 절연 파괴나 아크를 발생하기에는 불충분한 조건일 때 발생한다.

있게 된다.

여기에 양이온을 띠는 토너가루를 뿌리면 음전하가 남아 있는 부분에 부착한다. 이때 종이를 접촉시키면 드럼 표면에 있는 토너가루가 종이표면으로 전사된다. 전사된 토너가루에 열을 가하면 종이에의 접착력이 강해져서 떨어지지 않게 되고, 이로써 복사공정이 완료된다.

흑색 토너는 아크릴 수지에 카본블랙을 분산시킨 것인데 양전하를 띠고 있다. 양전하를 띠도록 만드는 기술에는 여러 가지가 있다. 예를 들면, 소량의 금속 양이온을 첨가하거나, 아크릴 수지 합성 시 양이온 계면활성제에 아크릴 단위체들을 분산시켜 중합하고, 건조시켜 수지분말을 얻은 다음 카본블랙을 혼합하는 방법도 있다.

이렇게 편리한 복사기지만, 오존과 NOx의 발생은 부작용이다. 복사기 드럼에 전하쌍을 생성시키기 위해 실시하는 코로나 방전이 공기 중의 산소를 오존으로 그리고 질소를 질소산화물로 전환시키기 때문이다. 코로나 방전은 일종의 강도를 약하게 조절한 벼락이라고 보면 된다. 하늘에서 벼락이 치면 실제로 오존과 NOx가 생긴다.

최근 사무실이나 가정에는 공기 청정기가 상당히 많이 설치되어 있다. 이 기계의 대부분은 코로나 방전에 의한 오존 발생기이다. 발생되는 오존으로 박테리아, 곰팡이 등의 미생물을 죽이기 위해서이다. 이런 공기정화 작용은 오존의 산화력에서 온다. 오존이 적정 농도로 존재하면 소독기능이 있어서 공기정화에 좋지만, 농도가 지나치면 피부는 물론이고 점막까지도 산화시켜 건강에 해로운 영향을 미친다. 바닷가에서 항상 생활하는 어민들의 피부가 매우 거친 이유는, 오존에 대한 지나친 노출 때문이라고 한다.

특히 밀폐된 공간에서 복사를 많이 하면 자극적인 냄새가 나는데, 바로 오존과 질소산화물 냄새이다. 복사기는 신선한 공기가 잘 통하는 곳에 설치하는 것이 좋고, 특히 겨울철에 많은 양을 복사할 경우에는 복사되는 동안 복사기 가까이에 머물지 않는 것이 좋다. 큰 회사에는 도우미가 따로 있어 복사를 돕는 경우가 많은데, 이런 도우미들은 하루 종일 유해가스에 노출되지 않도록 회사 차원에서 특별한 조처가 마련되어야 한다.

07 일간신문의 컴퓨터 인쇄

1980년대 이전에 인쇄된 일간신문을 보면 오늘날의 것과 많은 차이가 있다. 문장은 위에서 아래로, 오른쪽에서 왼쪽으로 썼고, 한문이 많았으며, 천연색 사진이 없었고, 흑백사진일지라도 해상도가 너무 낮아 망점은 육안으로 보이는 정도였고, 인물들의 단체사진에서는 누가 누구의 얼굴인지 알아보기조차 힘들었다.

옛날에는 볼록판 인쇄기술을 썼다. 이를 위해 신문사는 납으로 만든 모든 크기의 한자, 한글, 영어 자모를 가지고 있었고, 없는 글자는 도장 새기는 기술을 활용해서 새로 만들었다. 기사가 확정되면 문선, 정판, 조판, 연판주조 과정을 거쳐 납으로 된 볼록 인쇄판이 만들어지고, 이를 윤전기에 걸어 흑백으로 인쇄했다.

사진 인쇄를 위해서는 계란 흰자에 크롬산 암모늄을 가하여 아연판 위에 코팅하고, 자외선을 노광한 뒤, 물에 담가 현상하면 해상도가 1인치당 60선 정도인 사진판이 만들어졌다. 해상도가 1인치당 60선이라는 것은 1인치(약 2.5cm)의 길이에 망점 60개가 존재한다는 뜻이다. 이렇도록 해상도가 낮으니 사진 속의 인물을 분간하기 힘들었다.

그뿐만이 아니다. 서울에서 인쇄한 조간신문을 지방 대도시로 탁송하기 위해서, 매일 꼭두새벽이면 서울역 화물차 터미널이 시장처럼 붐볐고, 각

신문사 후문에는 지방 소도시로 보내는 신문을 싣기 위해 지프차나 소형화물 트럭이 줄을 서서 기다렸다. 그래서 서울에서 새벽에 읽는 뉴스를 지방에서는 몇 시간 후에서야 접할 수 있었다.

허나 지금은 이런 장면들이 전부 없어졌다. 편집국에서 컴퓨터 모니터를 이용해서 천연색으로 조판하면, 즉시 삼원색(CMY)과 검정색(K), 즉 네 가지 색으로 디지털 색분해가 되어 서울과 지방 대도시의 인쇄국으로 전송된다. 인쇄국에서는 색깔별로 나누어 받은 전송신호를 디지털 자외선 노광기로 보낸다. 노광기에서 나온 자외선은 감광성 수지판에 쪼여지고, 이어 현상에 의해 사진 제판이 완성된다. 서울과 지방 대도시 사이에는 신문을 구독하는데 시간차가 없어진 것이다.

이 사진 제판 작업과정을 다음 그림에 나타내었다. 알루미늄 기판에 감광성 수지를 코팅한 판을 감광판(일명 PS판)이라고 부른다. 여기에 부분적으

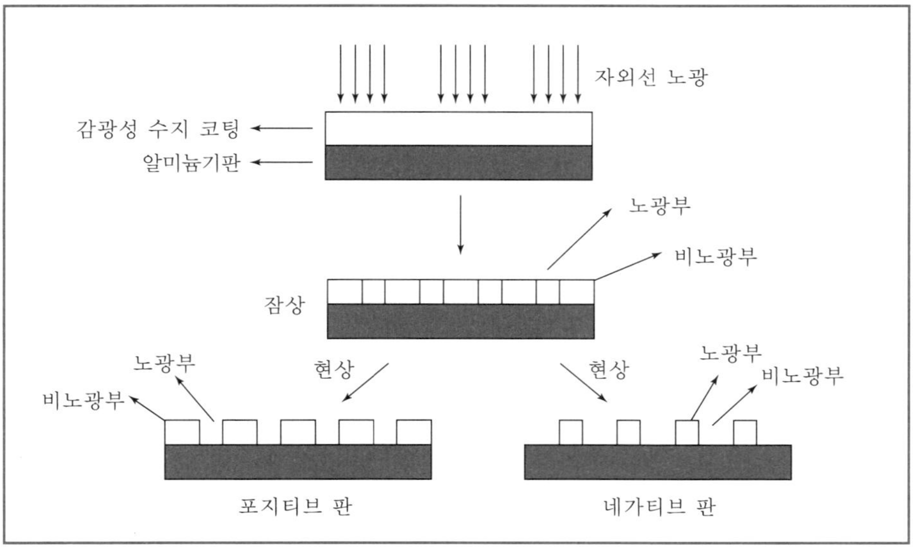

노광, 현상에 의한 인쇄 제판 작업

로 자외선을 쪼이면 노광부와 비노광부로 구분되는 잠상이 생긴다. 여기에 현상액을 가했을 때 노광부가 씻겨나가 비노광부가 남는 감광판을 포지티브 판이라고 하고, 반대로 비노광부가 현상액에 씻겨나가고 노광부가 남는 감광판을 네가티브 판이라고 부른다. 포지티브 판은 네가티브 판에 비해서 색 대비가 우수해서 더 많이 쓴다.

이런 방식으로 만든 인쇄판은 해상도가 1인치당 약 600선에 이르므로 과거 60선의 흑백사진에는 당연 비교할 수 없을 정도이고, 천연색 인쇄물일지라도 매우 선명하고, 육안으로는 망점을 찾아 볼 수 없다. 이 인쇄판은 평판이라고 부르는데, 그 이유는 볼록한 부분과 오목한 부분의 높이 차이가 극히 작기 때문이다. 이 인쇄판에 물과 잉크의 혼합물을 뿌리면 친수성인 알루미늄 표면에는 물이 묻고 친유성인 감광성 수지 표면에는 잉크가 묻어 종이에 전사된다.

인쇄판 한 개를 가지고 몇 부를 인쇄할 수 있는가의 척도를 내쇄력이라고 부른다. 내쇄력은 감광성 수지가 신문지와의 접촉을 얼마나 오랫동안 견디는가를 나타낸다. 과거에 쓰던 납판은 100만 부를 초과했는데, 현재의 수지평판도 이에 못지 않은 내쇄력을 가지고 있다.

과학자와 기술자의 부단한 노력의 결과 신문 인쇄기술이 이토록 눈부시게 발전했다. 한데 좋은 신문이 되려면 인쇄기술도 중요하겠지만, 그보다 우선 게재하는 내용이 더 중요할 것이다. 그런데 기사내용을 보면 필자만의 생각인지 모르지만, 인쇄기술에 걸맞게 발전한 것 같지 않아 못내 아쉽기만 하다.

08 노트북 컴퓨터의 폭발

노트북 컴퓨터를 사용하던 중 갑자기 폭발해서 화상을 입었다는 기사가 종종 보도된다. 또 통화중이던 휴대폰이 폭발해 머리와 손에 화상을 입은 기사도 있다. 왜 폭발이 일어날까? 직접적인 원인은 수소에 있다. 전화기나 컴퓨터 속에는 리치움(Li)-고분자 축전지(충전 가능 전지)가 들어 있다. 수소는 리치움 금속이 수분과 반응으로 발생한다.

전지 속에 들어 있는 리치움 금속이 수분에 노출되면, 그림 1에서 보인 바와 같이 즉시로 수분과 반응해서 수소 기체가 발생한다. 실온에서 2그램의 수소가 기체로 되면 부피가 23.4리터로 팽창한다. 결국 전화기나 컴퓨터 케이스가 견디지 못해 파괴되면서, 일시적으로 분출된 수소 기체가 순간적으로 산소와 반응하여 폭발이 일어난다.

화상은 왜 생길까? 발생된 수소는 공기 중에서 연소되면서 화염이 생기기 때문이다. 수소가 타면 많은 열이 발생한다. 또 이 열은 수소가 타는 반응을 촉진한다. 결국 수소가 타는 반응은 연쇄반응이고, 그래서 화염을 동반하는 폭발의 원인이 된다.

그림 1의 반응들이 일어나지 않게 하려면 어떻게 해야 될까? 노트북 컴퓨터를 만들 때 속으로 수분이 들어 가지 않도록 철저히 방지해야 된다. 이

$$\underset{\text{리치움}}{2\,Li} + 2\,H_2O \xrightarrow{\text{빠르게}} \underset{\text{수산화리치움}}{2\,LiOH} + H_2 \xrightarrow[O_2]{\text{폭발적}} H_2O$$

그림 1. 리치움에 의한 수소 발생과 수소에 의한 폭발

일은 제품 설계자와 부품 및 완제품 제조업체의 몫이다. 소비자는 사용할 때 바닥에 떨어뜨리거나, 비에 젖거나, 물속에 빠뜨리거나, 물이 제품 내에 들어가지 않도록 주의해야 한다.

그렇다면 왜 이렇게 위험한 금속을 전지에 넣어 두었을까? 더 가볍고 얇으면서도 충전은 자주 안 해도 되는 전지를 만들기 위해서다. 축전지는 노트북 컴퓨터 무게의 상당 부분을 차지한다. 방전시간이 긴 축전지를 작게 만들기 위한 첫 번째 조건은, 하나의 전기화학반응에서 많은 에너지가 나와야 된다는 것이다. 즉, 에너지 밀도가 높아야 된다.

현재 리치움 금속은 이런 조건을 만족시키는 가장 좋은 물질이다. 리치움은 원자량이 7로서 모든 원소 중에서 세 번째로 작으면서도 실온에서도 물을 분해시킬 정도로 높은 에너지를 가진 알칼리 금속이다. 비슷한 에너지를 가진 금속으로 나트륨, 칼륨 등이 있으나, 이들은 원자량이 각각 23, 56으로서 리치움보다 각각 3배, 8배 무겁다. 즉, 리치움의 에너지 밀도가 나트륨의 3배, 칼륨의 8배이기 때문에 경량화에 가장 적합한 것이다.

그림 2에는 리치움-고분자 전지의 전기화학반응을 보였다. 방전 시 양극

양극반응	$2Li \underset{충전}{\overset{방전}{\rightleftharpoons}} 2Li^{\oplus} + 2e^{\ominus}$	리치움 금속 → 리치움 양이온 + 전자
음극반응	$CoO_2 + 2e^{\ominus} \underset{충전}{\overset{방전}{\rightleftharpoons}} CoO_2^{\ominus\ominus}$	산화코발트 → 코발트산 리치움
전체반응	$2Li + CoO_2 \underset{충전}{\overset{방전}{\rightleftharpoons}} 2Li^{\oplus} + CoO_2^{\ominus\ominus}$	

그림 2. 리치움-고분자 전지의 전기화학반응

에서는 Li이 양이온(Li$^+$)으로 산화되면서 전자를 생성시킨다. 양극에서 생긴 전자는 두 극을 연결한 도선을 따라서 그리고 Li$^+$은 고분자 전해질(그래서 리치움-고분자 전지임)을 통해 음극으로 이동한다. 음극에서는 전자와 Li$^+$을 받아 이산화 코발트를 코발트산 리치움으로 환원시킨다.

그림 2를 보면 높은 에너지는 양극반응에서 발생한다는 것을 알 수 있다. 이 양극반응은 리치움 금속이 물을 분해시켜 수소를 발생시키고, 자신은 Li$^+$으로 되는 반응과 다를 바 없기 때문이다. Li$^+$ 이온이 음극으로 이동하기 위해서는 두 극 사이를 채운 전해질 고분자가 있어야 된다. 이 고분자는 Li$^+$ 이온의 이동에 장애가 되면 안 된다. 지금은 Li$^+$ 이온의 이동성이 매우 높은 폴리에칠렌글리콜이 가장 많이 쓰이고 있다.

이 Li/폴리에틸렌글리콜 축전지는 대용량화 및 대형화에도 성공해서 전기 자동차 또는 하이브리드 자동차에도 쓰이기 시작하고 있다. 특히 에너지 문제와 환경문제가 심각해지자, 축전지는 더욱 높은 각광을 받고 있다. 최근 엘지화학은 미국산 자동차에 납품하기 위해서 미국에 대규모 공장을 건설하고 있다.

09 자동차와 핸드폰의 안전유리

2009년 기준 자동차 등록 대수는 1732만 5000대라고 한다. 이 수치는 전체 가구수를 넘어선 수치라고 한다. 당연한 일이겠지만 자동차가 많아지면서 교통사고도 많아졌다. 자동차의 네 면이 유리로 둘러싸여 있으니 자동차에 있어서 유리는 매우 중요한 존재이다.

모든 유리 속에는 눈에 보이지도 않고 공기도 통과하지 않지만, 매우 작은 구조적 결함이 아주 많다. 그래서 조금만 충격을 가해도 잘 깨진다. 우리가 일반적으로 알고 있는 유리로 만들어진 자동차 유리에 큰 조각이 생기면 자연히 날카로운 날이 생기게 되는데, 여기에 탑승자가 찔리거나 베일 위험이 높다. 다행히 자동차 유리는 우리가 흔히 알고 있는 그런 유리가 아니다. 첨단과학이 숨겨져 있는 유리이다.

자동차 유리가 어떻게 첨단 제품이냐고 묻겠지만, 그 안에 들어 있는 기술은 결코 만만하게 볼 기술이 아니다. 자동차 사고현장을 자세히 관찰해 보면 자동차의 창유리가 모두 콩알만한 크기로 산산조각 나 있는 것을 볼 수 있다. 안전유리를 썼기 때문이다. 유리판을 만들 때 찬 바람을 불어 넣으면 빠른 속도로 표면이 먼저 냉각, 수축하고 이어 천천히 내부를 냉각시킨다. 이렇게 만든 유리판은 항상 긴장된 상태(스트레스)이기 때문에 쉽게 깨지려는 성향이 있다. 깨질 때도 깨져서 생기는 조각의 단면적이 많아야 내부에 쌓여 있는 많은 스트레스가 일시에 해소된다. 그래서 수많은 파편을 내면서 깨지는 것이다.

자동차 충돌 시의 충격은 대단히 높다. 충격이 너무 높아 자동차 파괴시험에서도 시속 60km 이상에서는 실험을 실시하지 않는다. 깨진 작은 유리조각일지라도 빠른 속도로 날아 가면 매우 위험하다. 이를 막기 위해서 차 유리는 두 장의 유리 사이에 폴리비닐알코올(PVA)과 폴리비닐부티랄(PVB) 공중합체 접착필름을 끼워 3층 샌드위치 구조로 만든다. 이 필름이 찢어지면 유리조각이 날아가는 데에 필요한 에너지를 흡수하여 유리파편이 튀는 것을 막아 안전성을 높인다. 간혹 이런 유리의 성질을 이용하여 마술사들이 맨발로 유리 위를 걷는 장면을 연출하지만, 마술사에게는 전혀 위험하지 않다.

안전성이 높아졌다고 해서 모든 문제가 다 해결된 것은 아니다. 두 물질이 접촉해서 계면을 이루면 빛은 계면에서 항상 굴절하게 된다. 그러면 운

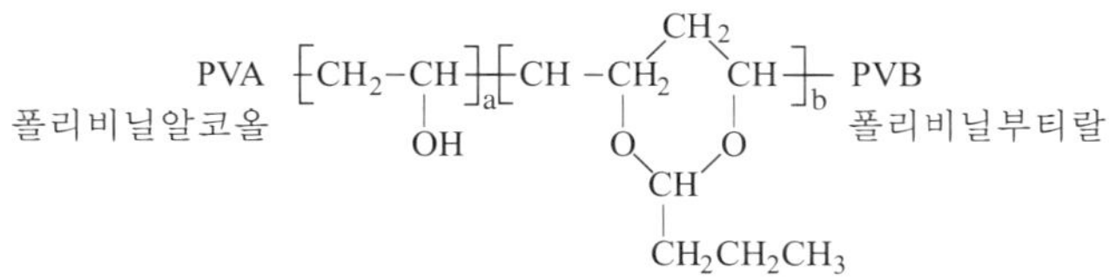

PVA-PVB 공중합체의 화학구조

전자는 피해야 할 물체나 사람이 실제보다 더 먼 곳에 있는 것으로 착시할 수 있다. 이런 착시현상은 치명적인 결과를 가져 온다. 이를 피하기 위해서는 무엇보다도 샌드위치 중간층을 이루는 고분자 필름의 굴절률이 유리의 굴절률과 똑같아야 된다. 또 접착력이 우수해야 되며, 여름철에 80℃ 정도로 차 내부온도가 상승해도 문제 없이 견딜 수 있는 내열성을 가져야 되고, 겨울철에 −20℃ 정도로 기온이 떨어져도 견딜 수 있는 내한성이 만족되어야 된다.

그림에 표시한 PVA/PVB 공중합 수지 필름은 이런 조건을 만족시킨다. 그림에서 a는 PVA 함량을 그리고 b는 PVB 함량을 나타낸다. 원래 PVA는 PVB보다 굴절률이 낮다. 그래서, 그림에서 b값이 높아지면 필름의 굴절률은 높아지고, a값이 커지면 굴절률은 낮아진다. 유리라고 해도 제조회사마다 조금씩 굴절률이 다르다. 유리판의 굴절률에 맞추려면 a, b값을 절묘하게 조화시켜야 된다.

자동차보다 크기가 훨씬 작지만, 숫자는 훨씬 더 많으며, 항상 몸에 지니고 다니는 것이 휴대폰이다. 최근에는 키보드가 없는 터치폰이 등장하면서 유리판에 손가락을 접촉시키면 명령이 인식된다. 만약 이 유리가 깨진다면? 이 역시 위험하다. 특히 어린이들의 얼굴에 자상을 입힐 수가 있다.

이를 방지하기 위해서 역시 안전유리로 핸드폰을 만든다. 그러나 안전하다고 해서 함부로 다루라는 것은 아니다. 특히 어린이들은 핸드폰을 바닥에 떨어뜨리거나, 부딪쳐 충격이 가해지지 않도록 주의하도록 해야 한다.

10 감열지와 지시약과 위조 지폐

2009년 초가을, 감열의 화학을 간교하게 위조 지폐에 활용했던 범인들이 경찰에 체포된 적이 있었다. 이들은 사법기관의 단속을 피하기 위해서 미화 100달러 권 위폐를 검게 만들어 두었다가, 쓸 때에는 적절한 약품을 뿌려 보통의 지폐 색으로 변색시켜 팔았다. 이 과정에 숨어 있는 화학은 무엇일까?

이들이 활용한 기술은 놀랍게도 1960년대에 미국의 NCR사가 최초로 개발해서 지금은 팩스용지는 물론, 마트, 식당 등에서 영수증 용지로 대단히 많이 쓰는 감열지 기술이다. 감열이란 열을 받으면 색깔이 나오는 현상을 말한다. 감열지는 감열물질을 코팅한 종이이다. 이 종이에 열기록 헤드가 접촉하면 그 부분은 검정색으로 변하여 팩스와 영수증 내용을 읽을 수 있게 된다.

감열기능을 나타내는 화합물은 그 수가 매우 많아 총칭해서 류코 염료라고 부른다. 이들은 외부자극에 의해서 무색의 화합물이 색깔을 나타내게 되거나, 거꾸로 유색의 화합물이 무색으로 변한다. 외부자극이 반드시 열일 필요는 없다. 열이면 감열, 빛이면 감광, 압력이면 감압이라고 부른다.

최초의 감열물질은 그림 1에 표시한 산/알칼리 적정에 쓰는 유명한 지시약 페놀프탈레인일 것이다. 이 화합물은 pH 0~8.2 범위에서는 무색인데, pH 8.2~12.0 범위의 알칼리성에서는 분홍색이 된다. 그래서 페놀프탈레인

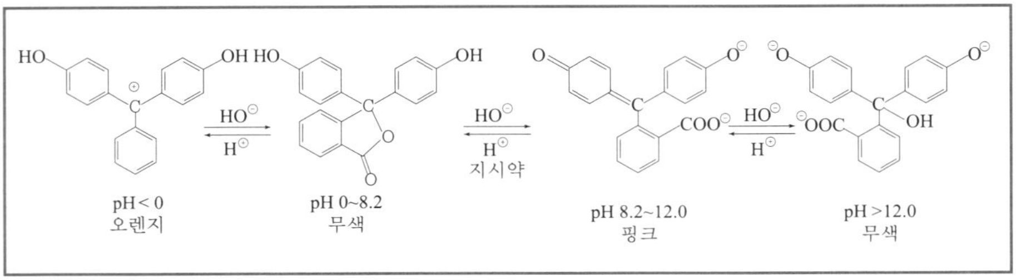

그림 1. 페놀프탈레인의 pH에 의한 변색

은 류코 염료의 하나이며, 이 수용액은 산성과 알칼리성을 구별해 주는 지시약으로 쓰인다.

염기성에서 분홍색으로 변한 페놀프탈레인 수용액에 알칼리를 더 가하고, pH 0~8.2 범위에 있어 무색인 페놀프탈레인 수용액에 산을 더 많이 가하면 각각 어떻게 될까? 여기에 대해서 어떠한 화학책도 전혀 언급하고 있지 않다. 답은 그림 1에 나타낸 바와 같이 각각 무색과 오렌지색으로 변한다는 것이다.

일찍이 NCR사가 관심을 가졌던 pH 범위는 무색의 페놀프탈레인에 산을 더 가해서 발색시키는 기술이다. 이 기술이 어려운 것은 글씨 부분에서만 페놀프탈레인이 산과 반응해서 색깔이 나타나도록 하고, 나머지 부분에서는 산과 반응하지 않도록 만드는 것이다.

이를 해결하기 위해서 처음에는 유기산을 캡슐로 만들어 페놀프탈레인과 함께 종이에 코팅하였다. 연필 대신 뾰족한 물체로 글씨를 써보니 캡슐이 터져 유기산이 흘러나왔고 페놀프탈레인과 반응해서 오렌지색 글씨가 나타났다. 이 종이는 외부자극이 압력이었기 때문에 감압지라 불렀다.

이 감압지 기술은 계속 개선되어 수많은 다른 류코 염료 화합물들이 합성되었고, 최근에는 성능이 더 우수한 플루오란 류코 염료들이 개발되었다. 그림 2에 현재 감열지에 쓰이는 플루오란 류코 염료/산의 예를 보였다.

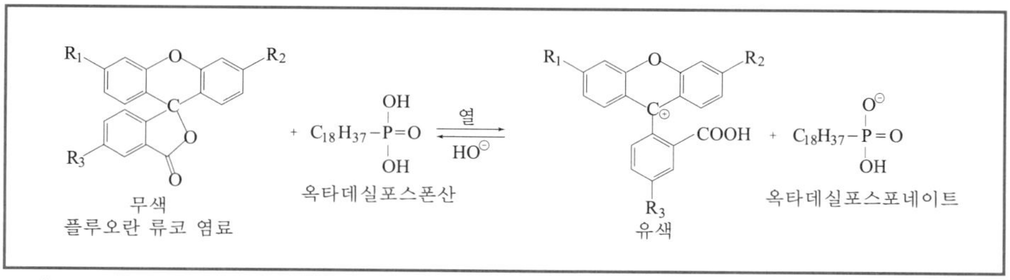

그림 2. 감열지에서 플루오란 류코 염료와 산과의 반응에 의한 발색

또 염료의 구조 중 R_1, R_2, R_3는 모두 치환기인데, 이들의 구조에 따라 조금씩 색깔이 변하게 되고 각 회사의 기술도 이에 따라 달라진다.

그림 2에서 헥사데실포스폰산은 약한 산인데, 열을 받으면 산성도가 높아져 염료와의 화학반응을 일으킬 수 있게 된다. 저온에서 약한 산이 열을 받아 강한 산이 되었을 때 열에 의해 생긴 산을 열산이라고 부른다. 즉, 감열의 직접적인 핵심은 열산을 만드는 것이고, 발색은 그에 따른 이차적인 결과인 것이다.

그림 2의 플루오란 류코 염료를 그림 1의 류코 염료와 비교해 보면, 플루오란 류코 염료는 고리를 이루는 산소 원자가 한 개 더 있어서 류코 염료보다 더 안정하고 색조도 더 진하다. 그래서 지금은 거의 플루오란 류코 염료가 주류를 이루고 있다.

그림 2의 화학을 이용한 감열지를 만들기 위해서는 4층의 구조가 필요하다. 기판 종이 위에 먼저 염료를, 그 위에 산을 그리고 맨 위 층에는 첨가제를 코팅해야 되기 때문이다. 첨가제는 종이의 구겨짐을 막고, 감열헤드의 마모를 감소시키고, 전열성을 높이기 위한 약품들이다. 이 종이에 열을 가하면 그림 2의 반응이 일어나 색깔이 나타나게 된다.

다시 돌아와 위조 지폐범은 그림 2의 왼쪽에서 오른쪽으로 진행하는 화학반응을 이용해서 미화 100달러 권 다발을 검정색으로 만들어 두었다가,

검정색을 없앨 때에는 적절한 알칼리를 뿌렸다. 알칼리를 뿌리면 그림 2의 화학반응이 오른쪽에서 왼쪽으로 역행하여 검정색이 없어지기 때문이다.

감열기술 역시 첨단기술이다. 첨단의 화학을 배우고 아는 것은 좋지만, 좋은 일에 쓰지 않고 그릇된 일에 쓰는 것은 차라리 배우지 않고 모르는 것보다 못하다. 지식보다 사람됨이 더 먼저고 중요한 사유다.

11 태양광 전지

지구의 에너지는 사실 모두 태양에서 온 빛과 열이 탄소동화작용에 의해서 식물로 변환된 것이라고 해도 된다. 석유와 석탄은 물론이고 우라늄조차도 수억 년 전에 축적되어 땅 속에 매장되어 있던 태양에너지이고, 볏짚은 1년 동안에 모아진 햇빛의 다른 형태일 뿐이다. 다시 말해 동물도 식물에너지를 매체로 한 태양에너지 축적체인 것이다.

세계인구는 빠른 속도로 증가하고, 1인당 에너지 소비량도 급격히 늘면서 에너지 문제는 환경문제와 더불어 심각한 세계적인 이슈가 되고 있다. 게다가 선진국에서는 원자력 및 화력 발전에 대한 환경단체들의 저항으로 인해 에너지 문제는 더 심각해지고 있다. 친환경 에너지에는 수력, 조력, 풍력, 태양에너지 등 여러 가지가 있지만, 태양에너지에 비해 지형, 환경 등의 여건에 의해 더 크게 제한받는 에너지이다.

장기적으로 인류가 지구의 에너지 문제를 근본적으로 해결하는 방안은, 태양에너지를 직접 이용하는 것이다. 태양에너지는 지역, 계절, 주야, 일기 등에 따라 크게 변하므로, 고밀도로 모으기가 어렵다는 문제점들을 가지고 있다. 이런 문제점으로 인해서 지금까지 인류는 쓰기에 편리한 석탄, 석유,

천연가스에 의존해 왔다.

태양광 파장은 300~800nm 범위인데, 빨강, 주황, 노랑, 초록, 파랑, 남색, 보라의 가시광선 외에 일부 자외선과 적외선도 포함되어 있다. 적외선을 주로 이용하는 장치는 태양열 활용 장치이고, 태양광 전지는 자외선과 가시광선 에너지를 전기로 변환시켜 이용하는 장치이다.

제1절에서도 보았듯이 모든 물질을 구성하는 원자의 주위에는 전자가 회전하고 있다. 여기에 자외선/가시광선이나 X-선 같이 에너지가 높은 빛을 쪼이면 전자는 들뜬상태가 되고 튀어나온다. 이런 현상을 광전효과라 부르는데, 자외선에 의한 광전효과는 독일의 물리학자 헤르츠(Hertz)가, 그리고 X-선에 의한 광전효과는 콤톤(Compton)에 의해 오래 전에 발견되었다.

물질에서 전자가 튀어나온다는 것은 그 물질에 양전하(물리에서 말하는 구멍)가 생겼다는 뜻이며, 이 양전하가 흐른다는 것은 전기가 흐른다는 것을 의미한다. 이 전기를 경제성 좋은 공업적인 용도로 활용하기 위해서는 전자가 튀어나오는 효율이 아주 높아야 된다.

과학자들은 지금까지 광전효율이 우수한 물질에 대해서 많은 연구를 수행했고 그 결과 실리콘, 무기화합물, 유기화합물 등이 개발되었다. 표에는 이들의 구체적인 형태 및 이름과 대략적인 효율을 정리하였다.

표에는 실리콘과 무기화합물의 형태구분으로서 단결정과 다결정이 있다. 단결정이란 크기에 상관없이, 다이아몬드처럼 하나의 덩어리가 한 개의 결정체인 것을 일컫는다. 그래서 결정을 크게 만드는 것은 대단히 어려운 기술이 된다. 다결정은 크기와 성장방향이 제 각각인 많은 수의 결정질로 구성된 고체를 말한다.

실리콘(Si) 원소는 현재 가장 많이 쓰는 물질이다. 표에서 보듯이 단결정은 효율이 조금 높은 대신 비싸고, 다결정은 그 반대이다. 실리콘 단결정은 가장 먼저 우주선의 에너지 생산을 위해 쓰였으며, 실리콘 다결정(일명 폴리실

현재의 태양전지 물질과 대략적인 광전효율

물 질	물질의 형태	광전효율, %	비 고
실리콘 원소	단결정	25	
	다결정	20	
무기화합물	단결정 GaAs, InGaP	41	비소화 갈륨, 인화 인듐/갈륨
	다결정 CdTe, $CuInSe_2$	20	텔룰화 카드뮴, 셀렌화 구리/인듐
유기, 고분자 화합물	색소 증감형	10~12	
	박막형	6~7	

리콘)에서 결정성장기술에 의해 만들어진다.

우리나라의 태양광 전지는 실리콘으로 만들어 휴대용 계산기에 쓰인 것이 효시일 것이다. 현재는 엘지전자가 대규모로 태양전지 판넬 설치 사업을 키우고 있고, 또 동양제철화학에서는 다결정 실리콘을 연간 5,000톤을 생산할 수 있는 공장을 가동할 정도로 태양전지 재료사업이 성장하였다. 실리콘은 2009년부터 각광을 받기 시작해서 지금은 신규건설 주택에 설치해 주겠다는 업체가 수십 곳에 이를 정도이다. 과거에 비해 이제는 주택 지붕에 설치한 태양전지를 쉽게 볼 수 있는데 모두 실리콘이다.

실리콘에 비해서 무기화합물은 GaAs(비소화 갈륨), CdTe(텔룰화 카드뮴)처럼 독성이 강하기 때문에 쓰기 어려운 것도 있고, 집광판막으로 만들기 어려운 것도 있다. 보통은 유리기판 위에 진공증착 등의 기술에 의해 판넬로 만들어진다. 그럼에도 불구하고 미국의 Fast Solar란 회사가 CdTe를 대량으로 생산해 세계 최고의 생산량을 기록한 것은 다소 의외이다.

태양광 전지를 사용하는 전자계산기

실리콘 재료나 무기화합물은 모두 굽히거나 접을 수 없기 때문에 집광을 위해서는 넓은 면적이 필요하고, 태양을 향해서 움직이기도 어렵다. 유기 재료는 쉽게 굽어지고, 접어지고 게다가 분자 구조를 설계해서 합성할 수 있으므로 특정 자원에 얽매일 필요가 없다는 장점도 가지고 있다. 그래서 표에서 보듯이 아직 광전효율이 낮긴 하지만 전 세계의 많은 연구개발이 집중되고 있는 분야이다.

약 10년 전부터 선진국들은 물론이고 우리나라에서도 태양광을 전기로 변환시키려는 연구를 대대적으로 수행하고 있다. 이 과제가 하루속히 성공해서 차세대는 태양광만으로도 전혀 부족함이 없이 깨끗한 에너지를 만끽할 수 있게 되길 희망한다.

03

먹는 물, 제대로 알자

인체의 약 3분의 2는 물로 구성되어 있다. 물의 중요성은 무게만이 아니다. 모든 대사와 순환을 비롯한 인체라는 복잡한 "엔진"을 가동시키는 중요한 매체가 물이다. 그래서 좋은 물만 먹어도 건강하고 오래 산다는 인식이 널리 퍼졌고, 각 가정에서 정수기를 설치하면서 수돗물에 대한 불신이 높아져 이를 기피한지가 오래이며, 심지어는 외국에서 생수를 수입하는 기현상을 초래하기에 이르렀다. 이렇게 우리가 마시고, 씻고, 생활하는 데 꼭 필요한 물을 바로 알아보자.

01 목욕탕 속의 육각수

노태우 전 대통령 시절, 고 전무식 카이스트 화학과 교수가 발표한 육각수에 대한 통계 열역학적 이론이 언론의 집중적인 각광을 받은 적이 있다. 당시 고교 동기동창이었던 두 사람이 청와대에서 조찬을 나누면서 육각수에 대해 이야기하는 장면이 TV를 통해 방영되었기 때문이다.

우선 통계 열역학이란, 예를 들어 액체 속에서 제멋대로 움직이는 분자 행동을 통계적으로 계산하는 학문이다. 전 교수가 주장한 이론은 4~5°C에서 물의 비중이 가장 높고 물맛이 가장 좋은데, 그 이유가 육각수의 형성 때문이라는 것이다. 즉, 육각수가 다른 온도에 비해서 통계적으로 더 많다는 것이다.

육각수의 구조를 그림에 나타내었다. 이를 보면 물 분자 3개가 모여 6각형 모양을 이룬다. 그래서 육각수인 것이다. 그림에서 실선으로 표시한 것은 매우 강한 공유결합을 나타내지만, 점선으로 표시한 것은 매우 약한 수소결합이다. 이 결합은 어느 순간에는 존재하지만, 다음 순간에는 없어지고, 온도가 높아지면 존재의 확인조차 힘들어진다.

그래서 육각수를 구성하는 3개의 물 분자가 한 순간에 형성되었다고 하

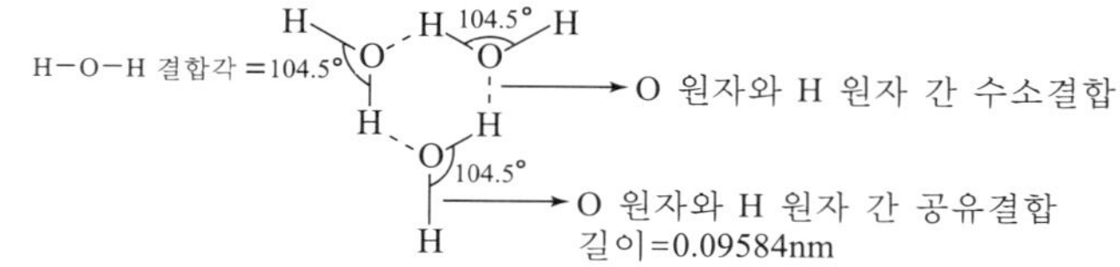

육각수의 개략적인 구조

더라도, 다음 순간에는 흩어져 존재를 확인하기 어렵게 된다. 이런 성질을 보이는 이유는 액체 분자의 끊임없는 움직임 때문이다. 이 움직임을 브라운(Brown)이란 영국의 식물학자가 발견했고, 그의 이름에서 유래해 브라운 운동이라고 부른다. 육각수가 브라운 운동을 하면 매우 약한 수소결합은 모두 파괴되는데, 결국 6각형 모양이 파괴된다.

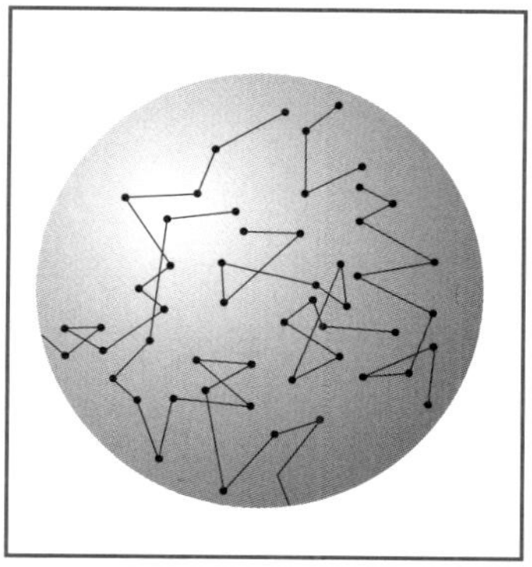
브라운 운동

수학적 표현이 매우 많아 전문가에게도 말할 수 없이 난해한 이 육각수 이론이 노태우 전 대통령 시절, 위력이 대단한 언론매체인 TV를 타고 세상에 널리 알려지게 되었다. 특히 고 전무식 교수가 인체의 2/3를 점유하고 있는 물 중에는, 육각수가 상당히 많을지도 모른다고 자기 이론을 홍보하자 육각수가 대유행을 타게 되는 계기가 되었다. 이는 물장수들의 잇속과 맞아 떨어졌고, 언론매체를 통해서 육각수가 마치 만병통치 물이나 되는 것처럼 선전되었다. 그 결과, 심지어 "우리 생수는 전부 육각수입니다" 라던가, 더 나아가 "우리 목욕탕 온수는 육각수입니다" 라는 광고들을 어렵지 않게 볼 수 있었다.

하지만 이런 광고는 전부 믿을 것이 못 된다. 앞서 말한 통계 열역학에 따라 4~5°C에서 육각수가 통계적으로 더 많을 뿐이지, 40°C 정도로 뜨거운 목욕탕 물속에는 흔적도 찾아볼 수 없다. 또 우리가 물을 마시면 위 속의 염산과 섞이는데 6각형 모양은 전부 파괴된다. 그리고 온도가 체온인 37.5°C로 오르면 육각수는 이제 더 이상 존재하지 않게 된다. 또 인체의 미세조직 내의 물이 6각형 모양으로 존재한다고 하더라도, 이는 우리가 마신 육각수와 전혀 상관없다는 것을 강조하고 싶다.

02 먹는 물, 어느 것이 좋은가?

건강에 대한 높은 관심은 먹는 물에서도 예외가 아니다. 최근 서울시가 수돗물 '아리수'를 홍보함과 동시에, 병에 담아 판매하기 시작하면서 식수의 시장경쟁은 정수기 물, 생수와 더불어 삼파전 양상으로 번지고 있다.

순수한 물 자체는 원래 pH 7로 정확히 중성이다. 물의 pH가 7보다 높으면 알칼리성이고, 낮으면 산성이다. 실생활에서 pH 7의 물은 증류수 밖에 없는데 증류수는 마실 수 없다. 그 이유는 뒤에서 설명하겠다. 그 외의 다른 물에는 이온과 미네랄 등 여러 가지 물질이 녹아 있다. 먹는 물에 대한 환경부의 중성 기준은 pH 5.8~8.5이고, 세계보건기구의 기준은 pH 6.5~8.5이다.

좋은 식수가 되기 위해서는 1) 중성으로서, 2) 적정한 양과 종류의 이로운 금속 이온을 함유하며, 해로운 3) 중금속 양이온(크롬, 납, 비소, 카드뮴, 구리 등), 4) 음이온(불소, 염소, 질산, 황산, 청산, 인산 등), 5) 세균(대장균 등)이나 곰팡이, 6) 고체 부유물(흙, 먼지, 모래, 유리섬유 등) 및 7) 일체의 유기물을 함유하지 않아야 한다. 요즈음에는 지하수건 강물이건, 이런 모든 조건을 갖춘 천연수를 찾기는 쉽지 않다. 그래서 나름대로 처리해서 식수로 만든다.

가정용 정수기는 수돗물을 원수로 쓴다. 먼저 모래, 먼지 등의 고체물질을 나일론 여과포를 이용해서 여과, 제거한다. 너무 많은 이온을 제거하기 위해서는 역삼투막(이온 여과막)을 통과시킨다. 물에 분산된 여러 가지 유기물을 제거하기 위해서는 활성탄 또는 중공사막(가운데가 빈 섬유로 만든 막)을 써서 여과한다. 이온제거에 중점을 둔 정수기에서는 이온교환수지 충전탑을 설치해 두기도 한다.

생수는 지하수를 처리한 것인데 각 제조업체마다 처리방법이 달라 일반화하기 어렵지만, 여과에 의해서 흙, 먼지, 모래, 유리섬유 등의 고체 부유

물과 곰팡이, 박테리아 등을 제거하는 데에 주력하고 있는 것으로 보인다. 지하수 자체가 알맞은 이온 종류와 양을 함유해서 식수로 적합하기 때문이라는 주장이다. 어느 것이건 공통적인 것은 생수는 염소를 함유하지는 않는다는 것이다.

수돗물은 수도사업소에서 강물을 위와 유사하게 대량으로 처리한 다음, 소독을 위해서 염소[1)]를 약 4mg/L 정도 가해 둔 물이다. 이 물은 수도관을 통해서 각 가정으로 공급된다. 옛날에는 납으로 만든 수도관을 쓴 적이 있었다. 납이 염소에 잘 견디기 때문이었다. 하지만 납은 독성이 있고, 비싸다는 이유로 주철관으로 대체되었다. 한데 주철관 내부가 염소에 의해 심하게 녹슬자 이를 방지하기 위해서 핏치로 코팅한 주철관이 쓰였다. 그 후 핏치에서 발암물질이 나온다는 사실이 알려지자 핏치 코팅은 금지되고, 다시 모두 폴리에칠렌 코팅으로 바뀌어 지금도 쓰이고 있다. 문제는 아직도 오래 전에 매설했던 낡은 수도관이 있다는 것이다. 납관은 전부 없어졌다지만 사람들의 불신이 해소되지 않고 있다. 아직도 가끔 수도꼭지에서 나오는 붉은 물은 수돗물에 대한 불신을 증폭시키고 있다.

수돗물에 함유된 염소에 대한 오해를 풀어 주는 것이 중요하겠다. 제8절에서 보겠지만, 유독가스인 아황산 가스(SO_2)가 함유된 와인은 비싼 돈을 들여 자랑스런 모습으로 마시면서, 염소가 함유된 수돗물에 대해서는 불신이 가득한데, 이것은 쉽게 이해되지 않는 현상이다. 인간의 위 속에는 pH 1.0 정도 농도의 염산이 들어 있으므로 사실 4mg/L 정도의 염소는 걱정할 필요가 전혀 없다. 그래도 마시는 것이 꺼려진다면 끓여 마시거나 1시간 정

1) 수돗물의 염소: 수돗물에는 외부오염물질의 유입이나 자연적인 요인으로 인한 인체유해 미생물 및 바이러스 등이 발생하지 않도록 염소소독을 한다. 수돗물의 잔류염소 농도는 여름철에는 0.4mg/L이상, 겨울철에는 0.2mg/L 이상 존재하도록 규제하고 있으며, 상한값은 4.0mg/L 이하이다.

수돗물

도 실온에서 방치한 뒤 마시면 걱정하지 않아도 된다.

최근 정수기로 정화한 물은 품질이 가장 좋은 물의 대명사가 된 듯하다. 그래서 정수기 시장이 1조 원을 넘는다고 한다. 관리를 철저히 잘 한다는 조건이라면, 정수기가 나쁠 이유는 없다. 다만 비싼 만큼 더 좋은 수질의 식수를 제공하느냐에 대한 회의는 있을 수 있겠다. 왜냐하면 정수기를 쓰면서도 관리를 게을리하여 처리 막(필터)들이 한계치를 초과하게 되면, 부유물, 유기물질, 이온, 미생물 등을 모아 한꺼번에 마시는 불행한 결과가 된다. 이는 수돗물을 그대로 마시는 것만 못하게 될 수도 있는 것이다. 관리가 중요함을 다시 한 번 강조한다.

필자의 생각은 사람들이 먹는 물에 대해서 지나치게 신경 쓰는 것 같다. 우리나라는 국토의 80% 정도가 숲이 울창한 산으로 덮여 있고, 이 산에서 천천히 흘러내린 지표수를 처리한 것이 수돗물이어서, 수돗물의 품질은 매우 우수하다. 만약 수도관에 대한 불신이 문제라면 끓였다가 식혀서 먹는 것이 값도 싸고 가장 안전하다고 본다.

03 알칼리 이온수, 건강에 좋은가?

전문가도 정확하게 "알칼리 이온수"가 무엇인지 알기 어려운데, 일반인들에게는 더욱 혼란스러운 용어일 것이다. 화학에서 원래 "알칼리 이온"이란 수용성 염기 이온, 즉 수산 이온(HO^-)을 의미한다. 그렇다면 알칼리 이온수는 염기성이라야 한다. 염기성이 강해 pH가 8.5를 초과하면 식수가 될 수 없다. 이 수치는 환경부와 세계보건기구에서 기준으로 정한 값을 넘어서기 때문이다.

그럼에도 불구하고 이런 문구를 사용하는 것을 보면, 혹시 알칼리 이온수가 리치움 이온(Li^+), 나트륨 이온(Na^+), 칼륨 이온(K^+) 등과 같은 "알칼리 금속 양이온"을 함유하는 물을 의미하는 것이 아닌가라는 생각도 해본다. 그런데 수산 이온은 음이온이고, 알칼리 금속 이온은 모두 양이온이라서 전하가 서로 반대된다. 그래서 알칼리 이온수가 무엇인지 더 혼란스러울 뿐이다.

우리가 먹는 물은 중성(pH 6.5~8.5, 세계보건기구 기준)이라야 된다. 그런데 몇 년 전, "pH > 9.0 이상의 알칼리 이온수"를 만들어 낸다는 가정용 정수기의 판매가 높았던 적이 있었다. 이 물은 염기성이 강한 "알칼리 수"이다. 당시 필자는 어떤 근거에 의해서 알칼리수가 건강에 좋다는 인식이 일반인들에게 심어졌는지 이해하기 어려웠다. 다행히 식품의약품안전청이 조사에 나서면서 pH > 9.0 이상이라는 광고를 했던 알칼리 이온수기 35개 제조업체에 대해 과장광고 처분을 내렸다.

순수한 물, 즉 증류수는 정확히 중성, 즉 pH 7.0이다. 이 중성 물은 분자 10^7(즉, 1000만)개 중의 한 개만이 $H_2O \rightarrow H^+ + HO^-$으로 이온화되어 있고, H^+ 수와 HO^- 수는 똑같다는 것을 의미한다. 여기서 양이온 H^+는 산성 수소 이온이고, 음이온 HO^-는 염기성, 즉 알칼리성 수산 이온이다. pH < 7.0인 산성 물은 pH 7.0인 중성 물과 비교했을 때, H^+ 수가 HO^- 수보다 더 많은 산성 물이고, 반대로 pH > 7.0인 물은 pH 7.0인 중성 물과 비교했을 때 HO^-수가 H^+ 수보다 더 많은 염기성, 즉 알칼리성 물이다.

세계보건기구가 정한 기준을 엄밀하게 따져 보면 pH 6.5 ~ 7.0은 산성 영역이고, pH 7.0 ~ 8.5는 알칼리성 영역이다. 지나치게 산성이 강한 물도, 지나치게 알칼리성이 강한 물도 우리 건강에는 나쁘다. 건강에 좋은 물은 중성이라야 된다. 알칼리 이온수란 그럴 듯한 용어에 현혹되면 안 된다.

하지만 중성인 물이 좋다고 해서 pH 7.0인 증류수를 많이 마시면 설사가 난다. 이온이 전혀 포함되어 있지 않아 위장의 이온 균형이 깨지기 때문이다. 그래서 먹는 물에는 적정량의 나트륨(Na^+), 칼륨(K^+), 칼슘(Ca^{2+}), 마그네슘(Mg^{2+}), 알루미늄(Al^{3+}) 등의 이로운 양이온과 염소(Cl^-), 불소(F^-), 중탄산(HCO_3^-), 탄산(CO_3^{2-}), 수산(HO^-) 등의 해롭지 않은 음이온이 들어 있어야 된다.

이런 양이온 및 음이온들이 함유된 물이 이온수이다. 이온수 중에서 2가 이상의 양이온인 Ca^{2+}, Mg^{2+}, Al^{3+} 등을 적게 함유한 물을 단물(연수)이라 부르고, 많이 함유한 물을 센물(강수)이라고 부른다. 일반적으로 지하수는 센물이고, 지표수는 단물이다.

이 이온들이 원래의 천연수에 적정수준으로 함유되어 있으면 좋은 생수의 원료가 될 수 있을 것이다. 이런 수원이 없다면 인공으로 투입해서 조절할 수도 있다. 마실 물이 워낙 부족한 중동에서는 바닷물의 이온을 대부분 제거해서 먹는 물을 만들기도 한다. 이 기술을 해수담수화라 부른다.

이온수와 관련해서 여기서 다시 강조하고 싶은 것은, 통상의 정수기에서

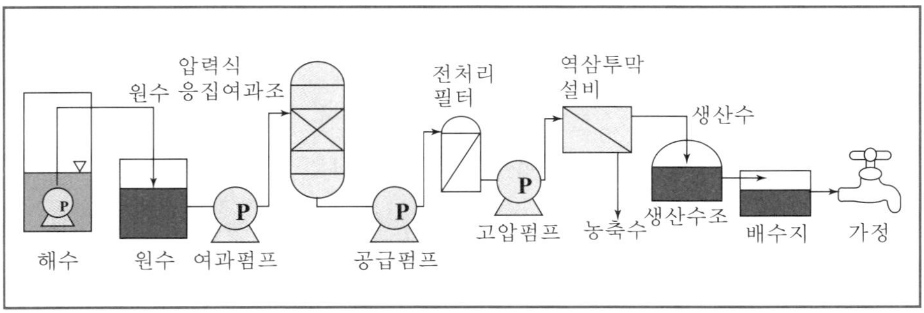

해수담수화 과정

이런 이온들을 만들어 낸다는 것은 그다지 믿을 것이 못 된다는 것이다. 설령 그런 방법으로 이온을 만들어 제조한 식수라 하더라도, 우리 건강에 특별히 좋을 것도 없다. 더구나 이런 정수기는 비쌀 것이고 관리하기는 더 어려울 것이다. 전문가도 알기 어려운, 그러면서도 일반들이 들으면 전문성이 높은 과학에 근거를 둔 것처럼 들리는 용어에 현혹되지 않기를 바란다.

04 알칼리 환원수는 무엇인가?

"알칼리 환원수"는 최근에 크게 유행하고 있다. 어느 소주병의 표지에는 버젓이 "알칼리 환원수로 만든 부드러운 소주"라고 쓰여 있기도 하다. 약 20%의 에탄올에 80%의 물을 희석해야 되는 소주회사라서 물을 강조하기 위한 것임은 이해가 되지만, 알칼리 환원수가 무엇인지 전문가도 알기 어렵다. 1) 알칼리로 환원한 물인지, 2) 물속의 알칼리를 환원했다는 뜻인지?

화학적으로 1)은 전혀 과학적 논리에 맞지 않다. 알칼리는 염기이므로 산을 중화할 수는 있지만, 물을 환원할 수는 없기 때문이다. 2)도 수긍하기 어렵다. 알칼리의 원천은 수산이온 HO^-인데, 이는 환원할 수 없는 음이온이기 때문이다.

알칼리성 물이 건강에 좋다는 논리는 최근에 새로 개발되어 비단 소주 애호가들 뿐만 아니라, 인터넷 토론방에서조차 이미 정설로 인정된 듯 보인다. 그들이 주장하는 한 가설이 있는데, 우리 혈액의 pH는 7.4로서 아주 약한 알칼리성이므로 먹는 물도 그래야 좋다는 것이다. 참으로 이해할 수 없는 논리이다.

물이 체내로 들어 가는 주된 원료는 주사와 식수다. 주사액의 대부분은 혈관으로 직접 투여된다. 이는 의사의 소관이므로 일반인들이 언급할 것이 못 된다. 주사액으로 사용되는 물은 pH 7.0인 증류수이지, pH 7.4인 약 알칼리수가 아니라는 사실만 지적해 둔다.

식수라고 해도 pH 7.4라면 과학적으로는 알칼리성이지만, 실생활 측면에서는 중성이다. 물 분자 1000만 개 중에 염기성 이온이 1개 정도 존재할 뿐이기 때문이다. 그래서 이 pH값은 세계보건기구가 식수에 대해 정한 중성 기준에 해당한다.

우리가 물을 마시면 먼저 식도를 거치고 위로 들어간다. 그런데 위 속에는 pH 1.0 정도로 강한 염산이 들어 있다. 약 알칼리수를 마시면 위에 들어가 산성도가 약 백만 배 강한 위산에 의해 중화되어 알칼리성은 흔적도 없이 사라지고, 중화에 의해 생긴 금속염만 남게 된다. 혈액의 pH와 관련해서 알칼리수를 마시면 건강에 좋다는 것은 터무니없는 논리라는 생각이 든다.

환원수란 전기분해[2] 방법으로 환원해서 만든다고 한다. 환원수에 대한 자세한 홍보내용을 들여다 보면, 전기분해에 의해서 발생되는 활성수소가 우리 건강에 나쁜 활성산소를 파괴하여 물을 좋게 만든다는 주장이 펼쳐져 있다.

물을 전기분해하면 음극에서 수소가 그리고 양극에서 산소가 발생한다. 그런데 순수한 물은 전기를 통하지 않는다. 전기를 운반할 수 있는 이온이 너무 적기 때문이다. 그래서 물의 전기분해는 수산화나트륨(NaOH), 염화나트륨(NaCl, 소금), 황산 같은 전해질[3]을 조금 가한 뒤라야 가능하게 된다.

수돗물에는 많지는 않으나, Ca^{2+}, Na^{+} 같은 양이온과 HO^{-}, Cl^{-} 같은 음이온이 함유되어 있으므로 물의 전기분해를 도울 수 있다. 다음 그림에는

2) 전기분해(electrolysis): 전기에너지를 이용하여 분자를 쪼개는 반응을 일컫는다.

3) 전해질(electrolyte): 물 등의 용매에 녹거나 또는 그 자체가 이온으로 해리되어 전류를 흐르게 하는 물질이다.

양극산화	양극/음극 분리막 → 음극환원
$2HO^{\ominus} \longrightarrow 2HO\cdot + 2e^{\ominus}$	$2Na^{\oplus} + 2e^{\ominus} \longrightarrow 2Na$
$2HO\cdot \longrightarrow H_2O + O\uparrow$	$2Na + 2H_2O \longrightarrow 2Na^{\oplus} + 2HO^{\ominus} + 2H\uparrow$
$2HO^{\ominus} \longrightarrow H_2O + 2e^{\ominus} + O\uparrow$	$2H_2O + 2e^{\ominus} \longrightarrow HO^{\ominus} + 2H\uparrow$

$$H_2O \longrightarrow \underset{\text{산소}}{O\uparrow} + \underset{\text{수소}}{2H\uparrow}$$

소량의 NaOH가 녹아 있을 때 물의 전기분해반응

NaOH의 도움을 받아 물이 전기분해되는 과정의 전기화학반응을 보였다. 여기서 ↑는 생성물이 기체로 되어 대기 중으로 빠져 나간다는 것을 표시한다.

이 그림을 보면, 음극에서는 환원에 의해 생성된 나트륨 금속이 물을 분해해서 활성수소를 발생시키고, 양극에서는 수산 이온이 산화되어 활성산소가 발생하게 된다는 것을 알 수 있다. 또 NaOH는 전혀 소비되지 않고, 재생된다는 것도 볼 수 있다.

원래 수소와 산소는 모두 원자 2개가 결합해서 안정한 분자를 이루는 2원자 분자인데, 분자가 되기 직전 즉 원자 상태의 수소를 활성수소, 원자 상태의 산소를 활성산소라고 부른다. 이들은 분자 상태보다 반응성이 월등하게 높아서 활성원소라고 부르는 것이다.

이들이 전기분해에 의해서 다량 생성되어 전기분해 통에서 서로 접촉하게 되면 폭발을 일으키게 된다. 폭발을 막으려면 양극과 음극 사이에 분리막을 세우고, 수소와 산소를 따로 분리해야 된다. 즉, 효율적인 분리막이 없는 상태에서 물을 대량으로 전기분해하는 것은 매우 위험한 일인 것이다.

음극에서 발생한 활성수소는 활성산소를 없애는 작용을 할 수는 있다. 하지만 음극에서 2그램의 활성수소가 생기면, 양극에서도 정확히 16그램의 활성산소가 발생하게 된다. 즉, 활성수소가 생긴 만큼 활성산소도 생기므로, 원래 물속에 존재하던 활성산소를 없애는데 쓰일 여유는 전혀 없는 것이다.

그래서 전기분해에 의해서 생긴 활성산소를 정수기 내에서 따로 분리하여 제거하지 않는 한, 물의 전기분해에 의해 만들어진 활성수소에 의한 활성산소의 파괴는 기대할 수 없다.

05 나노 물이란?

몇 년 전부터 우리나라는 물론 전 세계 과학 기술계에는 나노 과학, 나노 기술이 크게 유행하고 있다. 물에 대해서도 예외가 아니다. 두 개의 고체 표면이 수 나노미터 이하로 접근하면 수분이 응축해서 나노 크기의 미세한 물기둥이 생기는데, 이 물은 액체와 고체의 성질을 동시에 가지며, 외부에서 전기장을 가하면 이 나노 물은 믿기 어렵겠지만 20°C에서도 얼음으로 변할 수 있다고 한다.

최근에는 나노 물을 만들어 낸다는 정수기나 나노 물을 함유한다는 생수를 광고하는 전단지를 자주 본다. 나노 물은 수 나노미터(nm)로 접근된 두 고체 표면 사이에서나 가능한 일이지, 우리가 마실 수 있을 정도의 양으로는 전혀 존재할 수 없으므로, 나노 물에 대한 광고 내용은 아예 믿을 것이 못 된다.

나노란 나노미터(nm)의 준말로서 10억 분의 1미터가 1nm이다. 1nm의 길이가 얼마나 짧은지를 이해하려면, 가시광선의 파장(400~700nm)과 비교해 보는 것이 좋을 것이다. 즉 1nm는 가시광선 파장의 1/400~1/700이다. 참고

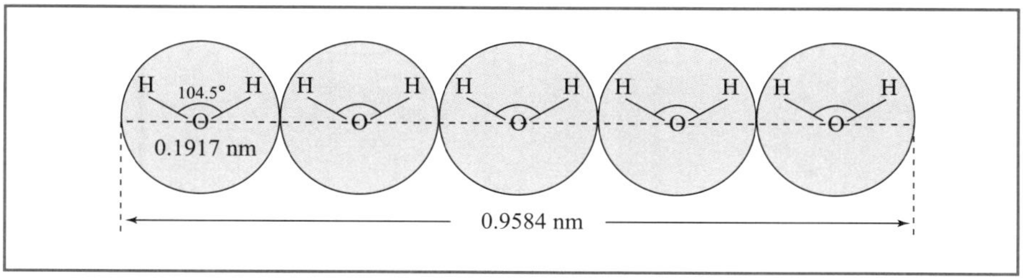

물 분자 5 개의 직선 배열

로 400nm 파장의 빛은 자외선에 가깝고, 700nm 파장의 빛은 적외선에 가까운 빛이다.

물 분자의 크기는 0.1nm 수준이다. 그림에 보인 것처럼 물 분자 5개가 일직선으로 정렬해도 1nm가 채 되지 않는다. 그런데 물은 끊임없이 브라운 운동을 하는 액체이므로, 그림에 보인 것처럼 물 분자 5개가 모여 정렬된 모양을 이루고, 우리가 마실 수 있을 정도로 충분히 긴 시간 동안 유지할 확률은 0 이다. 즉, 물 분자 5개가 모여 나란히 직선상으로 배열할 수 없다.

설령 실온에서 이런 형상이 우연히 만들어졌다고 하더라도, 우리가 마시면 위 속으로 들어가 pH 1.0 정도의 강한 위산에 의해서 모두 파괴되어 없어지고 만다. 또 인간의 체온은 37.5°C이므로 이 온도에 이르면 모두 나노 물은 모두 파괴되어 존재할 수 없게 된다. 이것은 앞에서 본 육각수와 같다.

나노 물이 생체의 세포벽이나 신경 등에 형성된 나노 크기의 이온통로 속에 존재하고, 생명유지에 매우 중요한 역할을 한다고 하더라도, 이는 우리가 마신 보통의 물이 저절로 재배열되어 생체 내에서 생기는 것이다. 나노 물이란 우리가 마실 수 있는 형태로 존재하지도 않을뿐더러, 따로 마셔야 할 필요가 전혀 없는 성질의 것이다.

06 정수용 역삼투막, 이온교환수지

"좋은 물만 먹어도 장수한다"는 믿음 때문에 수도꼭지에 연결해서 쓰는 정수기가 널리 보급되어 있는 것 같다. 정수기의 판매원이나 설치기사에게서 설명을 듣기도 하겠지만, 일반인들에게는 여전히 역삼투막이나 이온교환수지란 말은 상당히 낯설 것이다. 정수기의 핵심기술인데도 말이다.

보통의 정수기는 수돗물을 여과하는 장치와 이온교환수지 및 역삼투막으로 구성되어 있다. 여과기도 제조업체에 따라 다르지만, 활성탄 여과기는 거의 모든 정수기에 설치되어 있다. 미생물은 물론 먼지나 유기물도 거를 수 있기 때문이다. 활성탄이란 표면적을 넓혀 불순물에 대한 흡착력을 크게 높인 다공질성 "숯"이다.

이온교환수지란 물속의 금속 양이온 및 음이온을 걸러내는 수지를 말한다. 보통 갈색의 작은 구슬로 되어 있는 수지를 탑에 채워 물을 통과시키면 이온이 교환된다. 구슬 모양으로 만드는 이유는 취급하기 쉽고, 또 닿는 면적을 최대한 늘려 탑에 가급적으로 많은 양의 수지를 채우기 위해서이다. 이온교환수지는 우리나라에서도 ㈜삼양사가 울산공장에서 대량으로 생산하고 있다.

그림에 표시한 바와 같이, 양이온을 교환하는 수지 PSSA(폴리스타이렌 설폰산)는 고분자 사슬에 산 기를 가지고 있고, 음이온을 교환하는 수지 PSMTMA-Cl(폴리스티릴메칠 트리메칠 염화 암모늄)는 고분자 사슬에 암모늄 기를 가지고 있다. 물속에 나트륨 양이온(Na^+) 또는 히드록시 음이온(HO^-)이 과량으로 있을 경우 이들은 각각 수소 양이온(H^+) 또는 염소 음이온(Cl^-)으로 바뀐다.

그림에 나타낸 것처럼 이 교환반응은 가역반응이다. 즉, 조건에 따라 교환반응이 거꾸로 일어날 수 있다는 것이다. 물속에 수소 양이온(H^+) 또는 염

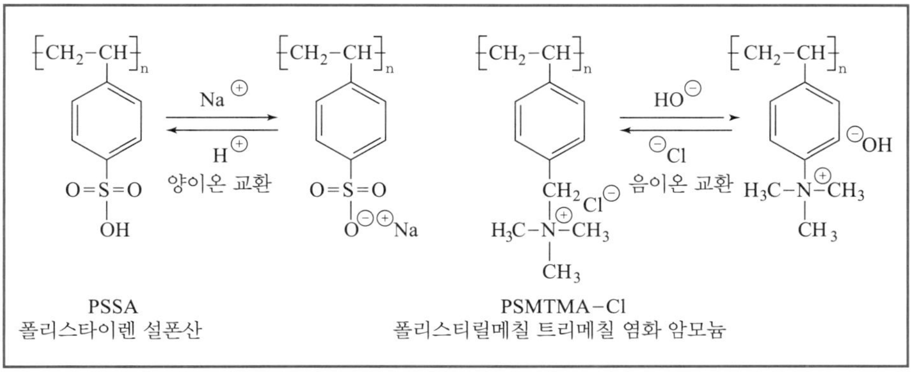

이온교환수지의 양이온 및 음이온 교환반응

소 음이온(Cl^-)이 많으면 이들은 각각 나트륨 양이온(Na^+) 또는 히드록시 음이온(HO^-)으로 바뀔 수도 있고, 또 이온교환수지가 나트륨 양이온(Na^+) 또는 히드록시 음이온(HO^-)으로 포화되면 물속으로 이 이온을 내놓게 된다.

그러므로 이온교환수지는 수시로 점검을 꼼꼼히 해서 바람직하지 않은 이온들이 걸러지도록 관리해야 된다. 관리를 소홀히 하면 거꾸로 이온교환수지에서 바라지 않는 이온이 물속으로 나오게 된다. 이런 면은 활성탄 여과기도 마찬가지다. 처음에는 여과능력이 탁월해서 미생물, 먼지, 유기물을 모두 잘 걸러내지만, 관리를 소홀히 하면 거꾸로 여과탑에서 미생물, 먼지, 유기물이 나오게 된다.

역삼투막이란 이온들을 여과해서 제거하는 막이다. 삼투란 이온이 존재하는 곳으로 물이 이동하는 현상을 말한다. 이는 자연적으로 일어나는 물리적 현상이다. 역삼투란 이온 수용액에서 이온을 제거하는 과정이다. 역삼투는 삼투의 역반응이다. 삼투는 자연발생적으로 일어나지만, 역삼투에서는 압력을 가해 물에 녹은 이온을 여과해야 된다. 이온은 매우 작다. 그래서 이온이 통과할 수 없을 정도로 역삼투막의 구멍도 매우 작아야 된다. 역삼투막은 해수 중의 금속 양이온들을 제거해서 식수를 만드는 해수담수화에 핵심적인 역할을 담당하는 재료다.

이온 교환탑이건 활성탄 여과탑이건, 역삼투막이건, 새것은 성능이 좋지만, 오래 쓰면 성능이 저하되고, 더 오래되면 아예 성능을 발휘하지 못하게 된다. 문제는 사용자가 직접 수명을 측정하거나 교환, 재생할 수 없다는 사실이다. 전문적인 시설을 가진 전문가만이 측정과 교환, 재생을 할 수 있다. 그래서 정수기는 한 번 설치하면 판매회사의 지속적인 관리를 받아야 한다. 정수기에서 정기적인 관리는 매우 중요하다. 관리에 소홀해서 막들의 한계치가 초과되면, 없애야 할 이물질들을 누적시켜 한꺼번에 마시는 결과를 초래할 수 있다.

04

에너지와 화학

인류 문화사를 약 5000년으로 볼 때, 인간은 약 4800년 동안은 나무와 풀 그리고 약 100년 동안은 석탄에 에너지를 의존하다가 최근 100년 동안은 석유로 전환하였다. 석탄 및 석유 에너지 시대에 세계인구는 엄청나게 증가했고, 수요가 급증하자 화석연료는 벌써 고갈되었다는 우려의 목소리가 커지고 있다.

지금 세계 각국은 새로운 화석연료 확보를 위해 소리 없는 전쟁을 벌이고 있다. 한데 걸프전이나 미국-이라크 전쟁처럼 언제 소리나는 전쟁으로 바뀔지 모른다. 다행인 것은 전세계가 문제점을 깨닫고 대체 에너지 개발에 심혈을 기울이고 있다는 점이다. 우리나라도 열심히 개발 중이다. 에너지를 개발하는 것은 전문가의 일이다. 우리는 절약에 힘써야 된다. 화학을 알면 절약에 많은 도움이 된다.

01 수소연료전지, 앞으로 어떻게 될까?

수소연료전지란 수소를 산화시킬 때 발생하는 에너지를 전기로 변환시키는 배터리이다. 최근 지구 온난화 같은 화석연료[1)]의 부작용이 세계적으로 큰 이슈가 되면서 새로운 청정연료로 수소가 각광을 받고 있고, 이에 따라 수소연료전지도 높은 인기를 끌고 있다. 선진국은 말할 것도 없고 아프리카를 제외한 전 세계 곳곳에 수많은 수소연료전지 연구소가 세워지고 특별 심포지엄이 계속해서 열리고 있다.

우리나라도 예외가 아니다. 포스코에서는 대규모 MCFC(용융탄산염 연료전지) 공장을 건설, 전기를 생산하고 있고, SK 에너지㈜는 대덕연구소에 수소 충전소를 설치했으며, 현대 자동차는 PEMFC(고분자 전해질막 연료전지)로 구동되는 자동차를 개발하고 있다. KIST, 한국화학연구원, 한국전기연구소, 한국에너지 연구원, 한국기계연구원 등의 연구기관도 주제와 방향은 다르지만, 모두 연구개발에 참여하고 있다.

양극반응 $$H_2 \xrightarrow{\text{산화}} 2H^{\oplus} + 2e^{\ominus}$$

음극반응 $$1/2\ O_2 + 2e^{\ominus} \xrightarrow{\text{환원}} O^{\ominus\ominus}$$

전체반응 $$H_2 + 1/2\ O_2 \longrightarrow 2H^{\oplus} + O^{\ominus\ominus} \longrightarrow H_2O + 286\ \text{킬로 줄}$$

그림 1. 수소연료전지의 전극반응

1) 화석연료: 석탄 · 석유 · 천연가스 같은 지하매장 자원을 이용하는 연료이다. 지각에 파묻힌 동식물의 유해가 오랜 세월에 걸쳐 화석화하여 만들어진 연료로서 이것에 의해서 얻어진 에너지를 화석에너지라고 한다. 현재 인류가 이용하고 있는 에너지의 대부분이 이에 해당한다.

수소를 에너지원으로 쓰는 전지에서 일어나는 전극반응은, 그림 1에 보인 것처럼 매우 간단하다. 양극에서는 외부에서 공급된 연료인 수소가 산화되어 수소 이온과 전자를 발생하고, 음극에서는 이 전자를 받아 산소가 환원되어 산소 음이온으로 된다.

전극반응은 간단하지만, 전지에서 아주 중요한 것은 두 극 사이를 채우는 전해질이다. 양극에서 생성된 전자는 도선을 통해 매우 빠른 속도로 음극으로 이동할 수 있지만, 수소 양이온은 전해질을 통해서 음극으로 이동해야 산소 음이온과 결합해서 물이 될 수 있는 것이다. 이 전해질에 따라 지금까지 여러 가지 형태의 연료전지들이 고안되었다. 아직도 개발이 계속되고 있는 것은 MCFC와 PEMFC이다.

MCFC는 리치움, 나트륨, 칼륨의 탄산염 혼합물을 쓰는데, 이들은 600°C 이상으로 가열해야 액체전해질이 된다. 그렇기 때문에 MCFC는 적어도 650°C 이상에서 운전해야 되고, 압력도 매우 높아야 한다. 압력이 높아야 하는 이유는 그림 2의 전극반응에서 보듯이, 고압가스인 수소연료와 CO_2가 관여하기 때문이다. 이 기술은 너무 위험해서 자동차 같이 소형 이동기계의 에너지원으로는 쓸 수 없고, 대용량 발전용으로 적합하다.

PEMFC는 현재 80°C 이하의 온도에서 운전해야 되므로, 운반용 에너지원으로는 적합하다. 그렇기 때문에 가장 많은 연구개발이 이 기술에 집중되어 있다. 일부 자동차 제조회사에서 특별한 관심을 갖고 시내버스 같은 공공

$$H_2 + CO_3^{\ominus\ominus} \xrightarrow{\text{산화}} H_2O + CO_2 + 2e^{\ominus}$$

$$1/2\,O_2 + CO_2 + 2e^{\ominus} \xrightarrow{\text{환원}} CO_3^{\ominus\ominus}$$

그림 2. CO_2가 관여하는 MCFC의 전극반응

차량에 대한 적용기술을 먼저 개발 중에 있다. 독일은 이 방면에 가장 먼저 시험기술의 개발에 성공하였는데, 한때 베를린 시내에 수소연료전지 시내 버스 20여 대를 운행한 적이 있었다. 그러나 최근에는 이를 모두 철수하였다고 한다. 여기에는 여러 문제점들이 지적되었는데, 조기에 해결하기 어렵다는 판단이 내려졌기 때문이다. 독일이 이런 판단을 내린 데에는 연료전지 자체가 가진 두 가지 문제점과 수소가 갖고 있는 두 가지 문제점이 가까운 장래에 해결될 전망이 높지 않다고 판단했기 때문인 것으로 보인다.

연료전지의 두 문제점은 전해질막 재료와 수소의 산화촉매이다. 먼저 전해질막에 대해 알아본다. PEMFC는 아직까지도 모두 그림 3에 구조를 보인 나피온이란 불소수지를 쓰고 있다. 이 수지는 원래 미국의 듀퐁사에서 이온교환수지 용으로 개발한 것이었는데, 아직도 더 좋은 전해질이 없어서 모두 PEMFC용 전해질 재료로 쓰고 있다. 이 수지의 단점은 값이 비싸고, 내열성이 낮아 80°C 이상에서는 쓸 수 없다는 것이다.

이런 단점을 개선하기 위해서 듀퐁사에서는 나피온의 구조를 여러 가지로 변조하는, 즉 그림 3에 보인 고분자의 y/(x+z) 값을 바꾸는 연구를 대대적으로 수행하였다. 하지만 성과는 별로 크게 거두지 못해서 수소 이온 운반속도가 빠르면서도, 80°C 이상의 내열성과 우수한 기계적 성질을 가진 적절한 x, y, z값은 발견되지 않았다.

듀퐁사 외의 다른 회사들은 불소수지와는 상관이 없는 완전히 새로운 방

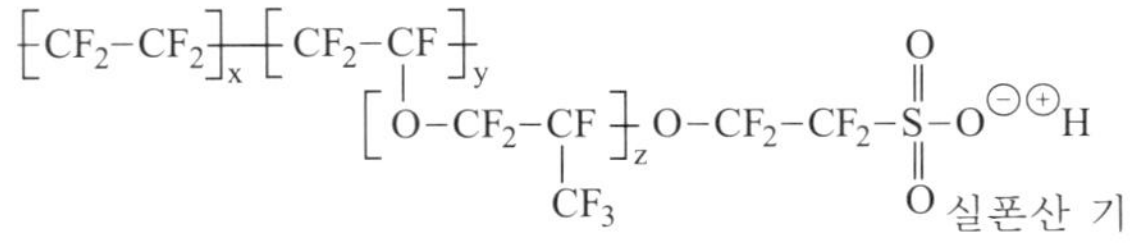

그림 3. PEMFC용 불소 고분자 전해질 나피온의 화학구조

향족 구조의 고분자막 재료를 개발하는 데 전력을 기울이고 있다. 나피온보다 제조가는 낮고, 기계적 성질은 높은 새로운 전해질막을 만드는 것은 쉬운데, 수소 이온 운반속도까지 더 좋은 막 재료는 아직도 개발되지 못하고 있다.

수소연료전지 개발에 지장을 초래하는 또 하나의 문제점은 수소의 산화 촉매이다. 에너지를 많이 발생하는 수소연료전지를 만들기 위해서는, 수소 기체가 양극에 공급되는 즉시 모두 산화되어 전자를 발생시켜야 된다. 그러기 위해서는 기체인 수소가 고체 양극 재료인 백금표면에 잘 흡착되어야 하는데, 아직까지는 촉매를 쓰더라도 수소의 흡착 및 산화 효율이 너무 낮다. 앞으로 획기적인 진전이 있어야 상업용 수소연료전지의 개발이 가능하게 될 것이다.

연료로 쓰는 수소에도 두 가지 근본적인 문제가 있다. 첫 번째는, "수소를 어떻게 제조할 것인가?" 이다. 이를 위해 화석연료를 쓴다면 수소도 궁극적으로는 화석연료나 똑같이 공해를 유발하는 셈이기 때문이다. 선진국에서 궁극적인 목표로 삼는 방안은 수요가 적은 심야에 원자력 전기를 이용해서 물을 전기분해하여 수소를 만든다는 것이다. 결국 원자력 발전량을 늘려야 된다는 것이다. 하지만 현재는 환경단체의 저항으로 인해서 원자력 발전소를 더 짓는 것은 쉬운 일이 아니다. 폐기물 처리장조차 지정을 못해서 우리나라에서 '부안사태' 가 난 것만 보아도 알 수 있다.

환경을 최대한 훼손하지 않고 얻을 수 있는 에너지로는, 태양열, 조력, 풍력, 수력 등이다. 그러나 현재의 기술 상태에서는 그 어느 것도 아직은 화석연료만큼 효율과 이동성이 좋고, 대량생산이 가능하지 않다. 필자의 생각으로는 이 청정 에너지 시대가 오기까지 원유 사용량을 대폭 줄여줄 수 있는 에너지는 오로지 원자력 발전뿐이다.

현재는 수소를 어디서 얻을까? 이것도 화석연료인 석유에서 나오는 나프타(C_nH_{2n+1}, n = 8~15)를 높은 온도로 가열하여 수소와 탄소로 열분해한 뒤, 탄소는 버리고 수소만 쓰는 기술이 집중적으로 개발되고 있다. 이는 CO_2 문제를 의식해서 탄소를 자원으로 쓰지 않도록 유도하자는 의미이다.

탄화수소 중에서 수소 함량이 가장 높은 CH_4(메탄)를 열분해해서 수소를 만든다고 할 경우에도, 무게로 탄소가 75%를 차지하고, 수소는 25%를 차지해 경제성이 낮다. CO_2가 발생한다고 해서 75%를 버리고, 25%만 쓰는 것은 가용 에너지에 부족함이 전혀 없을 때에나 합당할 뿐이다. 에너지의 부족은 환경문제보다 더 심각한 문제이다.

수소와 관련된 두 번째 문제점은 저장기술이다. 수소는 모든 원소 중에서 가장 작고, 실온에서 기체이다. 그래서 LPG, LNG처럼 액화[2)]하려면 아무리 압력을 높게 가하더라도 −270°C로 온도를 내려야 되는데, 이를 위해서는 액화 헬륨을 써야 된다. 한데 이 방법은 비용이 너무 높아 자원으로 쓸 수소를 액화하는 기술에 대해서는 전혀 고려하지 않고 있다. 그래서 고압용기에 압축해서 가스 상태로 저장하는 기술이 개발 중이다. 현재 쓰고 있는 수소 통의 저장압력은 대부분 실온에서 550기압 정도이다. 자동차의 50리터 들이 수소통에 550기압, 27°C에서 수소를 100% 충전한다면 2.236kg 밖에 채워지지 않는다. 전문가들은 압력이 1300기압 이상으로 올라가야 경제적 타당성이 생긴다고 추정하고 있다.

이렇게 높은 압력에 견디려면 금속용기는 매우 두꺼워져야 된다. 무거운 금속용기가 두꺼워지면 더 무거워지게 된다. 자동차에 무거운 수소탱크를 싣고 다니면 자체의 무게도 무거워져, 에너지 낭비가 심해지는 것은 당연하다. 현재 기술 개발의 초점은 무게는 가벼우면서도 내압성이 우수한 재료를 개발하는 일이다. 아직은 그 재료가 반드시 금속이어야 하는지 다른

2) 액화: 기체 상태에 있는 물질이 에너지를 방출하고, 응축되어 액체로 변하는 현상이다.

재료를 써도 되는지조차 잘 모르는 상태이다.

연료전지와 수소가 가지고 있는 이런 문제점들로 인해 수소연료전지만으로 구동되는, 시험용이 아닌 상업용 자동차가 나올지는 아직도 의심스럽다. 적어도 앞으로 몇 년 안에 나오는 일은 어려워 보인다. 새로운 첨단기술이 성공하면 막대한 신시장이 열리고, 주변기술이 확장되어 경제발전에 미치는 영향이 크지만, 모든 첨단기술이 전부 성공하는 것은 아니다. 시장성, 경제성이 따라야 하고, 무엇보다 안정성이 검증되어 새로운 것에 대한 사람들의 걱정을 없애 주어야 한다. 현재 기술들이 갖고 있는 문제점들을 일거에 해결할 수 있는 새로운 획기적인 아이디어가 나오기를 기대해 본다.

02 LNG, LPG, 휘발유, 경유의 이론 연비

원유가의 상승과 탄소배출량 저감 운동 때문인지, 예전에 비해 연비에 대한 사람들의 관심이 부쩍 높아졌다. 승용차를 새로 살 때 LPG(액화석유가스), 휘발유, 경유 중 어느 연료로 구동되는 차를 선택할 것인지를 결정하기 위해, 상대적인 연비에 대한 관심이 더 높다. 매우 바람직한 현상이다. 그러나 이를 정확하게 비교해 보는 것은 쉽지 않다. 각 연료의 연소효율만이 문제가 아니라, 차체의 무게, 주행속도, 엔진의 성능 등 연비에 영향을 미치는 요소가 대단히 많기 때문이다.

여기서는 자동차가 미치는 영향을 완전히 배제하고, 단지 각 연료가 100% 연소되었을 때 생기는 열량, 즉 연소열과 CO_2 배출량을 이론적으로 계산해서 서로 비교해 보기로 한다. 실제로는 이론상으로 말하는 100% 연소도 쉽지 않은 일이다. 이 비교 자료는 직접 한 연료의 연비를 가리키지는 않지만, 여러 연료의 상대적인 연비 및 친환경성 비교에는 중요한 영향을 미친다.

상대적 연비 비교의 이론적 근거는 수소 2g이 완전히 연소되면 68.1kcal의 열과 18g의 물이 생성되는데, 탄소 12g이 100% 연소되면 93.8kcal의 열과 44g의 CO_2가 발생한다는 사실이다. LNG(액화천연가스), LPG, 휘발유, 경유는 여러 가지 화합물의 혼합물인데, 공급자, 계절 및 첨가제에 따라 조성이 조금씩 달라진다. 그래서 여기서는 각각의 주성분인 메탄, 부탄, 옥탄, 헥사데칸에 대해 비교하였고, 그 결과를 표에 나타내었다.

표를 보면 연소열에 있어서 LPG, 휘발유, 경유 1L의 상대비는 각각

LNG, LPG, 휘발유 및 경유 주성분의 이론적인 연소열과 탄산가스 발생량

연 료	이름	LNG	LPG	휘발유	경유
	주성분	메탄	부탄	n-옥탄	n-헥사데칸
	시성식	CH_4	C_4H_{10}	n-C_8H_{18}	n-$C_{16}H_{34}$
화합물 성질	끓는 온도, ℃	−162	−0.5	126	287
	분자량, g/몰	16	58	114	226
	밀도, g/L, 20℃	415	602	703	770
연소열/L	kcal/L	5,966	7,428	8,407	9,058
	상대비	–	1.00	1.13	1.22
기준가격/L (2010. 1. 7.)	원/L	–	975	1,649	1,285
연소열/천원	kcal/천원	–	7,618	5,098	7,049
	상대비	–	1.00	0.67	0.93
CO_2 배출량	g/L	1,141	1,826	2,171	2,399
	상대비	1.00	1.60	1.90	2.10

1.00, 1.13, 1.22로서, 경유가 가장 높고 LPG가 가장 낮다. LNG에 대해서는 연소열을 계산하지 않았는데, 거의 모든 LNG는 기화[3]시킨 다음에 시내버스에만 활용될 뿐 승용차에는 쓰이지 않기 때문이다.

LPG, 휘발유, 경유의 소비자 가격은 판매업소의 성격과 위치에 따라 차이가 발생하지만, 정확한 상대적인 비교를 위해서 표에 나타낸 바와 같이, 2010년 1월 7일 기준 주유소 평균 판매가에 대해서 각 연료의 1천원당 연소열을 계산해 보았다. 그 결과 1천원당 LPG, 휘발유, 경유의 상대적인 연소열비는 각각 1.00, 0.67, 0.93으로서, LPG가 가장 가격 경쟁력이 높고, 휘발유가 가장 낮았다.

LNG, LPG, 휘발유, 경유 중 어느 것이 가장 적은 CO_2를 배출할까? 표에 나타낸 바와 같이 LNG, LPG, 휘발유, 경유 1L가 배출하는 CO_2의 상대비는 각각 1.00, 1.60, 1.90, 2.10으로서 경유가 가장 많이 배출하고, LNG가 가장 적게 배출한다는 것을 알 수 있다. 서울시에 있는 모든 시내버스가 LNG로 운행되는데, CO_2를 가장 적게 배출한다는 측면에서 매우 바람직한 일이다.

CO_2 배출량과 관련해서 놀라운 사실은 1L의 LNG, LPG, 휘발유, 경유는 각각 0.41, 0.60, 0.70, 0.77kg의 무게를 가지는데, 이 무게가 연소되면 각각 1.14, 1.84, 2.17, 2.40kg의 탄산가스를 배출한다는 것이다. 즉, 연료 무게의 각각 2.78, 3.07, 3.10, 3.11배의 CO_2가 발생된다. 우리는 모두 이의 저감을 위해서 노력해야 된다.

상당량의 메탄가스를 내뿜는 목장의 소들

3) 기화: 액체가 열에너지를 흡수하여 기체로 변하는 현상이다.

이 탄산가스로 인해서 남극과 북극의 빙하가 대규모로 녹아 해수면이 상승하고, 지구 온난화가 진행되며, 세계 곳곳에서 이상기후가 포착되고 있다고 한다. 탄산가스보다 지구 온난화에 훨씬 더 많이 기여하는 것은 대기 중으로 방출된 탄화수소연료들이다. 일찍이 세계의 대형 목장에서 사육되는 소들이 뀌는 방귀(메탄)가스가 지구 온난화의 주범일지 모른다는 지적을 통해 탄화수소의 심각성이 널리 알려져 있다. 하지만 차량의 연료가 엔진에서 완전히 연소되지 않고 배출되는 것이 더 문제다.

03 CNG, LNG, 도시가스

2010년 8월 서울 시내버스 한 대에서 폭발사고가 발생해 큰 인명피해가 났다. 버스 하부에 장착된 8개의 CNG(Compressed Natural Gas, 압축천연가스) 탱크 중 한 개가 터지면서 폭발한 것이다. 그렇다면 CNG는 무엇이고, LNG와는 어떻게 다를까?

천연가스의 주성분은 메탄(CH_4)인데, 공급회사에 따라 다르지만 대부분 메탄 80%, 에탄 15%, 프로판 및 부탄 5% 정도의 혼합물이다. 여기서 메탄은 동물의 방귀에도 함유되어 있고, 배설물과 오물이 부패할 때 다량으로 배출되므로 이를 모아 지역난방 용으로 활용하는 기술도 널리 보급되어 있다.

우리나라는 러시아와 카자흐스탄 등에서 천연가스를 대량으로 수입한다. 대형 선박을 이용해서 많은 양을 운반해 오려면 기체 상태를 액화시켜 부피를 줄여야 된다. 그런데 메탄은 끓는점이 −164°C여서 액화시키기가 쉽지 않다. 이를 액화시키기 위해서는 46기압 이상의 압력에서 −83°C 이하로 냉각해야 한다.

온도를 −83°C 이하로 냉각하기 위해서는 액체질소가 필요한데, 대형 운반선박에서는 이런 조건이 전혀 장애가 되지 않는다. 선체에 액체질소 발생기를 가지고 있기 때문이다. 이렇게 액화시킨 천연가스를 LNG(Liquefied Natural Gas, 액화천연가스)라고 부른다.

LNG의 대부분은 도시가스로 사용된다. 우리나라에는 인천, 부산, 광양 등 여러 곳에 LNG 기지가 있고, 이 기지에서는 둥글고 큰 내압 저장용기에 LNG를 보관해 두고 서서히 기화시켜, 기체 상태로 만들어서 파이프라인을 통해서 각 가정에 보급한다. 이렇게 LNG가 중앙공급식으로 제공되자 각 가정에서는 압력통에 담아 쓰던 LPG가 모두 도시가스로 대체되었다.

메탄에는 냄새가 전혀 없다. 그렇기 때문에 가정에서는 물론 도중에서 누출되어도 냄새로는 그 사실을 전혀 알아낼 수가 없다. 이런 문제점에 대비해서 가스공사에서는 정기적으로 파이프라인을 점검하고, 또 도시가스 속에 소량의 냄새물질을 혼합해 유출 시 알 수 있도록 해 두었다. 도시가스에서 달걀 썩는 냄새가 나는 원인은 황화 디메칠(CH_3-S-CH_3)이란 유황 화합물 때문이다.

천연가스의 두 번째 용도는 시내버스 연료이다. 우리나라는 물론 선진국에서는 경유로 운행하던 시내버스 연료를 대부분 CNG로 대체하였다. 경유는 수소/탄소 함량비가 1/6인데 비해서, 천연가스는 1/3로 경유보다 두 배이다. 그래서 CO_2와 검댕이 덜 생겨 친환경적이다.

시내버스에서는 왜 LNG를 안 쓰고 CNG를 사용하는가? LNG를 보관하려면 액체질소 발생기가 필요한데, 천연가스의 운반선과 달리 버스는 몸체가 작고 또 빠른 속도로 움직여야 된다. 이런 이유로 버스에 액체질소 발생기를 장착하는 것은 불가능하다. 그래서 천연가스를 200~ 250기압으로 압축한 CNG를 대신 쓴다. 기체를 쓰다 보니 액체에 비해 저장용량이 적으므로, 택시에는 LPG 통이 1개면 되는데, 시내버스에는 CNG 통이 8개나 필요하다.

메탄의 폭발범위는 5~15%이다. 즉, 공기 중의 메탄 함량이 5~15%만 되어도 폭발이 일어난다. 그래서 압축된 메탄가스 통이 터지면, 그 즉시 폭발이 일어난다. CNG를 사용하는 한 이런 폭발의 위험성은 항상 존재한다. CNG를 보다 안전하게 이용하기 위해서는 항상 가스가 새지 않도록 철저한 관리를 실시하여 위험을 예방해야 된다.

울산과 광양에 있는 한화석유화학의 저밀도 폴리에칠렌 제조공장에서는 1973년 공장 시운전 이래 약 200°C의 온도에서 에칠렌을 2,000기압으로 압축해서 중합하는 공정을 운전하고 있다. 여기서는 200~250기압은 고압이라고 여기지도 않는다. 그럼에도 지금까지 아직 한 번도 사고가 난 일이 없다. 그만큼 철저하게 관리하고 있기 때문이다. 사고의 원인은 사람에게 있는 것이지 기술에 있는 것이 아니다. 기술이 아무리 좋아도 사람이 한순간 실수한다면 사고가 발생할 수 있다.

04 무연 휘발유와 옥탄가

지금은 사라졌지만, 약 15년 전만 해도 주유소에서는 납이 함유되지 않은 무연(lead-free) 휘발유와 납이 함유된 유연(leaded) 휘발유를 따로 팔았다. 납(lead)이 한자로 연(鉛)이라는 사실을 모르고 있었다면 연기가 나지 않는(무연) 휘발유와 연기가 나는(유연) 휘발유로 착각했을 것이다. 여기서 납은 테트라에칠 납[$(CH_3CH_2)_4Pb$]이란 납 화합물을 지칭한다. 이 화합물이 산화해서 대기 중에 존재하면 인체에 해로워 무연 휘발유가 개발된 것이다.

자동차는 휘발유를 태워 얻는 에너지로 구동된다. 휘발유를 태우기 위해 공기와 휘발유 혼합물을 실린더에 분사하고, 피스톤을 가해서 압축하면 줄-톰슨 효과에 의해 실린더의 온도가 상승한다. 이때 스파크에서 불꽃을 보내면 점화되어 공기/휘발유 혼합물이 순간적으로 점화되고 이어 폭발된다. 폭발에 의해 대량의 가스가 생기면 부피가 팽창하여 순간적으로 실린더를 뒤로 밀어낸다. 이 부피팽창이 자동차 구동의 원동력이다.

엔진에서 점화될 때 나오는 폭발음을 녹킹(knocking)이라고 한다. 녹킹 소리가 너무 크면 운전자는 대화나 음악을 즐길 수 없다. 녹킹 소리를 줄이기 위해서 과학자들은 많은 연구를 하였다. 표준엔진을 일정한 조건에서 운전하면서 여러 가지 가연성 화합물들을 연소시킬 때 발생하는 녹킹의 정도를 측정해 본 결과, 이소옥탄에서는 녹킹 소리가 매우 낮고, n-헵탄에서는 매우 높다는 사실을 알아냈다.

이 실험결과를 토대로 옥탄가(RON, Research octane Number, 옥탄가 실험치)란 개념을 도입해서 녹킹 정도를 수치로 표시할 수 있게 되었다. 이를 위해 이소옥탄의 옥탄가를 100으로, n-헵탄의 옥탄가를 0으로 정했다. 어느 연료의 옥탄가가 70이란 것은 이소옥탄 70%/n-헵탄 30% 혼합물에서 나오는 녹킹 소리와 같다는 뜻이다. 즉, 옥탄가가 높으면 녹킹 소음이 줄어든다.

왜 이소옥탄은 낮은 녹킹 소리를 내는데 n-헵탄은 높은 녹킹 소리를 내는가? 그 이유를 간단히 설명하기 위해서 그림 1에 이소옥탄과 n-헵탄의 화학

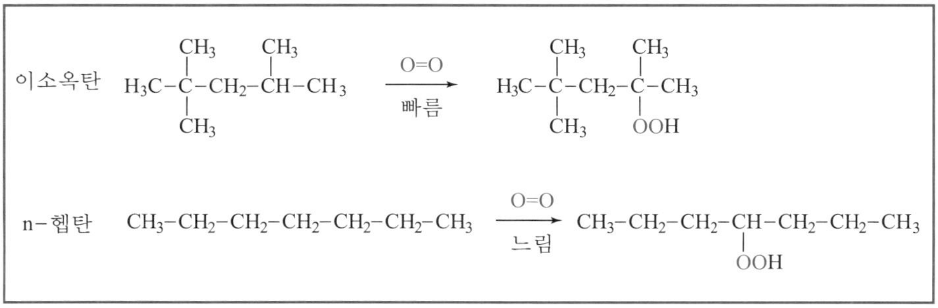

그림 1. 이소옥탄과 n-헵탄의 구조와 산화성

구조를 나타내었다. 이소옥탄은 탄소수가 8개이고, $-CH_3$ 치환체가 3개나 되는데, n-헵탄은 $-CH_3$ 치환체를 전혀 가지지 않은 선형 분자이다. 그림 1에 보인 것처럼 이소옥탄은 산소와 쉽게 반응하는데, n-헵탄은 산화되기 어렵다. 이런 이유에서 과학자들은 두 물질을 표준으로 선정한 것이다.

녹킹 소리를 줄이려면 이소옥탄 농도가 높고, n-헵탄 농도가 낮은 휘발유를 쓰면 된다. 하지만 불행히도 원유에서 나오는 휘발유의 조성은 거의 일정해서 이소옥탄 농도를 높이고 n-헵탄 농도를 낮추는 것은 기술적으로나 경제적으도 매우 어렵다. 그래서 과학자들은 휘발유의 조성을 변화시키지 않으면서도 녹킹 소리를 줄이는 방법을 연구하였고, 이소옥탄이 매우 적은 일반 휘발유에도 소량의 테트라에칠 납을 첨가하면 옥탄가를 높일 수 있다는 것을 알아냈다.

자동차 수가 많아지고 깨끗한 환경에 대한 인간의 욕구가 높아지자 납에 대한 우려의 목소리가 커졌고, 현재는 테트라에칠 납 첨가제의 사용이 금지되었다. 대기 중에 방출된 납은 중금속 공해를 일으키기 때문이다. 과학자들은 테트라에칠 납 대체품을 찾아내기 위해서 많은 화합물들에 대한 옥탄가를 측정하였다. 그 결과의 일부를 표에 정리하였다.

이 표를 보면 실온에서 액체이고 휘발유와 혼합해서 쓸 수 있는 고옥탄가 연료는 에탄올, 이소프로파놀, 자일렌, 톨루엔 등이다. 메탄올은 에탄올보다 옥탄가는 높지만, 휘발유에 녹지 않는다. 이들을 써서 옥탄가를 100 이상으로, 높이는 것은 쉬운 일이지만, 경제성은 물론 다른 부작용도 검토해야 된다.

예를 들어, 옥탄가를 높이기 위해 휘발유에 에탄올을 많이 혼합하면 연소열은 감소한다. 에탄올(CH_3-CH_2-OH) 분자에는 연소할 수 없는 산소 원자가 1개가 포함되어 있어서 연소열이 약 35%나 감소되는 것이다. 또 다른 예로서, 톨루엔이나 자일렌은 방향족 화합물이므로 이들을 혼합하면 매연

여러 가지 연소성 화합물들의 옥탄가

화합물	RON	화합물	RON	화합물	RON
메탄	135	메탄올	133	에탄올	129
이소프로파놀	118	자일렌	117	톨루엔	111
n-프로판	110	에탄	108	벤젠	101
n-부탄	91	n-펜탄	62	n-헥산	25
n-헵탄	0	n-옥탄	−10	이소옥탄	100

주: 옥탄가에도 여러 가지가 있으나, 여기서는 RON을 택했음.

(검댕)이 많이 발생하게 되고, 그렇게 되면 매연처리 촉매가 기능을 상실할 수도 있다. 벤젠과 더불어 이 두 화합물은 정유공장과 석유화학공장에서 대규모로 생산되어 페인트, 접착제 등에 용제로 쓰고 있다.

이들을 연료로 쓰면 세금이 높아지지만 공업 원료로 쓰면 세금이 매우 낮아진다. 공업발전을 위해 정부가 배려했기 때문이다. 그래서 공업용을 불법으로 판매하는 사람들이 있고, 옥탄가를 높인다고 해서 이를 대량으로 구입하는 경우도 있다. 이런 행위는 세금 문제 때문만이 아니라 매연 발생으로 환경에 영향을 미치기 때문에 금지되어야 한다.

지금 쓰는 무연 휘발유의 정확한 조성은 각 제조회사의 비밀이라서 공개

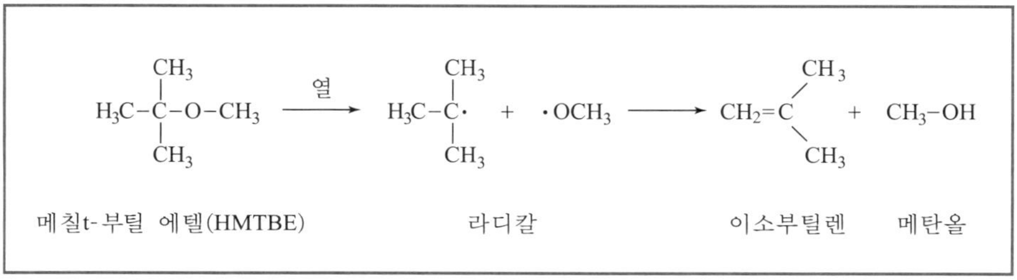

그림 2. 메칠 t-부틸 에텔의 촉매 작용

되지 않고 있지만, 현재 우리나라에서 주로 쓰고 있는 녹킹 방지 첨가제는 메칠 t-부틸 에텔(MTBE)이다. 일부에서는 에칠 t-부틸 에텔(ETBE)도 쓰고 있다. MTBE가 소량 첨가되어도 녹킹 방지에 효과를 나타내는 이유는 그림 2에 보인 바와 같이 쉽게 라디칼을 생성시키기 때문이다. 라디칼은 결합이 끊어져 공유결합을 위해 내놓았던 전자를 다시 찾아온 상태를 말한다.

MTBE의 출현으로 유해한 테트라에칠 납이 완전히 없어졌고, 이제는 주유소에서 더 이상 유연, 무연이란 말을 들을 수 없게 되었다. 또 보통 휘발유의 옥탄가는 91~94 수준이고, 고급 휘발유의 옥탄가는 95~100 정도이다.

05 납사와 휘발유

원유가격이 급격히 오르거나 내릴 경우, 휘발유 가격과 관련해서 신문에 종종 납사에 관한 보도가 게재된다. 석유, 에너지 분야에서 일하는 전문가가 아닌 일반인들은 납사가 무엇이고, 휘발유와 어떤 관련이 있는지 이해하기 어려울 것이다.

원래 납사(naphtha)는 원유를 수입해서 분별증류하여 여러 종류의 석유제품을 만드는 정유회사의 한 제품이다. 원유를 증류했을 때 30~200°C의 온도 구간에서 증류되어 증류탑 밖으로 나오는 유분이 납사이다. 원유의 15~30% 정도를 차지하며, 탄소수가 5~12개인 탄화수소로 구성되어 있다.

납사는 다시 탄소수가 5~6개인 탄화수소로 구성돼서 30~90°C의 낮은 온도 구간에서 증류되는 경납사와 탄소수가 6~12개인 탄화수소로 구성돼서 90~200°C의 높은 온도구간에서 증류되어 나오는 중납사로 구분된다. 제조회사에 따라 어느 유분을 더 많이 함유시키느냐가 다르고, 각 유분의

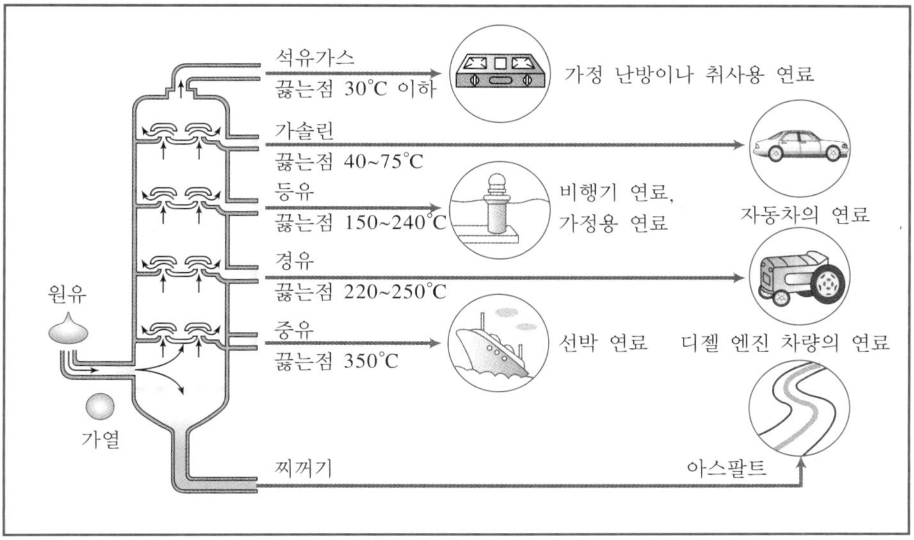

원유의 분별증류

조성도 조금씩 다르다.

정유업계와 석유화학업계 모두에 납사는 매우 중요한 유분이다. 정유업계에서는 납사에 소량의 첨가제를 넣어 휘발유를 만들어 판매한다. 휘발유는 정유업체의 가장 중요한 수입원이며, 납사는 휘발유의 대부분을 차지하는 원료이다. 휘발유는 납사에 녹킹 방지제, 연소촉매, 점도 조절제 등의 첨가제를 소량 첨가한 것이다. 휘발유의 성분은 거의 납사이므로 휘발유 판매회사의 기술에 따라 첨가제는 달라지지만, 납사는 제조회사보다 제조공장 소재 지역에 따라 더 많이 달라진다고 볼 수 있다.

석유화학업계에서는 납사를 정유업체로부터 구입해 고온으로 열분해해서 에칠렌, 프로필렌, 부타디엔, 스타이렌 등의 모든 석유화학 원료들을 생산하여 고분자 제조업체에 판매한다. 납사를 열분해하는 공장을 NCC(Naphtha Cracking Center)라고 부른다. 고분자 업계에서는 이 원료들을 직접 중합하여 고분자를 만들기도 하고, 염화비닐 모노머에서처럼 다른 고분자 원료들을 만드는 데 쓰기도 한다.

정유업체와 석유화학업체들은 납사를 팔고 사는 것이 용이해야 되므로, 공장들이 멀리 떨어져 있으면 운반비가 비싸지고, 원료의 수급에 차질이 발생하기 쉽다. 그래서 같은 공업단지에 자리잡아 파이프라인을 통해서 거래하고 있다. 우리나라의 경우 울산, 여천, 대산 등 세 곳에 대단위 석유화학 공업단지가 조성되어 이런 거래를 하고 있다.

석유화학산업의 크기는 납사를 열분해해서 얻는 에칠렌 생산규모로 정해져 있다. 즉, 납사를 얼마나 소비하는가에 의해 규모가 정해지지 않고, 분해 생성물 중의 하나인 에칠렌의 생산량에 의해 결정되는 것이다. 납사가 정유업계에서 더 많이 쓰이기 때문인지도 모른다. 우리나라는 2010년 현재 약 550만 톤의 에칠렌을 생산, 석유화학 규모에서 세계 4~5위를 차지하고 있다.

06 신나와 가짜 휘발유

페인트나 가짜 휘발유가 사회적인 화제가 되었을 때 "신나"란 말이 자주 쓰인다. 일반인들에게는 신나가 무엇인지 정확히 알려지지 않은 채, 신나란 그저 나쁜 성질을 가지는 유기용제 또는 용제 혼합물쯤으로 이해되고 있는 것 같다.

시너라고도 하는 신나는 thinner란 영어 단어를 소리 나는 대로 읽은 것인데, 이는 가늘게 만드는 물건이나 물질을 의미한다. 우리말로는 희석제라고 불러야 옳다. 페인트나 접착제, 코팅제 등이 너무 높은 점도를 가지고 있으면, 칠할 때 에너지가 많이 들고, 또 표면에 균일하게 펴바르는 것이 어렵다. 그래서 점도를 낮추기 위해 첨가하는 용제를 희석제라고 부른다. 희석제는 휘발성이므로 도막에 남지 않고 모두 휘발한다. 또 희석제를 가하면 자연히 고형분 함량은 낮아지게 된다.

희석제는 원래의 용액을 잘 녹일 수 있어야 한다. 그래야 원 용액에 희석제를 가하면 완전히 섞이게 된다. 원 용액이 유기용제 용액이면 희석제는 그 용액을 이루는 용제이거나 또는 섞었을 때 잘 섞이는 용제여야 한다. 물론 원래의 용액이 수성이면 희석제는 물이라야 된다. 수성 페인트에 유기용제를 가해도 전혀 희석되지 않기 때문이다.

이런 특징들로 인해 희석제는 원래의 페인트가 수성인지 또는 유성인지에 따라 물이 되거나 또는 유기용제가 되는 것이다. 일반인에게 익숙한 신나는 유기 용제형 페인트 희석제, 즉 유기용제를 의미하지만, 엄밀하게 말하면 신나가 유기용제란 통념은 전혀 옳지 않다. 신나로서 물이 쓰이면 값도 싸고 건강에 해롭지도 않다. 실제로 수용성 또는 수분산성 에멀젼 페인트에는 물이 신나로 많이 쓰이고 있다.

희석제와 반대되는 성질의 물질을 영어로는 thickner, 우리말로는 증점제라고 한다. 즉, 점도를 증가시키는 물질이다. 고분자 용액에 증점제를 가해서 점도를 늘리면 사람들은 고형분 함량이 높아지는 것으로 이해하기 쉽지만, 반드시 그런 것은 아니다. 증점제는 통상 고체를 희석제에 녹여 묽은 용액 상태로 만들어 첨가한다. 그러므로 증점제를 가한다고 해서 반드시 고형분 함량이 증가하는 것은 아니며, 오히려 감소하는 경우도 많다. 이런 물질은 속지 않고 제대로 구입하기가 어렵다. 그래서 잘 알고 있어야 한다.

07 왜 자동차 타이어는 모두 검정색일까?

자동차는 석유 먹는 하마지만, 편리한 이동수단이어서 우리나라에도 벌써 약 2000만 대 이상의 자동차가 등록되어 있다. 최근 자동차는 단순히 사람이나 물건의 운송을 위해 내구성만 중시하던 것에서 심미적 효과를 높이기 시작해, 칼라 디자인의 극치를 이루며 형형색색은 물론이요, 진주광택에 이르기까지 매우 다양해지고 있다.

그럼에도 불구하고 자동차 개발 초부터 지금까지도 도로와 직접 접촉하는 타이어만은 오직 검정색뿐이다. 타이어는 자동차의 안전, 승차감은 물론 에너지 절감에도 중요한 역할을 한다. 아직까지는 검정색이 에너지 절감이나 구동안전에 가장 좋다. 성능과 안전성이 보장되면서도 다양한 색깔의 타이어를 만든다면 아마도 빌 게이츠 못지 않게 많은 돈을 벌 것이다.

얼마 전 미국 브리지스톤 타이어 회사에서 백색과 녹색 타이어를 선보였다. 하지만 강도와 내마모성이 너무 부족해서 창고에서 저속으로 물건을 운반하는 소형차에만 쓰이는 수준이다. 존 던럽(John Dunlop)에 의해 1889년 최초로 고무 타이어가 개발된 지 120년이 경과되었지만, 지금도 검정색만 쓰이는 이유는 무엇일까?

타이어를 만드는 데 쓰이는 원료를 크게 나누면, 고무, 강화섬유, 안료, 유황, 첨가제로 나눌 수 있다. 고무로는 최고의 성능을 발휘하기 위해서 천연고무와 합성고무를 혼합해서 쓴다. 천연고무는 C = C 이중결합을 많이 가지고 있고, 합성고무는 벤젠고리를 많이 가지고 있다. 강화섬유로는 강철섬유, 아라미드, 폴리에스터, 나일론, 강철섬

자동차 타이어

유 등이 쓰인다.

유황은 고무의 가교제로서 반드시 필요한 원료이다. 그래서 고무에 유황을 첨가하는 공정을 가황이라고 부른다. 유황 외에도 고무에는 적어도 15가지 정도의 첨가제가 더 포함되는데, 조금씩 첨가하여 타이어의 성능을 최고 수준으로 올리기 위한 것이다.

타이어에도 수많은 기술들이 숨어 있다. 단순히 우리 눈으로 보고 있는 검정색 고무 덩어리가 아닌 것이다. 재료 측면에서 이를 크게 구분하면 가황기술, 강화섬유와 고무와의 접착기술, 안료와 고무와의 접착기술이다. 타이어가 검정색을 띠는 이유는 검정색 안료인 카본블랙이 배합되어 있기 때문이다. 즉 타이어가 모두 검다는 것은 검정색 안료인 카본블랙과 고무와의 접착기술이 다른 색깔을 내는 안료보다 훨씬 발달되어 있다는 것을 의미한다.

흰색을 내기 위해서는 산화티타늄이나 실리카, 탄산칼슘, 아연화, 활석 같은 백색안료를 고무에 충전해야 된다. 고무는 비극성 물질인데 비해서 백색안료 표면의 극성은 매우 높다. 이 극성 차이를 극복해서 안료와 고무와의 접착을 높이는 것은 대단히 어렵다. 이로 인해 안료/고무 사이의 접착

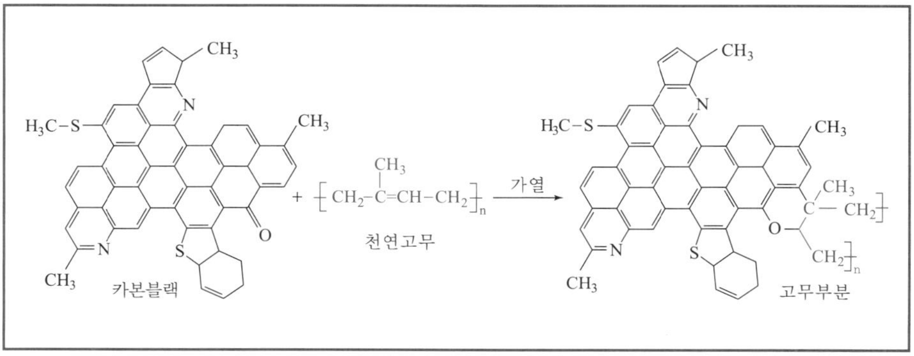

카본블랙과 고무와의 화학반응

이 부실해지고, 타이어가 고속으로 회전할 때 회전력을 견디지 못하고 탈착되면 타이어가 찢어지게 된다.

카본블랙의 구조는 명확하지 않지만 그림에 나타낸 바와 같이, 벤젠고리가 많은 흑연의 일부와 유사하다. 그래서 고무와 같은 비극성이다. 카본블랙을 고무 속에 넣고 촉매와 열을 가하면, 그림에 보인 것과 같은 화학반응이 일어난다. 카본블랙이 고무와 화학반응을 일으킨다는 것은 카본블랙과 고무와의 접착력이 대단히 강해진다는 것을 의미한다. 이런 화학반응이 자동차 타이어를 검정색으로부터 탈피하지 못하게 만든 원인이다. 다른 색깔을 내는 안료에 대해서는 고무와의 강력한 화학반응을 일으키지 못하고 있다. 그래서 검정색을 탈피하지 못하고 있는 것이다. 최근에는 사용하는데 있어서 내구성이 크게 문제가 되지 않는 일부 경차나 소형차, 자전거 타이어 등에 자신의 개성을 나타내기 위해 실리카로 만든 컬러 타이어를 사용하기도 한다.

인구가 증가되면서 점점 숲이 줄어들고 천연고무를 채취해야 할 고무나무도 감소하고 있다. 더구나 생활수준이 높아지자 인부들이 열대지방에서 땀을 뻘뻘 흘려가며 천연고무 라텍스를 채취하는 힘든 일을 기피해서, 천연고무 생산량이 점점 감소하고 있다. 천연고무로 인한 자원분쟁을 우려하는 목소리가 계속 높아지고 있다. 실제로 제2차 세계대전 중 일본은 동맹국 독일을 돕기 위해 태국, 미얀마, 말레이시아를 점령해서 천연고무가 연합국으로 공급되는 것을 차단했던 일이 있었다.

이에 반해 중국과 인도 같은 거대국가로 인해 세계의 자동차 수는 크게 늘고 있다. 최근 선진국에서는 이런 천연고무 문제를 예견하고 폴리우레탄 타이어를 개발하기 시작하였다. 폴리우레탄 타이어가 성공적으로 개발되더라도 안전성까지 고려할 때, 지금의 타이어만큼 싼 값에 공급될 날은 그리 빨리 올 것 같지 않다.

08 전기 자동차, CO_2 배출 안 하나?

2010년 3월 서울시에서는 최고 속도가 시간당 약 60km인 소형 전기 자동차의 시내운행을 승인한다고 발표하였다. 이 조처에 대해서 많은 사람들은, 전기 자동차가 일체의 환경오염을 배출하지 않기 때문에, 서울시의 환경오염을 개선하는데 크게 기여할 것이라고 믿었고 대다수 언론에서도 같은 측면을 많이 강조하였다.

전기 자동차란 정확하게 정의하면, 충전 배터리, 즉 이차전지를 동력으로 구동되는 자동차이다. 전지의 전기가 전부 방전되면 재충전해서 쓸 수 있는 것이 이차전지이다. 에너지 측면에서 보면 전기는 원래 대단히 “깨끗하게 정제된” 에너지이다. 그래서 깨끗한 전기에너지를 이용해서 구동되는 전기 자동차는 공해성이든 아니든 가스는 일체 배출하지 않는다. 그러므로 전기 자동차가 화석연료 자동차에 비해 월등하게 친환경적으로 보이는 것은 틀림없는 사실이다.

하지만 문제는 전기가 어떻게 만들어지는가에 있다. 우리나라의 경우 일부의 전기가 수력, 풍력, 조력, 태양광 등에 의해 생산되지만, 이 에너지 점유율은 약 1% 수준밖에 안 된다. 다시 말해 우리나라 전기의 약 60%는 화력발전으로, 나머지 약 40%는 원자력발전에 의해 생산된다. 화력발전소에서 전기를 만들기 위해서는 화석연료를 태워서 생기는 연소 에너지로 발전기 터빈을 돌려야 한다. 원자력 발전소에서 전기를 만들기 위해서 방사능 물질의 붕괴에서 발생하는 열 에너지를 이용해서 발전기 터빈을 돌려야 된다. 이 두 에너지원은 100% 친환경적이지는 않다. 화석연료에서는 CO, CO_2가 부생하며, 원자력 발전소에서는 폐기물이 부생한다. 우리가 전기를 쓰려면 이런 부생물질을 감내하지 않으면 안 된다.

결국 엄밀히 따져 보면, 우리나라에서 쓰는 전기의 60%는 CO, CO_2를 부생시키는 것이며, 나머지 40%는 방사능 폐기물을 부생시키는 대가인 것이다. 이렇게 볼 때 전기도 결코 100% 친환경적인 에너지라고 볼 수 없고, 전기 자동차도 친환경적인 것이 아니다. 더 심하게 말하면 서울시의 전기 자동차로 인한 친환경성은 화력 발전소와 원자력 발전소 인근의 환경오염의 대가인 것이다.

다시 말해 전기도 많건 적건 환경오염의 기반 위에서 만들어진 산물이다. 그러므로 전기 자동차가 100% 친환경적이라고 이야기하는 것은 잘못이다. 우리 모두 전기를 아껴 써야 환경오염을 줄일 수 있는 것이다. 전기 자동차, 제대로 알고 타도록 하자.

09 무적필름

여기서의 무적(無滴)필름은 물방울이 맺히지 않는 필름이란 뜻으로서, 농민들이 주로 쓰는 온실용 폴리에칠렌 필름을 말한다. 태양 빛의 탄소동화작용을 이용해서 작물을 기르는 온실필름의 무적성은, 온실농사의 성공과 실패를 좌우하므로 농민에게는 매우 중요한 요소이다.

무적필름에 대해 이야기하려면, 먼저 자동차 앞유리에 끼는 성에에 대해 이야기하는 것이 좋다. 자동차를 운전하거나 승차해 본 사람이라면 누구나 한 번쯤 비 오는 날, 특히 앞유리에 성에가 끼어 앞을 잘 볼 수 없는 현상을 경험했을 것이다. 유리 표면에 수증기가 흡착되어 미세한 물방울을 형성해서 밖에서 들어 오는 빛을 차단하기 때문에 앞을 볼 수 없게 되는 것이다. 성에를 제거하기 위해서 운전자는 보통 창유리에 계면활성제를 뿌린다. 그러면 물방울은 유리표면을 따라 밑으로 흘러내리게 된다.

이런 현상은 농업용 온실에서도 똑같이 일어난다. 아침 해가 떠올라 온실 내부가 따뜻해지면 땅속의 수분이 증발하면서 폴리에칠렌 필름에 성에가 끼고 또 밤에 온도가 내려가면 이슬이 맺힌다. 이렇게 되면 햇빛을 가려 식물에게 일조량이 줄어든다. 농사란 햇빛을 유형의 작물로 바꾸는 에너지 변환 산업인데, 일조량의 감소는 "원료"의 감소와 직결된다.

지금의 온실농사를 보면 농산물의 종류가 다양해지고, 꼭 해당 시기가 아니더라도 농사를 지을 수 있게 되어 모든 과일과 채소에 제철이 없어졌다. 농업용 필름이 생겼기 때문이다. 폴리에칠렌은 값이 싸면서도 강도가 높고 투명성이 우수하다. 그래서 튼튼하면서도 내구성이 우수한 온실을 만드는데 적합하다. 우리나라의 경우 그린하우스 필름은 거의 모두가 폴리에칠렌이며, 연간 15만 톤 이상이 온실용 필름으로 사용된다.

불행히도 이 필름은 친수성이 낮아서, 그린하우스 천정을 이루는 필름의 표면에 물방울이 생기면, 밑으로 떨어지지 않고 그대로 맺혀 있다. 이렇게 천정에 생긴 성에는 햇빛의 투과를 막는데, 농부가 하루에 두세 번씩 높은 천정의 성에를 닦아내는 것은 쉽지 않다. 이 문제를 해결하려면 폴리에칠렌 필름에 친수성을 부여하면 된다. 표면의 친수성이 높아지면 맺힌 물방울이 필름표면을 따라 밑으로 흘러내리기 때문이다.

친수성 부여방법에는 일시적인 방법과 영구적인 방법으로 구분할 수 있다. 비 오는 날의 자동차 창유리에 계면활성제를 뿌리듯이, 계면활성제는 온실필름에 대해서도 일시적으로 동일한 효과를 가져 온다. 인건비가 저렴했던 과거에는 이 방법을 쓰기도 하였다.

폴리에칠렌에 항구적으로 친수성을 부여하는 방법은, 폴리에칠렌 필름 원료 생산자가 산소 원자를 가진 단위체를 에칠렌과 공중합시키는 것이다. 공중합 수지 중의 산소는 H_2O의 산소 원자와의 친화력이 강하기 때문이다.

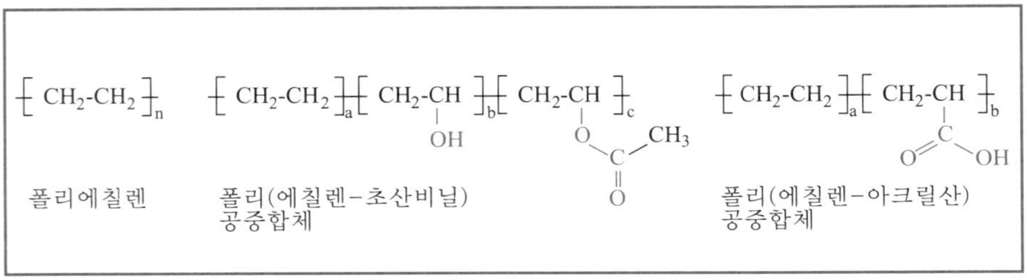

폴리에칠렌 및 두 공중합체의 화학구조

이런 공중합 수지의 예로서 가장 먼저 개발된 것이 에칠렌을 초산비닐 단위체와 공중합시켜 만든 EVA(에칠렌-초산비닐) 공중합 수지 필름이다. EVA 필름은 일본에서 먼저 개발되었고, 우리나라의 일부 그린하우스에서도 채택되어 쓰이고 있다.

또 다른 친수성 부여 방법으로는 초산비닐 대신 아크릴산을 공중합시켜 폴리에칠렌 필름에 −COOH기를 부여하는 것이다. 아크릴산의 친수성은 초산비닐보다 높으므로, 아크릴산 함량이 적어도 온실 천정의 물방울을 흘러내리게 만드는 데 충분하다.

위 그림에는 폴리에칠렌과 폴리(에칠렌-초산비닐) 공중합체, 폴리(에칠렌-아크릴산) 공중합체의 화학구조를 표시하였다. 여기서 보면 폴리에칠렌에는 산소 원자가 한 개도 없지만, 두 공중합체에는 친수성을 부여하는 산소 원자가 함유되어 있는 것을 알 수 있다. 그림에 폴리(에칠렌-초산비닐) 공중합체에는 비닐알코올 구조를 그려 두었는데, 이 구조는 초산비닐 구조가 일부 가수분해되어 저절로 생겨나기 때문이다. 이 구조가 생기면 무적효과는 더 좋아지게 된다.

간단해 보이는 고분자 화학자의 이런 노력은 농민들을 편하게 만들면서도 일조량 감소를 막아 농산물 증산에 기여할 뿐만 아니라, 농산물의 맛도 풍부하게 만든다. 동일한 일조량에서 농산물이 증산된다는 것은 대기 중의

CO_2를 더 많이 소비시키는 효과를 가져 오고, 결과적으로 지구의 CO_2 저감에도 기여한다는 것을 의미한다.

10 볼리비아 우유니 호수의 염수와 리치움

우유니 소금 사막

볼리비아에는 우유니라는 이름의 소금호수가 있다. 이 호수는 해발 3,653m의 높이에 넓이가 무려 12,000km^{2}이나 되는 광활한 지대에 걸쳐 펼쳐져 있다. 호숫가에는 마치 해변의 모래톱처럼 소금이 밭을 이루고 있어서 사람들은 소금을 거두기만 하면 팔 수 있다. 볼리비아 정부는 소금보다 호숫물에 더 많은 관심을 기울여, 이 물을 외국으로 반출하는 것을 엄격히 금지하고 있다. 무엇 때문일까?

리치움 때문이다. 최근 리치움은 휴대전화와 노트북 컴퓨터의 배터리, 자동차용 리치움/고분자 전해질 이차전지에 대량으로 쓰이고 있다. 이의 소비량은 앞으로 대단히 빠른 속도로 증가할 전망이다. 그래서 선진국들은 모두 리치움 자원의 안정적이고 장기적인 확보를 위해 혈안이 되어 있다. 이런 연유로 볼리비아가 우유니 호숫물을 리치움 자원으로 개발하기 위해서 보호하고 있는 것이다. 자원확보 측면에서 벌써 리치움이 원유 못지 않게 중요하다는 주장이 제기되고 있다.

왜 리치움은 유독 이 호숫물에 많이 함유되어 있을까? 두 가지 이유가 있다. 하나는 리치움 이온(Li+ 원자량 7)이 소금을 이루는 나트륨 이온(Na+ 원자량 23)보다 3배 이상 가벼워 깊은 물보다 얕은 물에 많이 함유되어 있기 때문이다. 그래서 바닷물에서 염화리치움을 얻으려면 심해수보다 표면수를 모아 증발시켜야 된다.

또 하나는 소금인 염화나트륨(NaCl)보다 염화리치움(LiCl)이 물에 더 잘 녹기 때문이다. 실온에서 각각의 용해도를 비교해 보면, 36 및 83g/100mL로서 1.3배의 차이가 난다. 그래서 수억 년에 걸쳐 소금이 먼저 결정화하여 사막을 이루고 난 우유니 호숫물 속에는, 자연히 염화 리치움이 계속 축적되었고, 다른 바닷물보다 리치움 농도가 훨씬 높은 것이다. 게다가 소금은 사람들에 의해서 계속 제거돼서 리치움 농축이 촉진된 것이다.

사실 선진국들은 이미 1960년대부터 해수에서 리치움과 우라늄을 추출하려는 연구를 지속적으로 추진해 왔다. 당시는 리치움을 핵융합 원료로, 우라늄은 핵분열 원료로 확보하기 위해서였다. 이런 금속의 추출을 위해서는 킬레이트 고분자를 쓴다. 리치움과 달리 우라늄은 원자량 235의 중금속이므로, 이를 추출하기 위해서는 당연히 심층수를 퍼올려야 된다.

킬레이트 고분자의 한 예를 그림에 보였다. 이 그림을 보, $-COO-Li^+$의 양이온은 인근의 $-COOH$와의 간섭을 통해서 안정한 8각형 고리를 이루고 있어, 단순한 $-COO-Li^+$ 염보다 훨씬 더 강력한 결합력을 나타내고 있음

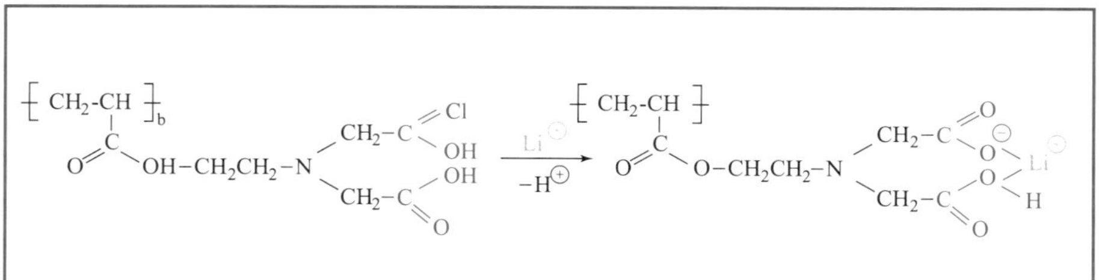

킬레이트 고분자에 의한 리치움 이온(Li+)의 흡착

을 알 수 있다. 이런 선택성과 결합력은 바닷물에 녹아 있는 여러 종류의 금속이온 중에서 희망하는 Li^+만을 추출해 내는 원천이 된다. 킬레이트 고분자에 대한 오랜 연구경험의 축적 결과, 선진국들은 해수에서 리치움, 우라늄 외의 다른 희귀금속들도 추출할 수 있다는 사실을 알게 되었다.

이런 추출공정은 광산에서 채취하는 것보다 경제성도 높을 뿐만 아니라, 엄청난 양의 흙을 파헤치지 않아도 되므로 토양환경을 파괴하지 않는다. 친환경성도 우수한 킬레이트 고분자를 이용해서 자원을 추출하는 연구는 더욱 각광을 받고 있다.

우리나라 정부는 그동안, 전 세계 리치움 매장량의 47%를 점유한다는 우유니 염수에서 리치움 자원을 개발하기 위해서, 볼리비아 정부에 대해 많은 공을 기울여 왔다. 그 결과 여러 선진국을 제치고 2010년 9월 모랄레스 대통령의 방한을 계기로 공동개발을 위한 양국간 기본협약이 체결되었다. 매우 반갑고 잘 된 일이다.

만약 이 협약이 체결되지 않았다면, 우리나라는 제 2의 대안으로서 중동지역에 있는 사해의 표면수를 확보하려고 노력해야 한다. 사해 표면수에서 소금을 제거하고 남는 물속에는 리치움이 보통의 해수보다 훨씬 많기 때문이다.

최근 포스코가 해수에서 리치움을 추출하는 기술의 개발에 관심을 가지기 시작했다는 신문보도가 있었다. 포스코 같은 거대 기업이 이 기술에 관심을 가진 것은 참으로 반가운 일이다. 가능하다면 우라늄 추출에도 동시에 관심을 가지면 좋을 것이다. 이런 기술들이 하루 속히 성공적으로 개발되어 우리나라도 리치움과 우라늄 자원을 자급할 수 있게 되기를 희망한다.

11 발열 주머니

철은 석기, 청동기 다음에 출현하여 철기시대 문화를 이룩한 공업 재료이고, 지금도 무기와 건축에 대량으로 쓰이고 있다. 우리나라의 경우 주로 포스코와 현대제철에 의해 연간 약 4,500만 톤의 각종 철강 제품을 생산, 세계 4~5위를 기록하고 있다.

철강 재료는 여러 가지 장점을 많이 가진 좋은 재료인데, 비중이 높아 무겁고 쉽게 녹슨다는 두 가지 단점이 있다. 무거운 점은 철의 원천적 성질이므로 바꿀 수 없다. 사용 시 재료 강도를 잘 고려하여 무게를 감안해야 된다. 산화에 의해 철이 녹스는 것은 부식이라고 하는데, 부식되면 철의 표면이 벗겨지고, 계속 진행되면 전체 구조의 안정성이 떨어져 결국에는 대형사고의 원인이 될 수 있다. 이 부식은 기술과 노력으로 막을 수 있다. 부식을 막는 것을 방식이라 부른다.

철은 에너지원으로 쓰이기 보다는 거의 구조 재료로 쓰인다. 발열 주머니는 철을 에너지원으로 쓰는 한 예이다. 철이 산화하면 열이 발생하는데 이 열을 이용하는 제품이 발열 주머니이다. 에너지 발생량 측면에서 보면 하찮아 보이지만, 에너지를 발생시키는 메커니즘이 독특해서 소개한다.

이 주머니를 만들기 위해서는 먼저 철 가루를 활성탄과 혼합해서 표면적을 넓힌 뒤, 산화에 의한 부식을 촉진하기 위해 소량의 소금물을 배합한 반죽을 만든다. 이 반죽을 폴리에칠렌 필름으로 포장하여 배어 나오지 못하도록 한다. 산소와의 접촉을 피하기 위해서 산소 투과성이 극히 낮은 폴리(에칠렌-초산비닐-비닐알코올) 필름으로 이중 포장해 둔다.

쓸 때에 폴리(에칠렌-초산비닐-비닐알코올) 공중합 수지 필름을 제거하면, 폴리에칠렌 필름을 통해서 서서히 산소가 들어가서 철을 산화시켜 열을 발생시킨다. 이 산화반응은 물에 녹은 소금에 의해 촉진된다. 촉매작용은 소금뿐만 아니라 염화칼슘도 나타낸다. 제설제인 염화칼슘에 의해 자동차 부식이 심해지는 것과 같은 현상이다.

발열 주머니의 발열은 산화반응 속도를 잘 조절하여 보통 5~7시간 정도 지속된다. 이 주머니는 골프선수처럼 겨울에 추위를 견뎌가면서 운동해야 하는 사람들의 손발을 녹여 주는 데에도 이용되지만, 노인들의 아픈 관절을 보온해서 통증을 치유하는 데에도 아주 유용하게 쓰이고 있다.

철강 재료의 방식 측면에서 보면 발열 주머니는 역발상적 제품이라고 볼 수 있다. 방식에서는 부식을 막기 위해 열심인데, 발열 주머니에서는 일부러 부식시켜야 유용해지기 때문이다. 이렇게 모순처럼 보이는 현상도 있으니 기업체 연구소에서 기술개발에 종사하는 연구원은 때때로 역발상을 해 볼 필요도 있다.

12 희토류 금속

2010년 9월의 일이다. 일본이 불법 영해 침범을 이유로 센카꾸(중국명: 다오위다오, 釣魚島) 열도 근해를 운항하던 중국선박을 나포하고 선장을 구속하자, 중국 정부는 적극적으로 선장을 구명하기 위한 조처를 실시했다. 그 조처 중의 하나가 일본에 대한 희토류(rare earth, 稀土類) 금속의 수출금지였다. 이에 일본 정부는 산업계의 건의를 받아들여 17일 만에 백기를 들었다. 희토류 금속이 무엇이기에 그토록 강력한 외교력을 발휘한 것일까?

희토류 금속에 대한 이해를 돕기 위해서는, 먼저 간단히 원소 전체에 대해 알아두는 것이 좋겠다. 현재까지 알려진 원소는 모두 118개인데, 이 중

94개는 자연에 존재하지만, 나머지 24개는 입자 가속기를 이용해서 인공적으로 합성한 것들이다. 최근에 합성된 원자번호 113~118번인 6개의 원소에 대해서는 반감기가 너무 짧아 측정된 성질이 전혀 없다. 이 6개를 뺀 나머지 112개의 원소 중 비금속은 18개뿐이고, 나머지는 금속 또는 금속질(metalloid)이다. 금속질에 속하는 원소는 B(붕소), Si(실리콘), As(비소), Sb(안티몬) 등이다.

원소의 성질은 원자핵의 주위에 존재하는 전자궤도의 모양과 이 궤도에 채워진 전자의 수에 의해 결정된다. 원소의 성질을 연구하던 러시아의 화학자 멘델레예프는 원자번호가 증가함에 따라 변화하는 원소의 성질에는 일정한 주기가 존재한다는 사실에 주목하고, 동일한 성질을 가지는 원소를 동일한 그룹으로 분류한 표를 만들었다. 이 표를 주기율표라고 부른다.

이 주기율표의 제1그룹은 알칼리 금속, 제2그룹은 알칼리 토류 금속, 제3~12그룹을 천이금속이라고 부른다. 알칼리 금속은 물과 접촉하면 격렬하게 수소를 발생시키면서 NaOH, KOH 등처럼 아주 강한 알칼리가 된다. 알칼리 토류 금속은 물과 접촉하면 $Ca(OH)_2$처럼 강한 알칼리가 되며, 이 금속들의 산화물은 흙의 중요한 성분을 이룬다. 천이금속이란 최외각 전자를 내놓고 양이온으로 되려는 성질을 가진 제1~2그룹의 원소와 전자를 받아 음이온으로 되려는 경향을 가진 제13~17그룹의 중간에 위치하고 있다는 뜻이다.

천이금속 중 제3그룹에 속하는 금속 원소에는 원래 원자번호 21번 Sc(스칸디움, ^{21}Sc), ^{39}Y(이트리움), ^{57}La(란타니움), ^{89}Ac(악티니움)이 속한다. 그런데 ^{58}Ce(쎄리음) ~ ^{71}Lu(루테니움)의 14개 원소는 ^{57}La와 ^{90}Th(토리움) ~ ^{103}Lr(로렌시움)의 14개 원소는 ^{89}Ac와 사실상 동일한 성질을 가지고 있다. 그래서 이들은 원소 주기율표에서도 각각 ^{57}La 및 ^{89}Ac과 동일한 위치에 채워졌고, 이름도 란타니움 계(Lanthanide) 및 악티니움 계(Actinide) 원소라고 부른다.

이 원소들 중에서 ^{21}Sc, ^{39}Y, 그리고 란타니움 계 원소 15개를 합친 17개를 희토류 원소 또는 희토류 금속이라고 부른다. "희토"는 드문 흙이란 뜻인데, 사실은 그다지 드물지는 않다. 중국, 남아공, 호주 등에 상당히 많이 분포되어 있다. 그중에서 유독 중국이 세계 생산량의 대부분을 차지하는데, 그 이유는 채광의 환경파괴와 연관되어 있기 때문이다. 환경규제가 비교적 덜 심한 중국이 채광 경쟁력을 가지는 것은 쉽게 이해된다.

희토류 금속은 첨단산업에서 매우 중요한 기능을 수행한다. 구체적인 예를 들어 보면, ^{64}Gd는 PET(양전자방출단층촬영) 조영제로, ^{59}Pr, ^{60}Nd, ^{61}Pm, ^{66}Dy은 초강력 자성체로, ^{58}Ce은 촉매로, ^{70}Y는 초전도체 원료로 긴요하게 쓰이고 있다. 그래서 선진국들은 일찍부터 국가차원에서 희토류 금속 자원 확보를 위해서 많은 노력을 기울여 왔고, 동시에 자원의 무기화를 우려해서 대체 재료를 찾는 연구개발에도 많은 투자를 해 왔다. 또 폐기된 IT 제품을 모아 희토류 금속을 회수하는 도시광산 기술의 개발도 적극적으로 지원하고 있다.

보도에 따르면 우리나라도 2~3년 전부터 정부는 물론 민간에서도 지대한 관심을 가지고 희토류 금속 자원의 비축과 광산개발에 노력하고 있다고 한다. 매우 바람직한 일이지만, 대체 재료 개발에도 지원이 이루어지는 것이 좋겠다.

05

지방과 지방산

지방산은 지방족 탄화수소의 수소 한 개가 유기산 기 –COOH로 치환된 화합물이다. 이 지방산 3몰이 1몰의 글리세린과 에스텔결합을 이룬 것이 지방이다. 지방산의 탄화수소 부분은 탄소수와 구조가 매우 다양하다. 긴 것, 짧은 것, 선형인 것, 분지형인 것도 있으며, C=C 불포화결합을 가진 것도 많고, CH_2-CH_2 포화결합만으로 구성된 것도 많다.

우리나라 사람들도 식생활이 서구화되면서 엄청난 양의 기름과 지방을 소비하고 있다. 이들은 각종 튀김에는 물론 스낵, 라면 등 쓰이는 곳이 대단히 많다. 그래서 식용유인 참기름, 콩기름이나 올리브유를 안 가진 가정이 거의 없을 정도이다. 그리고 건강을 생각하는 의미에서 포도씨유, 카놀라유, 미강유 등도 많이 찾고 있다.

지방은 동물이나 식물이 만약의 상황(음식섭취가 어려운 상황, 동물의 동면 등)에 대비하기 위해 축적해 둔 산물이다. 그래서 채취하는 원천에 따라 구조가 다르고, 우리 몸에 축적되어 비만의 원인이 되는 정도도 다르다. 불포화지방에 비해서 포화지방은 모두가 기피하는 다이어트의 적이다. 지방에 대해 제대로 알면 다이어트에도 도움이 될 것이다.

01 트랜스 지방, 정확히 알자

트랜스 지방에서 "트랜스"는 영어의 transformation(변환)에서 유래한 준말이고, 지방은 실온에서 고체인 동물성 또는 식물성의 기름이다. 유지는 실온에서 액체인 기름과 고체인 지방을 아울러 부르는 용어이다. 유지가 실온에서 고체일지 액체일지는 그 유지의 녹는 온도(융점)에 의해 결정된다.

지방은 지방산의 글리세린 에스텔이다. 지방산의 탄소수가 많으면, 즉 분자량이 높으면 고급지방산, 적으면 저급지방산이라고 부른다. 또 지방산이 탄소-탄소 불포화 이중결합(-CH=CH-)을 많이 함유하면 융점이 낮아 오일이 되고, -CH=CH-보다 수소 원자가 2개 더 많은 포화 단중결합($-CH_2-CH_2-$)을 많이 함유하면 융점이 높아진다.

불포화 이중결합을 많이 가진 지방은 불포화지방, 포화 단중결합을 많이 가진 지방은 포화지방이라고 부른다. 포화지방은 단단한 느낌을 주며, 불포화지방은 촉촉한 느낌을 준다. 간단한 예로, 고기를 굽고 나서 식어 있는 철판에 붙어 있는 흰색의 기름 덩어리와 병 속에 담겨 있는 식용유를 생각하면 되겠다. 일반적으로 동물유는 식물유보다 포화도가 높아 더 단단하다.

유지는 비누, 버터 및 마가린 등의 원료로 대단히 많이 쓰인다. 불포화지방으로 이런 제품을 만들면 실온에서 액체가 되므로 접은 종이에 포장할 수 없게 된다. 이런 불편을 개선하기 위해서 불포화기름에 수소를 첨가해서 포화지방으로 "트랜스"시키고 있다.

화학자들은 이 트랜스를 수소화, 환원, 또는 경화라고 부르며, 여기에서 얻어진 지방을 수소화지방, 환원지방, 또는 경화지방이라고 부르는데 일반인들은 트랜스 지방이라고 부른다. 수소화와 환원은 수소를 첨가하기 때문이고, 경화는 수소화에 의해 지방의 융점이 높아져 단단해지는 데서 나온

이름이다.

일반적으로 동물성 지방은 포화도가 높고, 식물성 지방은 불포화도가 높다. 이를 보여 주기 위해서 가정에서 흔히 쓰는 식물유인 콩기름과 올리브유, 동물유인 소기름 및 돼지기름의 성질을 표에 정리하였다. 옥소가는 시료 100g에 함유된 −CH=CH− 이중결합에 부가되는 옥소의 g수로서, 지방 불포화도의 척도이다. 즉 옥소가가 높으면 불포화지방이고, 낮으면 포화지방이다. 다음 표를 보면, 두 식물유(콩기름, 올리브유)의 불포화지방산 함유율은 두 동물유(소기름, 돼지기름)보다 훨씬 높다는 것을 알 수 있다. 식물유는 건강에 좋은데, 동물유는 나쁘다는 일반적인 이야기의 근거가 여기에 있는 것이다.

결론적으로, 트랜스 지방은 불포화 C=C 결합을 많이 가지는 식물성 지방에 수소를 화학적으로 첨가시켜 불포화도를 낮추고, 융점을 높여 단단하게 만든 포화지방을 말한다. 일반인들이 주의해야 할 것은 불포화지방을 포화지방으로 만든 트랜스 지방이나 동물유처럼 원래부터 포화되어 있는 지방은 우리 건강에 똑같이 나쁘다는 점이다. 많은 사람들이 이런 사실을 자각하지 못하고 있다. 즉, 트랜스 지방만 나쁘고 천연포화지방은 나쁘지 않다는 인식은 잘못된 것이다. 나쁘다면 둘 다 똑같이 나쁜 것이다. 화학구조가 같기 때문이다.

콩기름, 올리브유, 소기름, 돼지기름의 성질 비교

오일	융점, ℃	분자무게	옥소가, g I_2/100g	불포화산 함유율 %
콩기름	−7 ~ −8	863 ~ 895	114 ~ 138	58 ~ 70
올리브 기름	0 ~ 6	854 ~ 910	75 ~ 90	38 ~ 47
소기름	35 ~ 50	900 ~ 956	25 ~ 60	13 ~ 33
돼지기름	46 ~ 48	833 ~ 885	46 ~ 70	23 ~ 35

주 : 옥소가는 불포화도의 척도임.

02 트랜스 구조의 지방산과 시스 구조의 지방산

트랜스 지방과 혼동되는 용어로 트랜스(*trans*) 구조의 지방산이 있고, 여기에 반대의 개념으로 시스(*cis*) 구조의 지방산이 있다. 이 두 구조는 반드시 C=C 결합을 가진 화합물에만 존재한다. 먼저 트랜스와 시스가 무엇인지를 올레인산을 예로 들어 알아본다. 올레인산은 C=C 이중결합을 한 개 가진 지방산이다.

원래 유기화학에서는 H보다 무게가 무거운 치환체 A, B를 가지는 A−CH=CH−B 같은 불포화 화합물에서 C=C 결합축을 기준 축으로 볼 때, 그림에 표시한 바와 같이 A, B가 모두 같은 편에 위치하는 것을 시스 이성질체, 마주보도록 위치한 것을 트랜스 이성질체라고 부른다. 이성질체(isomer)란 시스와 트랜스가 모두 시성식은 동일한데, 구조와 성질이 다르다는 뜻이다.

이 올레인산은 $C_{18}H_{34}O_2$의 시성식을 가진다. 그런데 그림에서 보듯이 시스와 트랜스는 구조가 서로 다르다. 시스 지방산의 긴 두 치환기는 한쪽으로 모두 치우쳐져서 분자가 결정화하기 어렵고, 그래서 융점이 낮다. 반면에 트랜스 구조의 지방산 사슬은 거의 선형에 가까워서 분자가 서로 겹쳐 단단한 결정을 이루기 쉬워 고체로 되기 쉽고, 고체로 되면 쉽게 녹으려

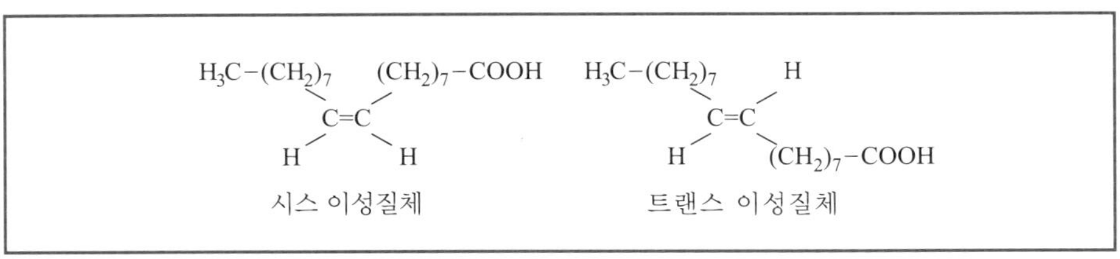

올레인산의 시스 및 트랜스 이성질체 구조

들지 않아 융점이 높다. 융점이 높다고 해서 트랜스 구조의 지방이 트랜스(수소화) 지방과 같은 것이라는 주장은 잘못된 것이다. 전혀 다른 개념이다.

원래 트랜스 이성질체는 시스 이성질체에 비해 대단히 안정해서, C=C 이중결합을 가지는 모든 화합물을 인공으로 합성해 만들 경우에는, 시스는 전혀 생기지 않고 모두 트랜스만 생긴다. 그런데 자연에서 만들어지는 천연지방산에는 시스 이성질체가 더 많고 트랜스 이성질체가 적다. 이 시스 지방산은 트랜스 이성질체보다 건강에 더 좋다고 한다.

시스 이성질체 지방산을 가열하거나 산 처리하면 매우 쉽게 트랜스 이성질체로 변환된다. 이런 변환반응은 튀김을 만들기 위해 끓는 온도까지 가열했을 때에도 일어나고, 시스 구조를 가지는 불포화지방산을 수소화시킬 때에도 일어난다. 즉, 시스 −CH=CH− 구조가 전부 $-CH_2-CH_2-$로 포화되는 것이 아니라, 일부의 시스 −CH=CH− 구조는 트랜스 −CH=CH− 구조로 바뀐다. 물론 트랜스 구조로 바뀐 다음에 $-CH_2-CH_2-$로 포화될 수도 있다.

다시 한 번 정리해 보면 수소화 반응을 의미하는 "트랜스"와 안정한 −CH=CH− 이성질체를 의미하는 트랜스란 용어가 똑같아서 혼동스럽지만, 일반인들은 트랜스 이성질체에 대해서는 몰라도 될 것이다. 다만 트랜스 지방은 수소화 지방이며, 포화지방과 똑같이 건강에 좋지 않다는 것만 확실하게 인식해 두면 좋겠다.

03 튀김기름, 어느 것이 좋은가?

2010년 2월 설날을 앞두고 MBC에서는 튀김용 콩기름에 대해 상세한 보도를 냈다. 내용을 요약하면 전이나 약과를 만드는데에 트랜스 지방을 쓰지 않고 불포화도가 높은 식물성 콩기름을 쓰는 것은 좋은 일인데, 일부 튀김업소에서는 콩기름을 너무 오랫동안 그리고 위생관리가 엉망인 상태에서 쓰는 것이 문제란 것이었다. 튀김용 콩기름의 안전성을 위해서 식약청에서는 산가 2mg KOH/g 이하를 규제치로 지정하여 관리한다는 보도도 있었다.

식물성 불포화지방이 건강에 좋다는 인식은 일반인들에게까지도 잘 심어져 있다. 콩기름은 불포화도가 상당히 높은 식물유이다. 불포화지방을 실온에서 그대로 섭취할 경우에는 이 인식이 옳겠지만, 튀김기름처럼 고온으로 가열했다가 식혀서 섭취하는 경우에도 불포화 기름이 더 좋을까?

결론부터 말하면, 포화지방은 고온이건 저온이건 가급적 적게 먹는 것이 좋고, 불포화지방은 실온에서 먹는 것은 좋은데, 오랫동안 가열하면 오히려 포화지방보다 더 나쁠 수 있음을 상기한다. 튀김을 만들기 위해서는 작업이 끝날 때까지 기름을 계속 가열해야 된다. 불포화 기름을 장시간 가열하면 기름 중에 함유된 $-CH{=}CH-CH_2-$ 결합이, 그림에 보인 바와 같이 공기 중의 산소에 의해 산화되어 과산화물(−OOH)로 변하고, 이어 가교결합과 케톤[1]으로 바뀐다.

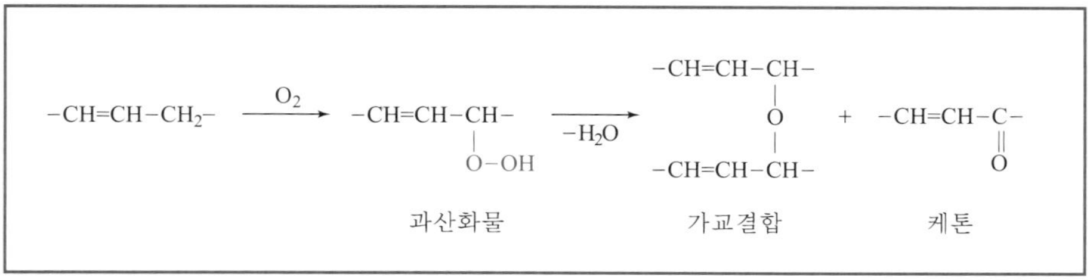

불포화결합의 공기에 의한 산화

1) 케톤(ketone): 카보닐기에 탄소 사슬이 결합된 화합물인 RCOR' 를 총칭하여 케톤이라고 한다. 탄소가 3개인 아세톤은 여러 가지 유기화합물을 잘 녹이는 성질이 있어 매니큐어 용매로 쓰인다.

이렇게 되면 불포화 기름의 점도가 늘어나고, 유기산이 생기며, 냄새와 색깔도 나빠진다. 더구나 낮에 고온으로 가열했던 기름을 밤 동안 냉각했다가 다음날 아침에 다시 가열하면, 그림에 보인 산화반응은 훨씬 더 많이 일어나게 된다. 밤새 냉각되는 동안 많은 양의 산소가 기름에 녹아들어 가서 기름을 산화시키기 때문이다.

필자는 오래 쓴 불포화기름으로 만든 튀김보다는 포화기름으로 튀긴 것이 건강에 더 낫다는 생각을 가지고 있다. 포화지방에는 −CH=CH− 이중결합이 훨씬 적으므로, 동일한 가열시간과 가열온도에서 산화반응이 훨씬 적게 일어난다. 그래서 너무 오래 써서 상당히 산화된 불포화기름으로 튀긴 것보다는 포화기름으로 만든 튀김을 선호하겠다는 것이다. 물론 가장 좋은 튀김은 신선한 불포화기름으로 만든 것이다.

불포화결합은 원래 산소, 과산화물과의 친화력이 강하므로 체내에 흡수되어, 우리 신체 내에 존재하는 과산화물과 반응해야 항산화성을 발휘한다. 그런데 우리가 과산화물이나 오존화물을 먹게 되면 결국 우리는 신체의 산화를 돕는 셈이 된다. 식용유를 여러 번 쓰면 산화가 더 많이 진행되어서 색깔이 노란색에서 빨간색으로 결국에는 검은색으로 변한다. 이런 기름은 절대 먹지 말고, 써서는 안 된다.

튀김기름의 적합성 여부를 측정하는 척도로 식약청에서 정한 기준이 산가이다. 산이 생기는 이유는 수분에 의한 가수분해와 산소에 의한 산화 때문이다. 산 함량은 수산화 칼륨(KOH) 염기를 이용해서 쉽게 정량적으로 분석할 수 있고, 그 분석결과가 산가로 표시된다. 식약청에서 정한 튀김기름의 적정성 한계는 산가≤2이다. "산가≤2"란 기름 100그램 속에 3.6밀리그램 이상의 산이 포함되면 안 된다는 의미이다. 이 한계량은 대단히 작은 수치이기 때문에 식약청의 관리기준은 매우 엄격하다고 말할 수 있다.

문제는 산가를 튀김현장에서 신속하게 측정할 수 없다는 것이다. 단속원이 시료를 수거해서 측정장비를 갖춘 실험실로 가져와야 산가를 측정할 수 있으므로, 이를 근거로 불량업체를 규제하는 데까지는 상당한 인력과 시간이 소요될 수밖에 없다. 이를 개선하기 위해서는 색상을 표준으로 정하거나 육안으로 확인하는 것에 정확성에 의심이 든다면 혈당을 체크하는 키트 같은 것을 만드는 것이 더 좋을 것이라고 생각한다.

콩기름은 연한 황색을 띤다. 콩기름을 튀김용으로 오래 쓰면 색깔이 진해진다. 색도를 정량적으로 측정하는 것은 빠르고 쉬운 일이며, 정량적인 비색계도 많다. 튀김현장에서 기름의 색도를 표준 비색계와 비교하여 규제하는 것이 산가를 통해서 규제하는 것보다 더 빠르고 좋은 방법이겠다. 비색계에는 여러 색깔별로 표준품이 나와 있는데, 콩기름은 황색이므로 표준 비색계로써 황색계열을 쓰면 될 것이다.

비색계에 의한 부패 정도의 판단은 신속하긴 하지만, 정확성에서는 산가에 의한 판단에 뒤진다. 그러므로 비색계 판단에 불복하는 경우가 생기면, 그때는 시간이 걸리더라도 산가를 정밀하게 측정해서 분쟁을 해결하도록 하는 정책을 만드는 것이 좋을 것 같다. 또 이런 분쟁으로 발생하는 문제점을 보완하다 보면 비색계에 의한 판단의 정확성을 높일 수 있을 것이다.

상당한 액수의 외화를 들여 수입한 콩기름을 한 번만 쓰고 버리면 자원이 낭비되고, 공해가 유발되는 것은 모두 아는 사실이다. 일정한 기간 동안 쓴 기름들은 모두 수거해서 식용으로 써도 안전할 만큼 아주 깨끗하게 정제해서 다시 쓰는 것을 먼저 검토하는 것이 좋겠다. 이것이 어렵다면 폐유를 사료로 전환시키거나, 마지막으로는 바이오 디젤 같은 자원이나 기타 용도로 활용하는 것을 검토해야 할 필요성이 있다.

04 바이오 디젤

석유가 부족해질 것이라는 전망이 커지면서 브라질은 광대한 아마존의 밀림을 없애 생긴 땅에 옥수수를 경작하고 있다. 옥수수를 발효시켜 에탄올을 만들어 자동차 연료로 쓰기 위해서이다. 브라질에는 2006년부터 이미 에탄올로 구동되는 자동차가 대량으로 보급되어 있고, 소형비행기도 만들어 현재는 농가에서 농약살포용으로 쓰고 있지만, 화재 진압 등에 쓸 계획이라고 한다. 주유소에서는 에탄올 주유기와 휘발유 주유기가 따로 마련되어 있다.

그러자 이번에는 넓은 땅을 가진 미국, 호주, 중국, 러시아, 인도 등이 수확한 콩을 외국에 식량으로 수출하는 대신 바이오 디젤 원료로 이용하기 시작하였다. 자연히 콩을 수입하던 다른 나라들은 식량부족을 우려하게 되었고, 이제는 식량의 무기화마저 염려되기에 이르렀다.

콩에서 바이오 디젤을 만들기 위해서는 먼저 기름을 분리해야 된다. 최근엔 기름을 짜서 만들지 않고, 용매로 추출해서 얻는다. 이렇게 얻은 콩기름은 그대로 연료화할 수는 없다. 콩기름의 분자는 너무 크고, 점도가 높아 자동차의 압축 실린더에 분사시키기 어렵다. 분사된다고 해도 압축실린더에서 기화되어야 점화가 가능한데, 콩기름은 끓는 온도가 너무 높아서 기화되기 어렵고 그래서 점화되기도 어렵다.

또 콩기름의 분자 속에는 불포화 이중결합(–CH=CH–)이 많이 포함되어 있다. 이 상태로 버너에 넣어 높은 온도에서 산소와 혼합하고 압축해서 가열시키면, "튀김기름"에서 소개한 산화중합이 일어나서 버너 분사구가 막힐 우려가 높다. 이를 막기 위해서 먼저 –CH=CH–에 수소를 첨가, $-CH_2-CH_2-$로 포화시켜 콩기름을 "트랜스" 기름으로 변환시킨다.

콩기름을 바이오 디젤로 만들기 위해서는 그림에 표시한 바와 같이, 콩기름에 메탄올을 가해서 글리세린-메탄올 교환반응을 실시, 지방산 메칠에스터로 만든다. 그림에는 메탄올(CH_3OH)에 의한 콩기름의 에스터(–OOC–) 교환 반응은 밝은 청색으로, 수소(H_2)에 의한 –CH=CH– 결합의 환원은 진한 청색으로 표시하였다. 콩기름에 작은 분자인 메탄올을 가해서 에스터 교환반응을 일으키면, 분자수가 1개에서 3개로 늘어나는데, 그 대신 분자크기는 작아진다. 그래서 점도도 낮아지고 끓는 온도도 경유와 비슷한 정도로 낮아져 바이오 디젤로 쓸 수 있게 된다. 이렇게 만든 바이오 디젤도 아직은 단독으로 쓰지 못하고, 석유디젤에 섞어서 쓰고 있다.

우리나라는 자원이 부족해서 원유는 물론, 콩도 대단히 많은 양을 수입하고 있는 실정이다. 자원이면 무엇이건 아껴써야 되겠지만, 쓰고 남은 자원은 수거해서 활용해야 된다. 더 이상 못쓰게 된 튀김용 콩기름은 전부 수거해서 바이오 디젤로 만들어, 석유디젤에 섞어 쓰면 튀김용 기름을 버리는 것보다는 환경을 덜 오염시킬 것이고, 자원 절약에도 기여할 수 있겠다.

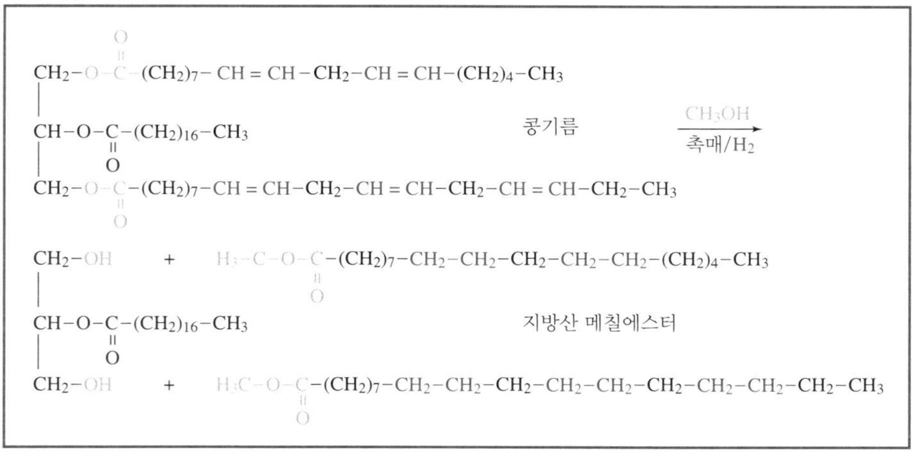

콩기름에서 바이오 디젤을 제조하는 공정

05 오메가 지방산

오메가(ω) 지방산은 요즈음 매우 좋은 건강식품으로 각광받고 있고, 인기 높은 효도상품 중의 하나가 되었다. 원래 ω는 그리스 알파벳의 마지막 자모이고, 지방산은 지방을 가수분해해서 얻는 유기산인데, ω 지방산은 무슨 뜻을 담고 있을까? ω 지방산이 있다면 알파(α) 지방산은 없을까?

구조가 매우 비슷한 지방산들을 서로 구분하기 위해 매번 구조식을 쓸 수는 없다. 대화를 통해 토의할 경우에는 이름을 이용하는 것이 경제적이다. 이름으로 지방산을 구분하기 위해서는 각 탄소에 번호를 매긴다. 번호 매김 방식에는 세 가지가 있다. 이에 대한 설명을 돕기 위해 아래 그림에 리놀레인산의 화학구조와 탄소 위치를 표시하였다.

리놀레인산에 대해 세계화학회 공인 방식에서는 HOOC- 탄소에 1번을 부여하고, 맨 끝의 탄소는 18번이 된다. 이와는 정반대로 ω 방식에서는 HOOC- 기의 반대 편 탄소에서부터 번호를 매긴다. 이 ω 방식이 나온 근거는 화학자들이 종래 HOOC- 기 바로 옆의 탄소에서부터 차례로 α, β, γ 등으로 표시하던 재래식 번호 매김 방식이다. 이 재래식 방식에서는 탄소 수에 상관없이 맨 끝 탄소를 ω 탄소라고 표시한다. 즉, ω 방식은 재래식 방

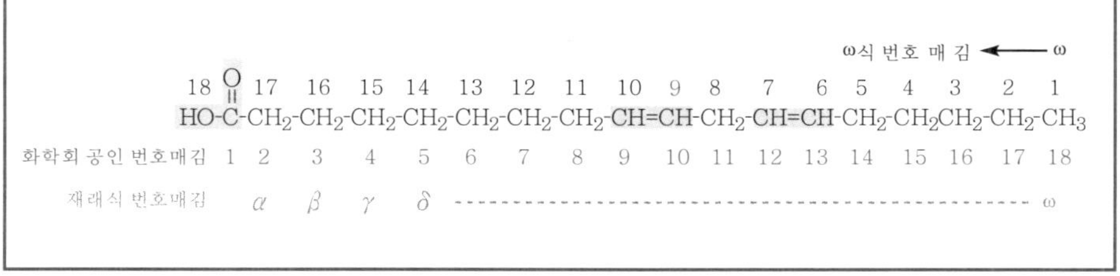

올레인 산의 탄소 위치 표시 방식

식의 산물인 것이다.

이런 번호 매김은 −CH=CH− 이중결합이 어느 위치에 존재하는지를 분명하게 표시하는 데 매우 유용하다. 세계화학회 방식에서 리놀레인산의 두 이중결합 위치는 9 및 12 위치에 있는데, ω 방식에서는 6 및 9 위치에 존재한다. 그래서 리놀레인산은 ω-6 지방산의 일종이다.

지방산 중 CH=CH 이중결합이 ω 탄소로부터 3번째 탄소에 존재하는 ω-3 지방산은 다른 지방산에 비해서 우리 신체에 더 좋다고 알려져 있다. 특히 성장 호르몬으로 유명한 EPA(EicosaPentaenoic Acid, 아이코사펜타노익산)나 DHA(DocosaHexaenoic Acid, 도코사헥사노익산)는 탄소수가 각각 21개나 22개인 ω-3 지방산의 일종이다.

여기서 ω 지방산을 자세히 소개하는 이유는, 보통의 불포화지방산이라고 하면 일반인들이 건강에 별다른 도움이 안 되는 물질로 치부하는데 반해서, ω란 글자를 붙여 놓으면 마치 엄청난 효과가 있는 것처럼 인식되는 현실을 바로 잡기 위한 것이다. ω란 단지 지방산의 이름을 정확하게 부르기 위한 하나의 부호일 뿐, 근본이 불포화지방산이라는 것은 바뀌지 않음을 다시 한 번 강조한다.

나아가 영양학자들에 의하면 건강에 좋다는 ω-3 지방산들일지라도, EPA와 DHA를 제외한 다른 것들은 일상적인 식생활을 통해서 충분히 섭취된다고 한다.

비싼 돈을 들여 이런 성분이 함유된 건강보조제를 찾기보다는, 편식하지 않고 골고루 섭취하는 식습관을 들여야겠다.

06 건성유와 비건성유

일반인들이 접할 기회가 많지는 않지만, 페인트, 접착제, 인쇄잉크 업계에서는 자주 쓰이는 용어로서 건성유와 비건성유란 용어가 있다. 아직은 생소하겠지만, 재미있는 실험을 해 볼 수도 있으므로 일반인들도 알아 두면 좋을 것이다.

한 가지 실험을 해 보도록 하자. 식물성이든 동물성이든 기름 한 방울을 작은 유리판 위에 도포한 뒤, 실온에서 방치해 두고 하루에 한두 번씩 손가락을 도포액에 접촉시켜 기름이 묻어나는지 그렇지 않는지를 시험해 본다. 짧은 시간 내에 묻어나지 않게 된 기름은 건성유라고 부르고, 오랜 시간이 지난 뒤에도 기름이 계속 묻어나면 비건성유라고 부른다.

실험을 해 본 결과 건성, 비건성은 기름이 마르냐 마르지 않냐를 표시하는 성질이다. 일반적으로 '건조' 한다는 것은 빨래에서처럼 물이 증발해서 없어지는 현상을 말하는데, 맥주나 와인에서 말하는 건성은 물 함량이 낮고 에탄올 함량이 높은 것을 말하고, 기름에서의 건성은 액체가 고체로 경화되는 현상을 일컫는다.

화학구조를 보면 건성유는 −CH=CH− 이중결합이 많이 함유된 불포화지방이고, 비건성유는 이와 반대로 포화지방이다. 그래서 동물유는 비건성유이고 식물유에는 건성유가 많이 포함되어 있다. 불포화기름이 건조성을 나타내는 원인은, "튀김기름, 어느 것이 좋은가"에서 소개한 불포화결합의 산소에 의한 산화 때문이다. 산화에 의해 액체인 기름의 점도가 점점 증가해서 결국 고체로 변화된다. 즉, 마르는 것이다.

이런 성질은 페인트, 접착제, 인쇄잉크 제조에도 매우 중요하게 이용된다. 이들의 제조를 위해서 건성유를 전체의 70% 이상 배합한 것을 장유

(long oil), 50% 정도를 배합한 것을 중유(medium oil), 30% 이하를 배합한 것을 단유(short oil)라고 부르는데, 경화속도를 조절하기 위한 것이다.

일반인들은 위에서 설명한 방법을 이용해서 간단히 기름의 포화도 또는 불포화도를 측정해 볼 수 있다. 다만, 한 가지 기름에 대해서만 건조시간을 측정하는 것보다는 여러 개의 샘플을 만들어 동시에 시험해서, 상대적인 결과를 비교하는 것이 더 쉬울 것이라고 생각한다. 과학은 하나의 결과만을 가지고 결론을 내리는 것이 아니라, 관찰 → 가설 → 실험/관찰 → 결론을 거쳐 이론을 만드는데, 실험/관찰 단계를 여러 번 반복하여 측정값을 얻어야 정확도가 높다.

06

비누, 세제, 계면활성제

비누나 세제 같이 때를 제거하는 기능처럼 기름과 물의 계면에서 독특한 작용을 나타내는 물질을 통틀어 계면활성제라 부른다. 그중에서 비누는 지방산의 금속염, 그중에서도 나트륨염을 말한다. 계면활성제 중 세탁용으로 쓰면 세제가 된다.

가난했던 시절에는 화장비누로 세수하고 세탁비누로 빨래를 하였다. 가정에 세탁기가 보급되면서 세탁비누는 가루비누로 바뀌었고, 최근에는 합성세제로 대체되었다. 지금은 머리샴푸, 바디클렌저, 주방세제 등의 수많은 합성 계면활성제들이 용도에 따라 시장에 나와 있다. 이들 중 상당히 많은 제품들은 친환경, 천연 제품이라고 홍보되고 있다. 뿐만 아니라 가정에서 주부가 비누를 만들어 쓰면서 직접 만든 것은 천연비누, 공장에서 만들어져 나온 것은 합성비누라고 지칭한다. 과연 정말 그럴까? 정확히 알 필요가 있다.

01 천연비누와 합성비누

동물성 기름이든 식물성 기름이든 기름이 없던 가난했던 시절, 시골 가정에서는 쌀겨에 양잿물을 넣고 가열해서 "검정비누"를 만들어 썼었다. 비누가 되는 원리는 쌀겨 속에 미강유란 기름이 원료로 작용하기 때문이다. 검정비누 표면에는 모래 같은 알맹이가 있었고, 손바닥에 문지르면 이 알맹이가 만져졌던 촉감을 기억하는 이들도 있을 것이다. 당시는 비누를 만들 수 있는 다른 방법이 없었다.

현대시대를 웰빙시대라고 한다. 그래서 유기농산물이나 천연세제가 TV 보도에서 인기가 높다. 그런데 TV에서 소개하는 내용을 보면 종종 천연세제가 대두유, 올리브유, 팜유 등의 천연 식물성 기름에 수산화칼륨(KOH)을 반응시켜, 자기 손으로 직접 만든 것이란 인상을 심어 주고 있어 오해의 소지가 크다.

우선 합성비누와 천연비누를 구분해서 소개하고, 천연비누를 집에서 직접 만들 필요도 없고, 만들고 싶다면 그 때의 주의사항을 강조하려고 한다. 더 나아가 전문지식이 없는 일반인은 물론 어느 정도 지식을 가진 사람들도 충분한 시설을 갖추지 않았다면, 가능한 한 비누를 집에서 만들지 말라고 권하고 싶다.

공업적으로 비누를 만들 때 원료로는 동물성 또는 식물성 천연기름을 쓰는데, 동물성으로는 소기름을 소량 트랜스(수소화)시키거나, 그대로 쓴다. 식물성 기름을 그대로 써서 비누를 만들면 너무 물러서 고체상으로 포장하기가 어렵다. 그래서 상당히 트랜스(수소화, 경화)시켜야 비누제조의 원료로 쓸 수 있을 정도의 경도가 보장된다.

이제 그림에 나타낸 공업적인 비누 제조반응을 보자. 지방에 양잿물

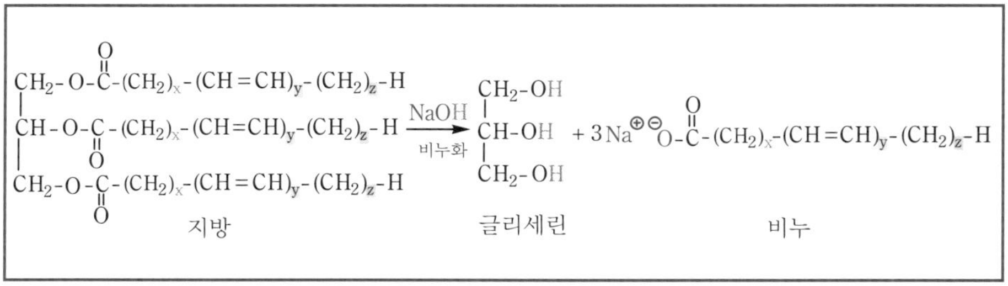

지방의 비누화에 의한 공업적 비누 제조

(NaOH)을 가하고 가열하면 지방이 분해되어 글리세린과 지방산 나트륨 염으로 된다. 이 화학반응을 비누화라 일컫는다. 이 반응에서 비누가 얻어지기 때문이다.

이 화학반응을 완결하여 품질이 좋은 비누를 만들기 위해서는, 1) 원료 첨가 비율을 정확히 맞춰야 하고, 2) 반응에 의해서 생긴 부산물을 완전히 제거해야 하고, 3) 반응물인 비누를 잘 정제해야 한다. 특히 비누에 함유된 수분을 제거해야 한다. 수분이 많게 되면 쉽게 물러진다.

원료 첨가 비율을 맞추기 위해서는 모든 원료들의 분자무게비를 알아야 된다. 양잿물(NaOH)의 분자무게는 40인데, 기름의 분자무게는 x, y, z의 크기에 따라 달라진다. 소기름의 경우 약 900~950의 범위이다. 900이라고 가정하면 기름/NaOH 무게비는 900/40으로 조절되어야 한다.

기름/NaOH 무게비율을 벗어나 어느 한쪽이 많아지면 반응하지 못해 남게 된다. 기름이 남게 되면 비누가 물에 잘 녹지 않게 되고, 녹더라도 뿌옇게 된다. 이런 비누로 씻으면 피부에 기름이 남아 기름냄새와 더불어 미끈거리게 된다. 양잿물은 강한 알칼리성이므로 과잉으로 투입해서 남게 되면, 피부 자극성이 심해져서 비누로서의 가치를 잃는다.

합성 제품인 양잿물의 경우 고체와 물에 묽게 한 수용액 두 가지로 판매되는데, 실제 순도는 판매업자가 표시한 순도보다 조금 낮다. 유통 중에 항상 수분이 흡수되고, 탄산나트륨(Na_2CO_3)이 생기기 때문이다. Na_2CO_3는 NaOH가 CO_2를 흡수하여 생성된다. 그래서 순도를 정확히 측정해야 900/40의 비율을 제대로 맞출 수 있는 것이다.

기름의 순도를 측정하는 일은 더 어렵다. 그림의 구조식에서 변수가 x, y, z 세 개나 되고, 기름이 아닌 것도 함유되어 있기 때문이다. 이를 위해서는 비누화가를 정확하게 측정해야 된다. 한마디로 말해 이런 분석은 공장의 전문가들이 할 일이지 가정에서 할 수 있는 범위의 일은 아니다. 그래서 가정에서 비누를 만들 때 결코 기름/NaOH 무게비율을 정확히 지킬 수 없다.

하지만 글리세린을 제거하여 잘 정제된 비누를 얻는 일은 가정에서도 할 수 있다. 약 60°C의 물에 비누를 녹이고 여기에 과량의 소금물을 가하면서 휘저어 주면 비누만 고체로 뜬다. 이를 실온에서 24시간 방치해 두면 위의 비누층과 아래의 염수층으로 확실히 분리된다. 이런 공정을 염석이라 부른다. 이때 아래 층의 염수를 따라내면 정제된 비누가 얻어진다. 원료기름으로 불포화도가 높은 식물유를 쓰면 비누가 고체가 아닌 액체로 얻어진다.

글리세린을 제거하지 않은 비누는 융점이 낮아 고체로 만들 수 없고, 그럴 경우 종이에 포장해서 상품화할 수 없게 된다. 샴푸처럼 용기에 담아 펌프로 짜서 써야 한다. 그렇지만 글리세린이 피부에 악영향을 주지는 않는다. 가정에서 비누를 만들어 쓴다면 사용상 약간 불편하더라도 글리세린을 제거하지 말고 그대로 쓰는 것이 좋을 것이다.

그림의 방법으로 화학공장에서 만든 비누를 많은 주부들은 합성비누로 여기고, 공장에서 만드는 방법보다 더 엉성하게 만들었어도 가정에서 직접 만든 것을 천연비누로 생각하는 것은 대단히 잘못된 것이다. 천연이란 천연 원료만을 써서 만든 것이라야지 누가 만들었는가와는 상관없는 것이다.

가정에서 비누를 만드는 사람의 설명을 들으면 양잿물(NaOH)을 쓴다고 하지만, 사실은 KOH인 수산화칼륨을 쓰고 있다. 왜 수산화나트륨(NaOH)을 안 쓰고 수산화칼륨(KOH)을 쓰는 것일까? 우선 KOH는 분자무게가 56이므로 NaOH 40에 비해서 40%나 무겁다. 분자가 40% 더 무겁다는 것은 원료 첨가 시 무게비율을 맞출 때 40% 더 많이 넣어야 된다는 뜻이다. 더구나 KOH는 NaOH보다 단가도 훨씬 비싸다. NaOH는 바닷물 표면에 많은 염화나트륨(소금, NaCl)을 전기분해해서 만들지만, KOH는 심층에서 뽑아 올린 해수에서 얻을 수 있는 염화칼륨(KCl)을 전기분해해서 만들기 때문이다. 마찬가지 이유에서 KCl은 NaCl보다 훨씬 비싸다. 비싼 것이 더 좋다고 생각해서 KOH를 쓰는지 모르지만, 비누에서는 KOH로 만든 것이 NaOH로 만든 비누보다 더 좋을 이유는 거의 없다. 차이점이라면 양잿물 비누보다 물에 더 잘 녹는다는 것뿐이다. 비누의 공업 제품에서는 KOH를 쓰는 제품은 하나도 없다.

공장에서든 가정에서든 비누를 천연 원료기름을 써서 만들었다고 하더라도 100%는 천연비누라고 할 수 없다. 그 이유는 첨가물인 양잿물이 우선 합성 제품이기 때문이다. 가정에서 비누를 만들 때에도 합성 제품인 양잿물을 쓰지 않고 만들 수 있는 방법은 없다. 이 양잿물은 소금을 전기분해해서 만든 합성 제품이다. 그러므로 천연기름을 원료로 해도 천연비누를 만들 수 없는 것이다.

석유를 원료로 해서 합성되는 기름은 보통 광유라고 부르는데, 광유를 원료로 해서 경제성 있게 비누를 만드는 기술은 아직 개발된 것이 없고, 개발할 필요도 없다. 그러니 합성기름을 이용해서 만든 합성비누를 사게 될지도 모른다는 생각은 완전히 기우이다. 필자도 비누는 평생 사서 써왔고, 앞으로도 그럴 것이다.

02 합성세제, 반합성세제, 천연세제

세탁기의 보급과 세제의 용도가 다양화되면서 다양한 종류의 세제 제품이 시장에 나와 있다. 가능한 한 식구들 피부건강에 피해가 없고, 사회적으로는 공해를 덜 초래하는 세제를 고르려는 주부들의 노력도 높아지고 있다. 바람직한 일이다. 앞으로 세제회사는 주부들을 초대해서 자사 제품을 자세하게 소개하는 운동을 벌여야 할 것이다. 여기서는 의복의 물빨래에 쓰는 공업 제품을 소개하여 일반인들의 이해를 돕고자 한다.

화학공장에서 대량으로 생산된다고 해서 모두 합성세제인 것은 아니다. 다음 그림의 위에서 두 번째인 분지(곁가지) 달린 ABS(알킬벤젠 설포네이트)는 박테리아에 의해 분해되기 힘들어, 즉 너무 단단해서 "박테리아의 치아로 씹기 힘들다"는 의미에서 경성세제라고 칭했다. 하천공해의 주범으로 지적되어 약 20여 년 전에 이미 생산이 금지되었다.

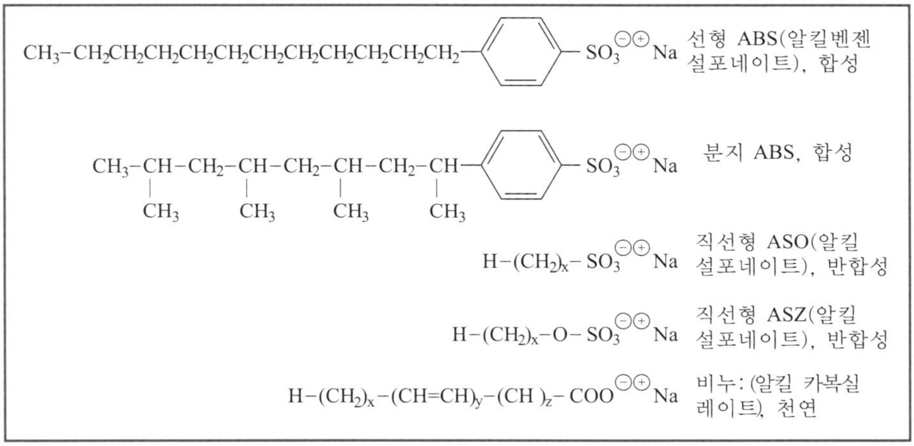

공업적으로 생산되는 물빨래용 합성세제들

맨 위의 선형 ABS는 연성세제로서 경성세제를 대체한 상품이다. 지금도 가장 많이 쓰이고 있다. 이것은 그림에서 보듯이 벤젠고리를 함유하고 있는데, 여러 단계의 화학반응을 거쳐 합성되며 천연 원료는 전혀 첨가되지 않는 100% 합성세제이다. 이 선형 ABS는 그림에 표시한 세제들 중에서 가장 세척력이 우수하다.

그 이유는 벤젠고리가 소수성을 증가시키는 데다가 친수부분도 설폰산염으로 되어 있어 친수성이 대단히 높다. 그래서 선형 ASO(알킬 설포네이트)나 선형 ASA(알킬 설페이트) 또는 비누(알킬 카복실레이트)보다 훨씬 강한 마이셀을 형성한다. 이런 연유로 단시간에 새하얀 빨래가 되기를 원하는 우리 국민성에 가장 적합한 세제가 된 것이다.

선형 ASO와 선형 ASA는 비누처럼 천연기름에서 얻는 지방산을 원료로 해서 합성한다. 그런데 그림에서 비누는 천연세제로 구분하고 선형 ASO와 선형 ASA를 반합성세제로 구분한 이유는, 합성과정이 비누보다 길기 때문이다. 이 둘은 다 천연 지방산에서 얻어지는 중간체에 삼산화 유황(SO_3)을 반응시키고 이어 양잿물로 중화해서 제조한다. 이 둘의 세척력은 선형 ABS보다 못하지만 비누보다는 강하다.

그림에 보듯이 다른 합성, 반합성세제들은 모두 친수기가 설포네이트 또는 설페이트인데 유독 비누는 카복실레이트로 되어 있다. 그 이유는, "천연비누와 합성비누"에서 자세히 설명했듯이, 천연 지방산을 화학적으로 전혀 변화시키지 않고 그대로 활용하기 때문이다. 카복실레이트염은 설포네이트염에 비해 대단히 약한 산의 염이므로, 비누는 물에 대한 용해속도도 느리고 세척력도 나쁘다. 세탁시간도 많이 걸리고 또 새하얗게 씻어내지 못한다고 해서 지금은 물빨래용으로 거의 쓰이지 않는다. 성미 급한 우리나라 사람들에게는 적합하지 않아서이다. 화장비누는 아직 대도시에서도 팔리지만 세탁비누는 시골에서조차 찾아 보기 어렵게 되었다.

식구들의 피부건강과 지구의 환경보전만을 고려하면 세제로서 세탁비누가 가장 좋다. 하지만 비누의 세척력이 너무 낮다면, 선형 ABS는 조금씩 줄이고 반합성세제인 선형 ASO나 선형 ASA로 대체하라고 권하고 싶다.

세제 선택 못지 않게 중요한 것은 어느 세제건 빨래통에 정량 이상으로 많이 넣지 말라는 것이다. 세제농도가 너무 낮으면 마이셀이 형성되지 않지만 일단 마이셀이 형성되면, 세제를 더 가한다고 해서 마이셀 양이 늘어나지 않는다.

대략 물에 대해 0.5% 수준에서도 마이셀은 충분히 형성된다. 정량 이상은 낭비일뿐더러 환경만 오염시킬 뿐이다. 과량의 합성세제가 하천으로 흘러 들면 하얀 거품이 나면서 생물학적 및 화학적 산소요구량(BOD 및 COD)에 치명적인 영향을 미치게 된다.

03 양잿물의 세척력

1960년대만 해도 우리나라는 지독하게 가난했다. 비누가 없는 시절 모처럼 기름진 음식을 먹은 날이면 그릇을 씻기 위해 따뜻한 물로 잿물을 내려 여름에는 호박 잎, 겨울에는 지푸라기에 묻혀 기름기를 씻어냈다. 잿물이란 볏짚을 태울 때 나온 검정색 재를 물에 풀어 두었다가 고체를 걸러내고 남은 밑 물을 말한다. 다시 말해 잿물은 재를 우려낸 물인 것이다.

이 잿물을 만져 보면 약간 미끌미끌하다. 강한 알칼리인 양잿물(수산화나트륨, NaOH)이 생겼기 때문이다. 재 속에는 원래 규산나트륨(Na_2SiO_3)이 함유되어 있는데, 이것이 다음 그림에 보인 것처럼 가수분해되어 양잿물로 변한다. Na_2SiO_3가 가수분해되는 이유는 이 화합물이 강염기 NaOH와 약한 규

Na_2SiO_3	+	H_2O	⟶	$NaOH$	+	H_2SiO_3	⟶	$NaOH$	+	SiO_2	+	H_2O
규산 나트륨				수산화나트륨		규산				규사		

잿물 속의 규산나트륨에서 수산화나트륨(양잿물)의 생성반응

산 H_2SiO_3의 중화에서 생긴 염이기 때문이다.

원래 잿물 자체에는 세척력이 전혀 없다. 그래서 실온에서는 세제로 쓸 수 없다. 잿물을 가열해서 온도를 올려 기름을 닦으면, 양은 적지만 기름의 에스터기가 가수분해되어 비누가 생기고 이 비누가 세척력을 발휘하는 것이다. 잿물이 지방을 가수분해해서 비누를 만드는 반응, 즉 비누화반응을 일으키는 것이다.

옛날 이렇게 만들어 쓴 잿물이 수용성 알칼리의 효시였는데, 서양에서 저렴한 NaOH가 들어오자 이를 서양에서 온 잿물이라고 해서 양잿물이란 이름이 붙여졌다. 현재 포스코는 강판에 칠해진 방청유[1]를 제거하는 데 80°C로 가열한 NaOH 수용액을 쓰고 있다. 양잿물에 의한 비누화 기술을 공업에 이용하고 있는 것이다. 이는 당진에 있는 현대제철도 마찬가지일 것이다. 재를 얻기 쉬웠던 시절 우리 부모님들이 쓰시던 기술을 응용하여 지금은 수입되고 있는 NaOH를 써서 강판을 대량생산하고 있는 것이다.

1) 방청유: 금속에 녹이 스는 것을 막기 위하여 바르는 기름으로 금속 표면에 기름 보호막을 만들어 공기 중의 산소나 수분을 차단한다.

04 때를 씻어 내는 비누와 "블랙홀" 속의 항암제

혈관 주사액은 수용성이라야 한다. 그래야 증류수에 희석해서 주사액을 만들기도 쉽고, 또 수용성인 혈액에 의해 효능을 발휘해야 할 신체부위까지 쉽게 운반될 수 있다. 하지만 약효는 좋은데 물에 전혀 녹지 않는 주사약은 어떻게 만들까?

항암제로 유명한 탁솔이 그렇다. 탁솔(Taxol)은 주목나무에서 추출한 항암제로 특히 부인과 암 치료에 많이 쓰고 있다. 지금 가장 좋은 항암제지만, 물에 녹지 않는다. 이를 주사액으로 만들 수 있는 원리는 우리가 비누를 써서 때를 씻어내는 원리와 같다. 비눗물로 씻으면 어떤 원리에 의해 때가 제거될까?

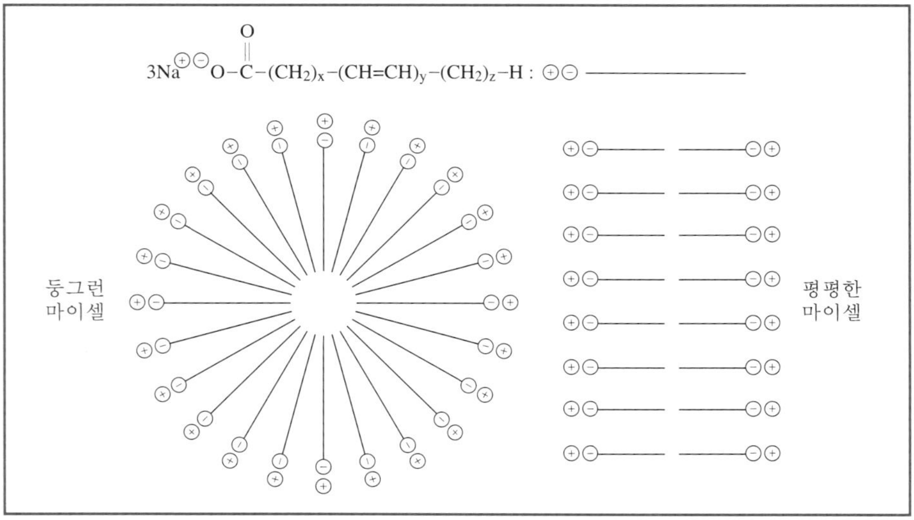

그림 1. 비눗물 속에 존재하는 마이셀의 구조

앞서 여러 번 언급했던 나노 크기의 마이셀 때문이다. 일정 농도 이상으로 비누를 물에 녹이면, 그림 1에 보인 바와 같은 마이셀이 생긴다. 마이셀은 수 nm 정도로 매우 작다. 이런 마이셀을 만드는 근본적인 힘은 막대로 표시한 부분이 물을 싫어(소수성=친유성)하고 +, −로 표시한 이온부분은 물을 좋아(친수성)하기 때문이다. 마이셀의 구조를 관찰해 보면 친유성 막대 여러 개가 모여 이루는 공간은 기름을 빨아 들이는 일종의 블랙홀이다. 막대 한 개만 해도 친유성이 높은데 많은 수가 모였으므로 친유성이 지극히 높아진 것이다. 그래서 때는 마이셀과 화학결합을 이루는 것이 아니라 물리적으로 블랙홀 속에 녹아들어 간 것이다.

항암제 주사액을 만들 때에는 비누 대신에 이온이 없는 비이온성 계면활성제를 이용한다. 이는 그림 2에 보인 바와 같이, 폴리에칠렌글리콜(PEG)이란 수용성 고분자 사슬과 폴리프로필렌글리콜(PPG)이란 비수용성 고분자 사슬이 서로 화학결합을 통해서 연결된 블록 공중합 고분자이다.

이 물질을 물에 녹이면 PEG 사슬은 물에 녹지만 PPG 사슬은 녹지 않아 각각 자기들끼리 모여 PEG는 친수성 부분이 되고, PPG는 소수성 부분을 이루는 마이셀을 형성하게 된다. 이 마이셀의 가운데 부분도 강도는 조금 약하지만, 그림 1의 비누 마이셀처럼, 기름에 대해 블랙홀과 마찬가지 작용을 한다. 그래서 물에 녹지 않는 비수용성 물질을 마구 흡인한다. 탁솔도 이 블랙홀 속에 빨려 들어가 있게 된다.

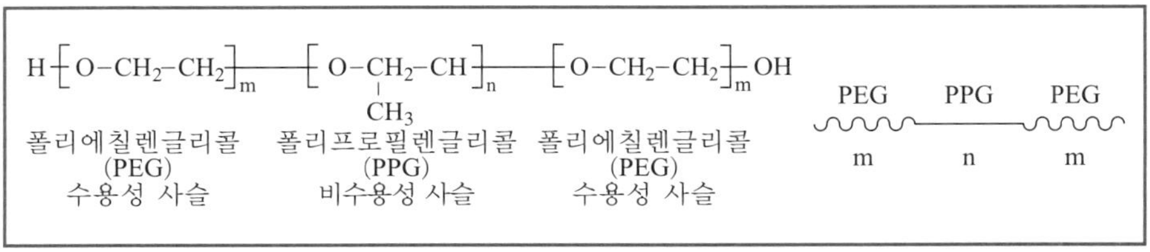

그림 2. 비이온성 고분자 계면활성제 PEG-PPG-PEG

마이셀의 크기는 수 나노미터여서 우리 눈으로는 안 보인다. 그래서 주사기 바늘에 걸릴 걱정은 안 해도 된다. 또 마이셀을 이루는 PEG-PPG-PEG 고분자는 생체 친화성이 우수해서 혈액에 포함되어도 부작용을 일으키지 않는다. 게다가 생분해성 재료이므로 약물이 전달된 다음에는 일부러 제거할 필요가 전혀 없다. 저절로 H_2O와 CO_2로 분해되어 체외로 배출된다.

05 소금물에 섞은 식초

2009년 5월 7일 KBS 1TV 〈무엇이든 물어 보세요〉에 어느 여성 천연세제 신봉자가 출연해서, 단순하게 식초와 소금을 1 : 1로 혼합만 해도 훌륭한 천연세제가 된다고 주장하였다. 이 주장도 문제지만, 이 주장에 대해 진행자가 배석된 전문가에게 훌륭한 세척력의 원인을 묻자, 사실과 맞지 않는 해답을 내놓는 것을 보았다. 여기서는 이 혼합물에 대한 문제점을 지적하고 혹시라도 이 방송을 본 주부들이 잘못을 반복하지 않도록 주의를 환기시키고 싶다.

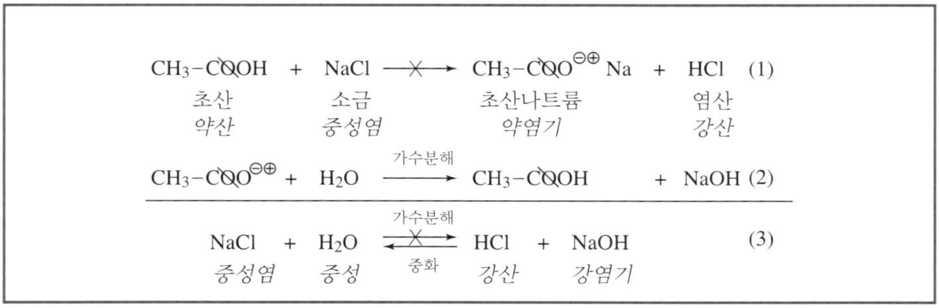

어느 전문가가 주장한 식초/소금 혼합물에서 NaOH가 생성되는 과정

가정에서 쓰는 식용 식초는 통상 3% 내외의 농도를 가진 액체이고, 소금은 순도가 거의 100%에 가까운 흰색 고체이다. 이를 실온에서 1 : 1로 혼합한다는데 그러면 무슨 화학반응이 생길까? 아무런 반응도 일어나지 않는다. 더구나 소금이나 식초 자체는 세척력이 전혀 없다. 세척력을 가지려면 마이셀이 생겨야 되는데, 소금과 식초는 마이셀을 만들 수 없다.

TV에 전문가로 나온 과학자는 소금/식초 혼합물의 세척력의 원인에 대해서 앞쪽에 나타낸 그림의 화학반응을 지적하였다. 그림의 반응 (1)과 (2)를 합쳐 정산하면 반응 (3)이 나온다. 식초성분은 초산인데 이는 약산이다. 그런데 소금은 강산/강염기의 중화에서 생긴 중성염이다.

당연하지만 약산은 강산/강염기 염을 분해할 수 없다. 반응 (2)는 그 자체로는 가능하다. 초산나트륨이 약산인 초산과 강염기인 NaOH의 중화에 의해 생성되었으므로 가수분해될 수 있고, 그러면 NaOH가 생긴다. 그러나 초산나트륨이 생길 수 없으므로 이 반응 (2)는 일어날 수 없다. 반응 (3)은 결과적으로 강산인 염산 HCl과 강염기인 NaOH의 중화에 의해 생성된 소금이 물속에서 가수분해한다는 내용인데, 강산/강염기 염은 가수분해하지 못한다. HCl과 NaOH를 혼합하면 격렬하게 반응해서 가수분해의 역반응인 중화가 일어날 뿐이다.

가수분해는 강산/약염기 염 또는 약산/강염기 염에서만 일어나는 반응이다. 이런 내용은 고등학교 화학교과서에도 상세히 기술되어 있다. NaCl이 가수분해한다는 방송을 학생들이 시청하지 않았기를 희망하고, 혹여 시청을 하였다면 분별하여 받아들였기를 바란다. 또 TV 방송사는 정확한 이론을 설명할 수 있는 전문가를 초빙하여 시청자들에게 그릇된 정보를 제공하지 않도록 좀 더 주의를 해야 한다.

일반인들은 소금을 식초에 섞어서 세제로 쓸 생각을 아예 하지 않았으면 좋겠다. 소금이야 피부에 별 상관없을지 모르지만, 식초가 피부에 장시간 접촉되면 통증이 생기고 피부가 손상된다. 두 물질을 혼합하는 것은 쓸 데 없는 낭비일 뿐더러, 식초 냄새만 집안에 가득 풍기는 결과를 가져온다. 대기 중으로 날라간 초산은 지구온난화에 CO_2보다 더 많은 악영향을 미치기도 한다.

06 식초에 넣은 베이킹 파우더

가정에서 베이킹 파우더에 식초를 가하여 천연세제를 만들고, 이 용액으로 구석구석의 때나 곰팡이를 제거하면 매우 효과적이란 내용을 주장하는 주부가 KBS 1TV에 소개된 적이 있었다. 결론부터 말하자면, 이 방법은 문제가 심각하므로 일반인들은 절대로 따라 하지 말아야 한다. 곰팡이 제거가 필요하면 식초만을 쓰던가, 묽은 락스용액을 뿌려두었다가 물로 잘 헹구면 된다.

베이킹 파우더의 주성분은 중탄산나트륨($NaHCO_3$)인데, 빵 구울 때 주로 쓰여 베이킹 소다란 이름으로 더 많이 알려졌다. 베이킹 파우더는 베이킹 소다에 전분, 건조제, 주석산 등을 배합한 분말이다. 물이 있으면 주석산에 의해 $NaHCO_3$가 분해하므로 건조제를 가한 것이다. 주석산은 약한 유기산인데다가 고체이므로 실온에서는 베이킹 파우더와는 전혀 반응하지 못한다.

베이킹 파우더에 함유된 $NaHCO_3$와 식초산(CH_3COOH)의 몰비를 1 : 1로

$$\underset{}{CH_3COOH} + \underset{\text{중탄산나트륨}}{NaHCO_3} \xrightarrow{\text{빠르게}} CO_2 + H_2O + \underset{\text{초산나트륨}}{CH_3COO^{\ominus}\,{}^{\oplus}Na}$$

식초에 베이킹 파우더를 넣으면 일어나는 화학반응

정확히 맞추어 실온에서 혼합하면, 그림에 표시한 바와 같이, 매우 빠른 속도로 탄산가스(CO_2)를 발생시키면서 초산나트륨으로 변한다. 초산나트륨은 원래 강산인 양잿물(NaOH)과 약산인 식초산(CH_3COOH)의 중화에 의해 생성된 염이므로, 가수분해해서 NaOH가 생기므로 염기성을 띠게 된다.

그럼 문제점은 무엇일까? 첫째, 혼합을 위해서는 액체인 식초 수용액에 중탄산나트륨 분말을 넣거나 또는 그 반대로 중탄산나트륨에 식초 수용액을 넣어야 된다. 그런데 이 두 화합물 사이의 반응은 매우 빠르고 격렬해서 상당히 많은 열이 발생하고, 그 열은 휘발성이 높은 식초를 휘발시켜 눈이나 피부로 튈 위험이 높다. 더구나 부생하는 탄산가스는 식초의 휘발을 돕는다. 대기로 날라간 식초는 탄산가스보다 더 나쁜 공해물질이 된다.

둘째, 가정에서 둘을 혼합할 때 몰비를 1 : 1로 정확하게 맞출 수는 없으므로, 주부의 느낌에 따라 적당한 비율로 섞을 수밖에 없다는 것이다. 어쩌면 몰비는 생각지도 못하고 무게에 따라 1 : 1의 비율로 섞을 것이다. 몰비는 질량비와는 엄연히 다름을 인지하고 있어야 한다. 식초산이 과량이었을 경우에는 가해진 중탄산나트륨이 모두 분해되어 겉보기로는 식초산과 다를 바 없는 용액이 생겼을 것이다. 이 경우는 당초 식초산을 그대로 쓰는 것과 다를 바 없어서 중탄산나트륨을 넣은 의미가 하나도 없다.

식초산에 중탄산나트륨이 과량으로 투입된 경우에는 분해되지 못하고, 남은 중탄산나트륨 고체가 용기 바닥에 가라앉고 식초냄새는 더 이상 맡을 수 없었을 것이다. 이 경우에는 아예 중탄산나트륨 자체를 쓰는 것과 동일하므로 중탄산나트륨을 식초에 투입하는 의미가 하나도 없게 된다.

셋째, 몰비가 잘 조정되었다고 가정하면, 이런 위험한 과정을 통해서 최종적으로 얻는 것은 양잿물인데, "양잿물의 세척력"에서 설명한 것처럼, 양잿물은 온도가 낮으면 세척능력이 없어서 세제가 될 수 없다. 양잿물이 필요하다면 사다 쓰면 될 것을 굳이 귀중한 식재료인 식초산과 중탄산나트륨을 섞어서 만들 필요는 없다.

이런 연유에서 식초에 베이킹 파우더를 혼합하여 세제를 만들려는 시도는 아예 하지 말아야 한다. 두 물질이 낭비될 뿐만 아니라 위험하고 또 방안을 식초냄새로 가득 채우기만 할 것이다. 대안에는 어떤 것들이 있을까? 보통의 주방용 세제나 비누를 쓰는 것이 가장 좋은 방법이다. 마찰력이 필요하면 치약을 쓰던가 까칠까칠한 용수철 행주를 쓰는 것이 좋다.

07 치약으로 닦으면 때가 더 잘 지워진다

앞서 말했듯 비누조차 없던 옛날 우리 어머니들은 식기에 묻은 기름기를 닦을 때 따뜻한 잿물을 묻힌 호박잎이나 지푸라기를 썼다. 그들은 기름 묻은 식기를 닦을 때 따뜻한 잿물이 세제의 기능을 그리고 지푸라기는 연마제의 역할을 발휘한다는 사실을 알고 이를 응용했던 것이다.

지금은 식기, 변기, 싱크대, 주방 조리대, 플라스틱 함지 등에 낀 오래된 때를 닦아낼 때 비누나 샴푸를 묻힌 헝겊을 쓴다. 헝겊보다는 마찰력이 큰 때수건이 더 좋고, 우레탄 행주의 까칠까칠한 면은 이보다 더 좋다. 작은 스테인리스 용수철을 꼬아 만든 행주도 상품화되어 있다.

이때 비누나 샴푸보다 더 좋으면서 가정에 항상 비치되어 있는 세제가 치약이다. 웬만한 묵은 때일지라도 치약을 까칠까칠한 우레탄 행주나 스테인리스 용수철 행주에 묻혀 닦으면 잘 지워진다. 굳이 치약이 아니어도 고운 모래나 분필가루를 써도 된다. 왜 그럴까?

식기 같은 고체 표면에 때가 끼는 것을 접착이라 하고, 묻은 때를 제거하는 것은 탈착이라고 한다. 접착할 때건 탈착할 때건 기계적인 힘을 가하는 것은 작업의 효율성을 위해서 대단히 중요하다. 그래서 접착할 경우에는 압력을 가하고, 탈착할 경우에는 연마제를 써서 문지르는 것이 좋다.

치약 속에는 비누나 샴푸 같은 계면활성제는 물론 실리카나 활석, 탄산칼슘, 티타니아 같은 미세한 분말이 함유되어 있다. 이 닦을 때 이 고체분말은 이에 묻은 음식물 찌꺼기나 치석은 물론, 식기에 묻은 때를 제거하는 데 연마제로서 작용한다. 연마는 표면에 효율적으로 힘을 가하는 수단이다.

묵은 때를 씻을 때에는 연마제가 없는 비누나 계면활성제만 묻혀 닦는 것보다 연마제가 배합된 치약으로 닦으면 더 효과적이다. 비누에 베이킹파우더, 탄산칼슘, 모래 같은 연마제를 섞으면 같은 묵은 때를 지우는 데 더 효과적이다. 화학적 결합력이나 물리적 흡착력도 하나의 힘이므로 외부의 힘에 많은 영향을 받기 때문이다.

07

의료 재료, 미용 재료

남녀를 불문하고, 사람은 누구나 건강하고 아름다워지려는 욕구를 가지고 있다. 박물관에 남아 있는 비너스, 다비드 상 등의 아름다운 인체상들은 이런 욕구를 조형화한 대표적인 산물일 것이다. 여성은 이 욕구가 남성보다 더 강하다. 사람들은 아름다워지기 위해 체내에 화학 재료를 임플란트(보형물 삽입)하기도 하고 피부에 바르기도 한다.

임플란트 재료는 재료가 장시간 인체 내부에 머물게 되므로 시술하기 전에 안전성에 대해서 충분히 검증이 이루어져 있어야 한다. 피부에 바르는 재료는 상대적으로 위험성이 덜하지만, 부작용을 피해갈 수 없다. 어느 것이건 안전성을 검증하고 보장하는 일은 전문가 집단의 업무다.

아름다워지려는 욕구를 이용해 수많은 기술과 상품들이 나와 있다. 이들 중에는 제대로 검증된 것도 있지만, 그렇지 않은 것도 있고, 우리에게 많은 도움을 주는 것도 있고, 우리가 잘 모르면 좋지 않을 수 있는 것도 포함되어 있다. 재료가 무엇인지 알리기 위해 몇 가지 소개한다.

01 수술용 봉합사, 접착제

필자의 큰 아들은 약 25년 전에 맹장제거 수술을 받았다. 당시 의사는 아이의 배를 먼저 절개하고, 맹장을 제거하고 꿰맨 다음 배의 절개 부위를 봉합하였다. 약 10일 뒤 의사는 다시 배를 절개했고, 수술 부위의 나일론 봉합사를 제거한 뒤 절개한 배를 다시 봉합하였다. 얼마 뒤 아이는 마지막으로 병원을 찾아가 배 위에 남아 있던 봉합사를 제거받는 것으로 수술에 관한 모든 일이 끝났다.

지금은 병원에 세 번 가서 배를 두 번이나 절개할 필요가 없다. 한 번만 절개하고 맹장과 배를 봉합하면 수술이 끝난다. 맹장부위와 절개한 배 부위에 사용하는 모든 봉합사는 생분해성이므로, 아무는 상처와 함께 체내에서 분해되어 없어진다. 그래서 내부의 봉합사를 제거하기 위해 배를 또 한 번 절개해야 하는 고통을 겪지 않아도 된다.

생분해성을 가지는 새로운 수술용 봉합사는, 그림에 표시한 바와 같이 글리콜산과 젖산의 혼합물을 중합해서 만든다. 젖산은 동물의 우유 속에 들어 있는 화합물이고, 글리콜산은 신진대사 과정에 관여하는 화합물이다. 그래서 둘 다 체내에서 분해되어 영양공급원이 된다.

두 화합물로 만든 폴리(글리콜산-젖산) 공중합체(PGL)로 만든 실이 체내

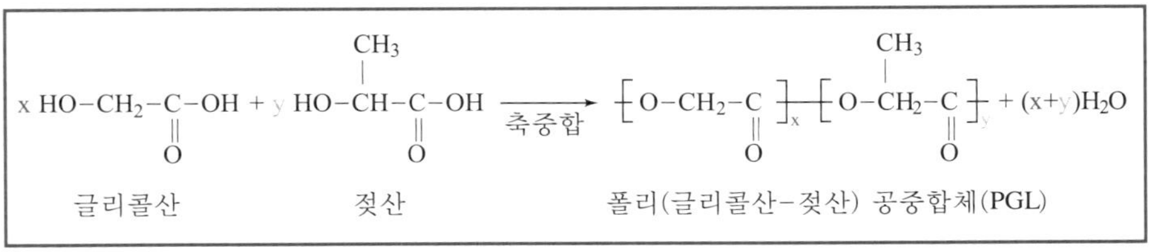

폴리(글리콜산-젖산) 공중합체(PGL)의 합성

에서 고분자로 존재하는 동안에는 기계적 강도를 발휘해서 나을 때까지 상처의 접합 상태를 유지해 준다. 시간이 지나 새 살이 돋아나서 상처가 아물면 이 고분자 PGL은 가수분해되어 글리콜산과 젖산으로 변하여 체내에서 분해되어 없어진다.

그림에서는 왜 두 개의 원료를 써서 공중합 고분자를 만드는가? 생분해 속도를 조절하기 위해서이다. 사람의 생분해 능력은 체질에 따라 다르다고 한다. 유난히 상처가 빨리 아무는 사람이 있는가 하면, 늦게 아무는 사람들도 있다. 생분해 능력이 우수한 환자에게 y값이 큰 실을 쓰면 상처가 아물기도 전에 실이 분해되어 상처가 벌어지는 불상사가 생길 수 있다. 이와 반대로 상처가 모두 치유된 뒤에도 봉합사가 남아 있게 되면, 생체는 비록 생분해성 고분자라고 할지라도 이물질에 대해 과민반응을 하게 된다고 한다.

그림에서 PGL의 x값이 크면, 즉 글리콜산 함량이 높으면 생분해성 속도가 느리고, y값이 크면, 즉 젖산 함량이 높으면 생분해성 속도가 빠르다. 폴리(글리콜산)는 원래 결정성이 높아서 물이 결정 속으로 들어가기 어려워 가수분해 속도가 느리고, 폴리(젖산)는 이와 반대이다. 그래서 적절한 생분해성 속도를 달성하기 위해서는 x, y 비를 적절하게 조절한다.

수술 시 꿰매는 봉합작업을 본드처럼 접착으로 대체하기도 한다. 이 용도로 쓰이는 합성 접착제로서는, 순간접착제의 한 종류인 폴리(부틸 2-시아노아크릴레이트)가 오래전부터 알려져 있다. 절개부위가 크면 접착제의 점도가 높아야 되고, 작으면 점도가 낮아도 된다. 이 접착제는 수분에 의해 빠른 속도로 굳어지므로 수분이 많은 생체의 접합에도 편리하게 쓸 수 있다.

최근에는 천연접착제로 홍합 분비물에서 추출한 것이 개발되고 있다. 이 접착제의 장점은 소금물 속에서도 접착력이 매우 강하고, 또 천연물이라 부작용에 대해 염려할 필요가 전혀 없다는 점이다. 허나 현재의 문제점은 홍합에서 대량의 접착제를 추출하기가 어렵다는 것이다. 대량생산을 위한 새로운 기술로 유전공학 기술이 응용되고 있다.

02 치아 임플란트와 인공뼈

필자는 약 10 년쯤 전에 인접한 윗니 두 개가 빠져 임플란트를 위해 치과에 갔었다. X-선 검사를 마친 의사들은 윗쪽 악골층이 너무 가늘어 타이타늄 나사못을 심을 수 없으니 "참고 사시라"고 했다. 필자는 타 분야의 발달에 어두워, 이 문제가 해결된지 이미 오래전이란 사실을 최근에야 알게 되었고, 지금 이 새기술에 의해 임플란트 시술을 받는 중이다.

윗악골층을 두껍게 만드는데에 쓰인 주재료는 합성 하이드록시 아파타이트(HAP)이다. 이는 다공질 인산칼슘 유도체인데, 여기에 콜라겐, 단백질을 적절히 혼합해서 빠진 이의 자리에 채우고, 잇몸을 꿰맨 뒤 3개월이 지나면 타이타늄 나사못을 심을 수 있을 만큼 뼈가 생긴다.

HAP는 $Ca_{10}(PO_4)_6(OH)_2$의 조성을 가지는 무기화합물로서 그림에 보인 바와 같은 펼친 구조를 가지고 있다. 이 구조를 보면 이 화합물은 가교된 망상 유기 고분자 사슬과 똑같은 사슬 모양을 가지고 있어서, 상당히 높은

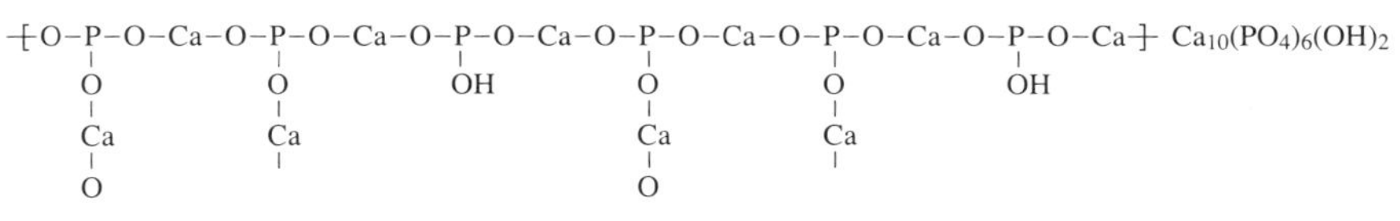

하이드록시 아파타이트(HAP)의 고분자 구조

기계적 강도를 나타낼 수 있다는 것을 알 수 있다. 그래서 이 재료에 타이타늄 나사못을 박을 수 있다.

치과 임플란트용 보철물

그림에 나타낸 사슬구조를 잘 보면 −OH기의 인근에는 비어 있는 공간이 있음을 알 수 있다. 이 빈 공간으로 콜라겐이나 단백질 분자가 접근하면 −OH기와 수소결합을 이루어 HAP에 결합되기 쉽다. 그렇게 되면 HAP/콜라겐 혼합물은 복합 재료를 이루어 강도가 더 강해질 뿐만 아니라, 체질과의 적합성도 크게 향상되어 체내에서 뼈의 성장이 촉진된다.

사람에 따라 또 관리 방법과 수준에 따라 다르겠지만, 일반적으로 나이가 들면 칼슘이 빠져나가 치아가 부실해진다. 치과에 가서 입을 벌리고 있는 동안에는 할 일도 없으니, 임플란트 기술에 대해 생각해 보는 것도 좋을 것이다.

03 자외선 경화형 치아 충전 수지

치과에 다니면서 자외선 램프가 상당히 자주 쓰이는 것을 보았다. 의사는 보철해야 할 치아의 빈틈에 점도가 비교적 낮은 액체 상태의 수지를 채운 다음 1~2분 정도 자외선을 쪼여 준다. 그러면 수지는 단단하게 굳어서 빈틈을 완전히 채운다. 자외선 발생기는 작은 레이저 포인터 모양의 것으로서 고압 수은등을 쓰고 있다.

이 보철작업 시에는 액상수지가 입속으로 들어오므로 자연히 냄새를 맡게 된다. 이 냄새는 치과 특유의 전형적인, 그러나 글로는 표현하기 어려운 아크릴 단위체 냄새다. 당연한 일이다. 원래 자외선 경화수지는 폴리우레탄 수지, 에폭시 수지 또는 폴리에스터 수지에 여러 가지의 아크릴 단위체와 자외선 경화 촉매를 배합해서 만들기 때문이다.

이때 단위체들이 많이 함유되면 점도는 낮고, 냄새는 강하며, 경화속도는 빨라지고, 경화물은 단단하며, 체적이 많이 감소한다. 아크릴 단위체와는 거의 반응하지 않는 폴리우레탄 수지, 에폭시 수지 또는 폴리에스터 수지가 많이 함유되면 경화과정이나 경화물의 물성은 위의 반대가 된다. 이 두 가지 서로 상반되는 성질을 조절해서 환자에게 적절한 충전제를 제공한다.

이 경화수지는 경도도 높고, 탄성도 우수하며, 장기간 써도 유해물질이 분해되어 나올 염려도 없다. 자외선에 의해 경화된 수지가 가교되어 망상구조를 가지고 있기 때문이다. 게다가 색깔도 자연치아와 비슷해서 심미적 효과도 있고, 가격도 저렴해 부담도 적다.

옛날에는 충전제로서 아말감을 썼다. 아말감이란 수은의 합금을 말한다. 수은은 금속원소이면서도 실온에서 비중이 13g/cc나 되는 무거운 액체로 존재한다. 온도를 올리면 체적이 늘어나는데 증가율이 매우 일정해서, 즉 열팽창 계수가 일정해서 에탄올과 더불어 온도표시 물질로 많이 쓰이고 있다. 그런데 아말감이 입속에 장시간 머물게 되면 수은이 서서히 체내로 방출된다. 이것은 장시간에 걸쳐 일어나므로 방지할 방법이 없다. 그럼에도 불구하고 아말감을 쓴 이유는 충전하기 편리하고, 경화 후 적절한 강도를 유지하는 성질 때문이었다.

이런 문제점 때문에 이제 훨씬 더 안전한 아크릴 수지로 대체되었으니, 수은을 염려할 필요가 전혀 없게 되었다. 화학과 고분자 기술이 우리의 건강을 개선시킨 것이다. 또 치과에서 입을 벌리고 있는 동안 의사가 자외선 램프를 들이대더라도 놀랄 필요는 전혀 없다. 모두 치료를 위한 한 과정인 것이다.

04 콘택트 렌즈, 서클 렌즈, 눈물렌즈, 피어싱 렌즈

2010년 2월의 일이다. 어른들이 들으면 무슨 말인지 이해하기도 힘든 서클 렌즈, 눈물렌즈, 피어싱 렌즈가 중, 고등학교 여학생들 사이에 대 인기란 언론보도가 있었다. 모두 다 염색된 콘택트 렌즈로서 눈을 예쁘게 보이기 위해 착용하는 미용렌즈이다.

서클 렌즈란 눈을 더 크게 보이게 하기 위해 착용하는 데, 검은자보다 더 크게 만든 검정색 렌즈이고, 눈물렌즈란 눈이 눈물에 촉촉하게 젖은 모습으로 보이도록 만들기 위해 착용하는 렌즈이며, 피어싱 렌즈란 서클 렌즈의 가장자리에 별, 하트 모양을 넣어 마치 검은자 주변에서 별이 반짝이는 것처럼 보이게 하는 렌즈이다. 이 외에도 서양인 눈처럼 검은자를 파란색이나 연갈색으로 염색된 것처럼 보이게 하는 렌즈도 많다. 이미 중, 고등학교 여학생들 사이에 놀라울 정도로 많이 확산되어 있고, 이제 초등학교 여학생들에게까지 착용연령이 내려가고 있다. 다행히 2010년 2월 26일 KBS

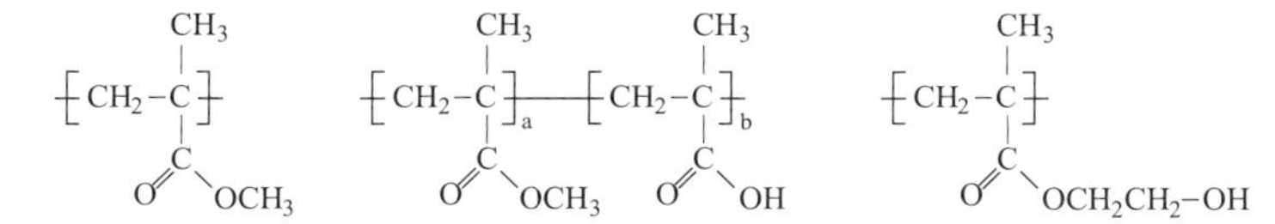

PMMA	CP(MMA-MMA)	PHEMA	PDMS
폴리메틸메타크릴레이트	메칠메타크릴레이트-아크릴산 공중합체	폴리(2-하이드록시에칠 메타크릴레이트)	폴리디메칠실록산
경질	RGP	중질	연질

콘택트 렌즈 제조용 고분자 재료

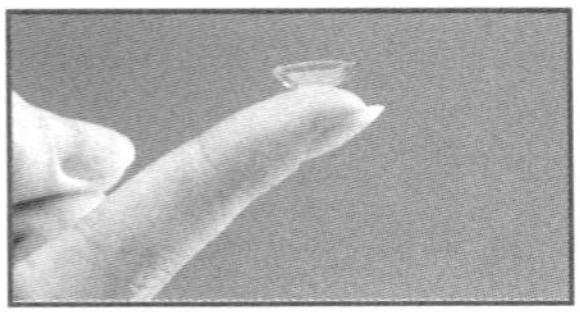
콘택트 렌즈

는 이 미용렌즈들의 착용현황과 부작용에 대해서 집중적으로 보도하며, 경각심을 일깨우고 있다.

콘택트 렌즈는 체코 화학자 옷토 빅히털레가 선전용 간판, CD, 자동차 램프 덮개, 신호등 덮개 등으로 쓰이는, 속칭 아크릴이라 불리는 합성 폴리메칠메타크릴레이트(PMMA) 판을 깎아 만든 시력 교정용 렌즈가 효시였다.

PMMA는 투명성이 우수하고, 증기를 흡착하지 않으며, 독성이 비교적 적은 것이 장점인 반면, 단단하고(그림의 경질) 친수성이 너무 낮아서 눈물에 젖지 않고 산소 투과력이 낮아서 착용감이 나쁘다. 그래서 오래 착용하면 눈이 피로해지고, 심하면 통증이 유발될 수도 있다. 우리나라는 1970년대의 정부 주도의 수출 드라이브 정책에 부응해서 미국 광학회사의 주문을 받아 PMMA 렌즈 한 쌍에 1.5달러를 받고 제조하였다. 미국회사는 이를 받아 소독과 광학검사를 마친 뒤 자기회사 상표를 붙여 한 쌍에 100달러의 가격을 받고, 우리나라로 역수출한 적도 있었다.

산소 투과력과 친수성을 높이기 위해서 그림에 보인 바와 같이, 메칠메타크릴레이트에 소량의 메타크릴산을 공중합시킨 합성 CP(MMA-MAA)가 개발되었다. CP는 보통 RGP(Rigid Gas-Permeable, 가스 투과성 경질)라고 불린다. RGP는 해로운 증기를 흡수하지 않는 점 때문에 페인트 공장이나 지속적으로 도장 일에 종사하는 사람들이 많이 착용한다.

메칠메타크릴레이트에 메타크릴 산을 공중합시킨 RGP의 또 한 가지 특징은 염색성이 우수하다는 점이다. 염료가 메타크릴산의 −COOH기와 반응하기 때문이다. 이 점을 이용해서 최근에 여러 가지로 염색된 서클 렌즈, 눈물렌즈, 피어싱 렌즈라 부르는 미용렌즈가 개발되는 것이다.

RGP의 단단함은 물론 친수성과 산소 투과성을 더 개선한 렌즈가 폴리(2-하이드록시에칠메타크릴레이트)(PHEMA)이다. 이 고분자는 OH기를 가지고 있어서 친수성이 높고, 그로 인해 자기 무게의 약 20%의 물을 흡수하여 RGP보다는 부드러운 하이드로젤이 된다.

그림에는 경질과 연질의 중간을 중질로 표시하였다. 중질 PHEMA 렌즈는 눈물을 흡수하므로 착용감이 좋지만, 여전히 산소 투과성은 부족하다. RGP보다는 못하지만, 염색성이 상당히 좋아 일부의 미용렌즈는 PHEMA로 만들고 있을 것으로 추정된다.

1990년대 말 윌리암 파인불룸은, 그림에 표시한 실리콘 수지(PDMS)에 극성을 부여하여 새로운 렌즈를 개발하였다. PDMS는 아주 부드럽고, 산소 투과성도 매우 우수하여 착용감이 좋은 연질 렌즈의 주종을 이루고 있다. 하지만 이 재료는 친수성이 부족해서 눈물에 잘 젖지 않는 단점이 있다.

이 PDMS 재료는 내열성과 신축성이 아주 우수한 고무여서 젖먹이용 영아의 인공 젖꼭지, 압력솥 테두리 가스켓 고무, 유리창 틈새 실란트 등으로 일상생활에 많이 쓰이고 있다. 국내에서는 최근 PDMS 종합메이커 KCC가 대량생산을 시작하였다.

콘택트 렌즈 재료에는 경질에서 연질까지 다양하지만, 어느 것이건 부작용에서 완전히 자유스러울 수는 없다. 합성 고분자도 문제지만, 그보다 훨씬 더 큰 문제점은, 특히 서클 렌즈처럼 염색한 것은 염료 같은 저분자 첨가제를 이용한 것이다.

플라스틱의 색을 내는 데에는 안료나 염료가 쓰인다. 안료는 고분자에 녹지 않고, 입자 상태로 분산되어 고분자 속에 박혀 있으므로 안료로 색을 내면 고분자는 투명성을 잃게 된다. 이에 반해서 어떤 색깔이건 염료는 고분자에 녹으므로, 염료로 색을 내면 투명성이 그대로 유지된다. 눈에 착용할 렌즈에는 투명성이 중요하므로 모든 미용렌즈는 자연히 염료로 색깔을 내게 되는데, 대부분 합성 염기성 염료가 쓰인다. 이 염료는 조금씩이지만 눈물에 녹을 수도 있고, 생체조직 속으로 이동하여 부작용을 일으키고 해를 끼칠 수도 있다.

경질이건 연질이건, 미관용이건 시력보정용이건, 다른 방도가 없어서 할 수 없이 착용해야 된다면 모르지만, 합성 콘택트 렌즈를 장시간 그리고 장기간 착용하는 것은 바람직하지 못하다. 고분자 합성이 전문인 필자의 입장에서 보면, 고분자 자체가 문제를 야기하지는 않는다고 하더라도, 고분자에 함유된 저분자 첨가제나 불순물은 고분자 물질에서 서서히 빠져나와 생체조직으로 이동하여 해를 끼칠 수 있기 때문이다.

05 유방확대 재료 코헤시브 젤

필자도 "지공(지하철 공짜)" 때문에 공짜로 지하철을 자주 탄다. 지하철 무가지를 통해서 처음으로 코헤시브 젤이란 용어를 접하게 되었다. 이 재료는 체내에 이식되었을 때 생물학적 부작용이 없으면서도, 여성의 장기적인 아름다움을 충족시키는 데에 전혀 문제가 없는 매우 안전한 유방성형재료란 내용이었다. 아름다워지기 위해 유방확대수술을 받은 여성 중 코헤시브가 무슨 뜻인지 아는 사람은 얼마나 될까?

분자가 자기들끼리 인력을 발휘할 때 이를 응집력이라고 부르고, 다른 분자에 대해 인력을 발휘할 때에는 부착력 또는 접착력이라고 부른다. 물에 소량의 소금을 녹이면 잘 녹아 소금물이 되는데, 콩기름은 넣어도 전혀 섞이지 않는다. 소금은 소금에 대한 응집력보다 물에 대한 부착력이 더 크기 때문에 용해되지만, 콩기름은 물에 대한 부착력보다 자기에 대한 응집력이 훨씬 크므로 전혀 섞이지 않는 "물과 기름"이 되는 것이다.

합성 고분자 중에서 유독 응집력이 대단히 커서 다른 물질은 일체 자기

안으로 끌어당기지 않는 것이 있는데, 바로 불소수지 PTFE와 실리콘 수지 PDMS이다. 수많은 재료 중에서 유독 PTFE와 PDMS만 응집력이 높은 원인은 불소와 실리콘 원자의 고유한 성질 때문이다. 코헤시브 젤은 불소수지 다음으로 응집력이 높은 PDMS로 만든다.

젤이란 점도가 너무 높아 흐르지 못하는 액체를 일컫는다. 젤에는 사탕젤리, 묵, 두부, 경질 콘택트 렌즈처럼 물을 함유하는 하이드로젤, 지우개처럼 플라스틱과 가소제를 포함하는 플라스틱젤, 저점도 액체 고분자를 가교시켜 만든 가교젤이 있다.

유방확대 재료로 오랫동안 시술되었던 것은 실리콘 오일을 아주 조금 가교시킨 실리콘 젤이었다. 이 재료가 여러 가지 부작용을 일으키자 1992년 미국 FDA가 긴급 사용금지명령을 발동, 주 생산업체였던 코닝사가 파산하기에 이르렀다. 그뒤에 몇 개의 벤처기업이 새로운 실리콘 상품을 개발했는데, 이것이 코헤시브 실리콘 젤이다.

실리콘 젤은 가교도가 낮아 매우 부드러운 반면, 자체로 모양을 유지하지 못하므로 우레탄 같은 주머니에 넣어 임플란트하였지만, 코헤시브 젤은 가교도를 더 높여서 점도와 경도가 더 높아 그 자체로 모양을 유지하므로 주머니가 필요 없다. 성형된 것을 절반으로 잘라도 모양이 그대로 유지된다.

실리콘 젤과 코헤시브 실리콘 젤의 원료는 모두 직선형 사슬 구조를 가지는 실리콘 오일이다. 이 오일은 내한성이 −110℃로 매우 우수해서 시베리아처럼 추운 지역에서도 우수한 윤활성을 나타낸다. 그래서 극지에서도 자동차, 기차, 총기, 탱크 등의 윤활유로 매우 중요하게 쓰인다.

실리콘 오일에 테트라메칠실록산(TMOS)를 가하면 가교되어 고무가 된다. 실리콘 젤과 코헤시브 실리콘 젤의 차이점은 가교제 TMOS의 사용량뿐이다. 실리콘 젤에서는 TMOS를 적게 써서 가교도가 낮고 더 부드러웠으나 성형성이 부족하였고, 새로 나온 코헤시브 실리콘 젤에서는 TMOS를 많이 써서 가교도를 높이고, 기계적 성능과 성형성을 향상시켜 주머니가 필요 없게 만든 것이다. 이런 사슬 모양이 나오는 이유는 오일의 고분자 사슬은 선형인데 비해서, 가교 실리콘 수지는 오일에 TMOS를 혼합해서 만든 가교젤이기 때문이다.

가교방법이 다르긴 하지만 일상생활에서 흔히 볼 수 있는 실리콘 수지 제품 중에는, 창틀과 창유리판 사이의 틈새를 "총으로 쏘아" 메우는 실란트, 치과에서 치아 모양의 틀을 뜰 때 쓰는 빨간색 수지가 있다. 이 둘은 모두 수분에 의해 가교되는 실리콘 수지이다. 또 영아용 인공 젖꼭지, 압력솥 테두리 가스켓도 실리콘 고무 제품이다.

아름다움을 추구하기 위해 부작용의 위험을 무릅쓰고도 유방확대용으로 코헤시브 젤을 시술받겠다는 여성들에게 전하고 싶은 말은, "코헤시브 젤"이란 화학의 전문용어에 현혹되어 마치 신비의 재료처럼 여기지 않았으면 좋겠다는 것이다. 비록 사슬구조와 순도, 점도가 다르긴 하지만, 실리콘 젤이건, 코헤시브 젤이건, 실리콘 오일이건, 실란트건 성분은 모두 동일한 실리콘 수지란 사실을 시술 전에 아는 것이 좋겠다.

06 유방확대용 소금물 주머니

유방확대 재료로 아직도 코헤시브 젤과 경쟁하고 있는 것이 값이 싼 소금물 주머니이다. 이 주머니는 재료값이 코헤시브 젤보다 훨씬 싸지만, 단순한 소금물 값에 비하면 턱없이 비싸다. 소금물 증점제와 주머니값이 비싸기도 하지만, 아마도 시술비가 매우 비싸기 때문일 것이다.

소금(염화나트륨, NaCl)은 고분자가 아니므로 웬만큼 농도를 높여도 점도가 너무 낮아 말랑말랑한 느낌을 주지 못한다. 그래서 소량의 PVP(폴리비닐 피롤리돈)란 수용성 고분자를 첨가한다. 이 고분자는 소독용 상비약으로 쓰이는 요오드 용액과 머리 기름인 포마드에도 함유되어 있다. 이 고분자는 생분해성이 우수해서 식염수 주머니가 터져 조직 속으로 들어가더라도 생체에 의해 분해되는 성질이 있다.

주머니는 대체로 폴리우레탄으로 만든다. 폴리우레탄이라 해도 종류가 엄청나게 많다. 그래서 합성법도 다르고, 용도도 제각각이다. 최근 박태환 선수도 참가했던, 로마 세계수영대회에서 유명해진 "신기록 제조용" 최첨단 수영복부터, 자동차 의자의 스폰지, 스판덱스 바지, 설거지용 행주 등에 이르기까지 모두 폴리우레탄이다.

이런 폴리우레탄의 대부분은 실리콘 수지처럼 생분해성이 없거나 있어도 낮다. 그래서 유방 모양의 주머니가 장시간 체내에서 분해되지 않고 유지된다. 그런데 체내에 이식되었을 때 부작용이 없을까? 여기에 대한 해결책은 아직까지 없다. 부작용이 있어도 커진 유방이 더 좋다면 용감해져야 할 것이다.

07 주름살 없애는 필러

필러는 영어 filler를 발음대로 읽은 것이다. 단어 그대로 충전제란 뜻을 가지고 있다. 현재 많이 쓰이는 필러에는 두 가지가 있다. 하나는 고분자를 가공해서 바닥타일 같은 제품을 만드는 기술자들이 쓰는 필러인데, 고분자보다 값이 싼 돌가루, 탄산칼슘, 백토 같은 무기물을 지칭한다. 공업용으로 쓰는 이 필러에 대해서는 문제삼을 이유가 하나도 없다.

또 하나는 성형외과 의사들과 주름살을 펴려는 욕구를 가진 여성들이 주로 쓰는 필러, 즉 채움 재료이다. 주름살을 펴서 팽팽한 피부의 아름다움을 자랑하려는 욕구가 강한 여성들이 많아서인지, 전 세계에 필러 생산업체만 해도 100개를 넘을 정도이고, 지금도 창업이 줄을 서고 있다. 요사이는 남성들도 주름살 성형에 관심이 많다고 한다.

현재 판매에 전력을 기울이고 있는 20여 개 필러 제조회사들의 명단과 이들의 생산품이 어떤 성분인지를 조사해서 표로 요약해 두었다. 시술을 생각하고 있는 사람들이라면 병원에 가기 전에 한 번쯤 미리 보아 두라는 의미에서 이 표를 게재한다. 여기에 게재되었다고 해서 이 제품들이 안전하다거나 정부기관의 승인을 받았다는 의미가 아니라는 점을 강조한다.

우선 표에서 언급한 재료들에 대해 간단히 설명한다. 리그노카인(lignocain) 또는 리도카인(lidocain)은 국부 마취제이다. 그러므로 시술 시의 통증을 없애는 역할을 담당할 뿐 필러 재료가 아니다. 콜라겐은 동물 피부의 주성분이며, 덱스트란은 당의 일종이다. 아파타이트는 무기 인산칼슘 중 독특한 결정구조를 가진 것이다. 폴리메칠메타크릴레이트(PMMA)는 "콘택트 렌즈"에서 상세하게 논의하였다. 그 외의 재료에 대해서는 화학구조를 그림에 표시해 두었다.

카복시메칠셀룰로오스 나트륨염(Na-CMC)은 수성 페인트와 접착제의 증

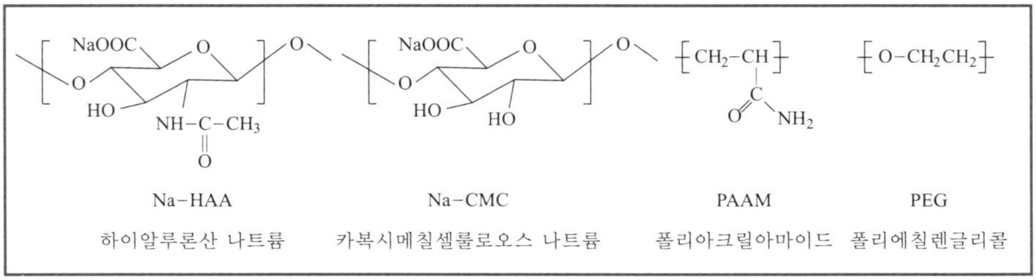

네 가지 필러 용 고분자 재료

주름제거용 Filler 메이커와 성분

상품명	제조원	성 분	지속성	타용도
Aquamid™	Contura, Denmark	XL-PAAM 2.5%/H_2O 97.5%	거의 영구	폐수처리
Artecoll®	Artes Medical, USA	소 collagen 8%/20% PMMA 30-40 μm microbead	영구	간판, CD,
Belotero®	Merz UK, UK	발효 XL-HAA	수개월	약물전달
Bio-Alcamid™	SkinRx Distribution Inc., Canada	XL-poly(alkyl acrylimide), Acryl 4%/H_2O 96%	거의 영구	폐수처리
Cristal	Media Interaction Lab., Austria	발효 XL-HA	수개월	약물전달
Crim				
Hyrafill	Corneal, UK	발효 XL-HAA	수개월	약물전달
Hydraform		닭벼슬 XL-HAA	수개월	약물전달
Juvedem Ultra	Allergan, USA	발효 XL-HAA/lidocaine 0.3%	수개월	약물전달
Laresse™	FzioMed, USA	XL-CMC/PEG	2 yrs	증점제
Madidur	Sivida, USA	발효 XL-HAA/dextran	수개월	약물전달
Maditex	pSivida, USA	발효 XL-HAA microbead	2년	약물전달
Outline		발효 XL-HAA hydrogel	2~5년	약물전달
Prevelle	Mentor, USA	발효 XL-HAA	수개월	약물전달
Puragen	Mentor, USA	발효 XL-HAA hydrogel	수개월	약물전달
Radiesse	BioForm Medical, USA	CMC/glycerin gel에 분산된 Ca Apatite microbead	2년	페인트 증점제
Restylane	QMed, Sweden	발효 XL-HAA	수개월	약물전달
Perlane				
SubQ				
Reviderm Intra	Body-Philosophy, USA	Dextran microbead	2~3년	링거
Surgiderm	Allergan, USA	발효 XL-HAA	수개월	약물전달
Teosyal	Lifestyle Aesthetics, Swiss	발효 XL-HAA	수개월	약물전달
Varioderm	Euromi, Belgium	발효 XL-NaHAA	수개월	약물전달
Zyderm	Euromi, Belgium	소 collagen/0.3% lignocain	수개월	인공피부
Zyplast	Euromi, Belgium	소 collagen/0.3% lignocain	수개월	인공피부

비고: PAAM: 폴리아크릴아마이드 (poly(acrylamide))
HAA: 하이알루론산 (hyaluronic acid)
XL: 가교 (crosslinked)
PMMA: 폴리메칠메타크릴레이트 (poly(methylmethacrylate))
CMC: 카복시 메칠 셀룰로오스 (carboxy methyl cellulose)
PEG: 폴리에칠렌글리콜 (poly(ethylene glycol))

점제로 많이 쓰인다. 나트륨이 있어 물에 잘 녹기 때문이다. 폴리아크릴아마이드(PAAM)는 DNA 분석, 제지공장 폐수 처리 등에 주로 많이 쓰이는 공업 재료이다. 산화 에칠렌을 중합시켜 만드는 폴리에칠렌글리콜(PEG)은 수용성 고분자로서 생분해성이 우수하다. 약물전달이나 페인트의 증점제, 계면활성제, 폴리우레탄 원료로 대단히 많이 쓰인다.

하이알루론산 나트륨염(Na-HAA)은 수용성이며, 닭의 빨간 벼슬에서 추출하거나 키틴의 발효에 의해서 제조되는 천연 고분자이다. 국내에서는, 추출공정은 신풍제약에 의해 그리고 발효공정은 엘지화학에 의해 공업화되어, 두 종류의 Na-HAA가 모두 생산, 판매되고 있다. 표에서 보듯이 현재 필러로 가장 많이 쓰이고 있다.

표에 나와 있는 필러들을 지속기간 별로 나누어 보면 1) 영구~반영구적인 것, 2) 지속성 2~5년 정도의 것, 3) 수개월 수준의 것으로 구분된다. 영구~반영구적인 것에는 생분해성이 없는 PMMA나 PAAM 같은 합성 아크릴 수지가 쓰이고 있다. 피시술자 입장에서 보면 이 재료들을 선호할지도 모르는데, 장기간에 걸친 부작용에 대해 먼저 잘 알아볼 필요가 있다.

지속성 2~5년 정도의 것은 CMC/PEG 혼합 재료, CMC/apatite 복합 재료, 덱스트란 같은 생분해성 재료인데, 모두 가교시켜 생분해성을 낮추어 지속연수를 향상시킨 것들이다. 이 중에서 CMC는 원래 셀룰로오스를 산화한 뒤 양잿물로 중화시켜 만들므로 반합성 고분자이다.

지속성이 수개월 밖에 안 되는 필러 제품들은 모두 Na-HAA로 만들어진다. 표를 보면, 이 재료를 쓰는 업체가 가장 많다는 것을 알 수 있다. 단지 수개월 만의 지속성을 가지는 Na-HAA 재료가 가장 많은 수의 회사들에 의해 선호되고 있다는 사실은, 부작용을 우려하기 때문이란 것을 알 수 있다. 이런 부작용이 우려되면 시술받기 전에 쓰게 될 재료가 공인기관에 의해서 안전성을 인정받은 것인지를 먼저 확인해야 된다.

사람은 나이가 들면 피부가 늘어나 주름이 생기는 것이 당연하다. 이런 현상은 자연스러운 것이다. 필자라면 합성 고분자는 말할 것도 없고, 천연 고분자라고 할지라도 장기간 동안 내 피부 속에 넣어 두고 지낼 생각은 없다. 그러나 반드시 주름을 없애야 할 필요성이 있는 사람도 있을 것이다. 이들은 부작용의 위험을 무릅쓸 수밖에 없다.

08 파마제

파마란 영구를 의미하는 영어 permanence를 일본인들이 줄여 쓴 말이다. "우리 집에서 머리를 손질하면 영원히 지속된다"는 의미를 선전하기 위한 영어 단어가 일본식으로 줄어든 것이다.

머리털은 α-케라틴에 속하는 단백질이다. 단백질은 20개의 아미노산이 축합하여 이루어지는 고분자 물질로서, 폴리펩티드 또는 폴리(아미노산)이라고도 부른다. 아미노산수가 20개나 되므로, 여기서 합성되는 단백질인 폴리펩티드 수는 마치 알파벳이 20개인 언어의 단어 수만큼이나 많다. 알파벳이 24개인 영어에는 단어가 약 12만 개나 된다니 20개인 경우에는 몇 개나 될까? 단백질에는 액체인 호르몬은 물론, 고기, 피부, 근육, 뿔, 손톱, 발톱 등 고체도 대단히 많다.

파마약에는 종류도 많고, 관련된 화학도 매우 다양하다. 머리카락이 빳빳한 우리나라 여성들은 구불구불하게 만들기 위해서 파마를 하고, 흑인여성들은 반대로 반듯하게 펴기 위해서 파마를 한다. 열 집 건너 하나는 미장원이란 말이 나올 정도이다. 물론 단가도 비싸지만 시장도 매우 크다.

머리털은 거의 매우 작은 아미노산인 글라이신과 알라닌의 폴리펩티드

여서, 결정성이 대단히 높고, 매우 단단한 물질이다. 이런 성질은 이 폴리펩티드 사슬 여러 개가 강한 사슬 간 수소결합에 의해 실타래 모양을 이루고 있다. 이런 모양을 피브로인이라고 부른다. 게다가 이 피브로인은 적은 양이지만 시스테인결합(그림, 2식)에 의해서 가교되어 있다.

파마를 할 때에는 공통적으로 먼저 플라스틱 핀으로 머리를 말고, 이어 파마제를 바르고, 덮개가 있는 온풍기에서 가열한다. 이어 뜨거운 집게로 마치 다림질하듯 머리타래 하나하나를 구부린다. 그림 (1)에는 먼저 한 파마제의 화학구조를 보였다. 이들의 대부분은 −SH결합을 가지고 있는 점이 특징이다. 이를 바르고 가열하면 우선 폴리펩티드 고분자 사슬 사이로 들어가 가소화시켜 단단함과 결정성을 감소시킨다.

또, 그림 (2)에 보인 바와 같이, 시스테인과 반응해서 가교결합을 끊어 다시 한 번 부드럽게 만든다. 이 두 반응이 충분히 일어난 뒤에 뜨거운 집게로 머리털을 가열하면 빠른 시간 내에 웨이브가 생성된다. 머리가 굽어진 다음에는 속히 냉각하고, 가소제인 파마제를 제거해야 부드러워진 머리털을 다시 단단하게 유지시킬 수 있고, 그래야 파마의 효과가 더 오래 지속된다.

흑인의 머리털을 이루는 아미노산들의 조성은 다른 유색인종들의 그것과 조금 달라서, 이들로부터 만들어진 피브로인은 직선을 이루지 않고 급

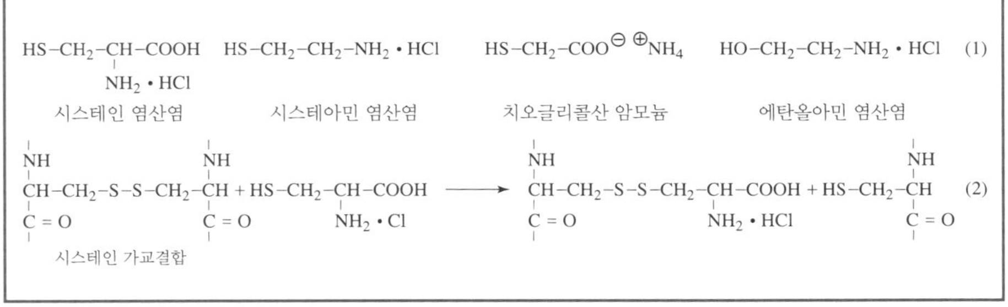

파마제와 파마제에 의한 시스테인결합의 절단

격하게 구부러진다. 그래서 이들의 머리를 펴서 직선형으로 만드는 파마는 훨씬 더 어렵다. 급격하게 구부리는 원인이 되는 수소결합을 파괴시켜야 하기 때문이다.

파마제를 바르고 스며들기를 기다릴 동안 가렵거나 혹은 머리피부에 상처가 날 수도 있다. 그림 (1)의 시스테인 염산염, 에탄올아민 염산염과 시스테아민 염산염은 상당히 강한 산성이고, 치오글리콜산 암모늄은 약간 강한 염기성이다. 이들은 휘발성이 없다. 그래서 호흡을 통한 위해는 가져오지 않는다. 바를 때 피부에 접촉되지 않도록 주의를 잘 하는 것이 중요하다.

09 머리 염색제와 전도성 고분자

2000년도 노벨 화학상은 미국 캘리포니아 산타바바라 대학교의 맥디아미드, 히거, 시라가와 세 교수에게 수여되었다. 이들의 공적은 구리나 금에 버금가는 전기 전도성을 나타내는 고분자를 개발한 것이었다. 전도성 고분자는 현재 고분자 태양전지나 고분자 발광 다이오드에 쓰이고 있고, 새로운 개념의 반도체 개발에 응용하기 위해 연구 중이다.

한편 우리나라에서는 너무 젊은 나이에 백발이 되면, 검정색으로 염색을 한다. 옛날에는 어른에 대한 예의가 아니라서 염색을 했는데, 요사이는 직장을 고수하려고 또는 늙어 보이는 것이 싫어서 염색한다. 또 자신의 개성을 나타내기 위해 염색을 한다. 그런데 이 염색약의 주성분이 바로 전도성 고분자와 다를 바 없는 것이다.

전도성 고분자에는 여러 가지가 있는데, 그중의 하나가 폴리아닐린이다. 이 물질의 합성이나 구조에 대한 연구는 대단히 많이 수행되어 모두 밝혀졌고, 그림의 반응 (1)에 보였다. 이를 보면 폴리아닐린은 아닐린을 산화중합하여 만든다. 산화제로는 여러 가지가 있는데, 과산화수소(H_2O_2)가 안전하고 싸서 가장 많이 쓰인다.

염색약으로는 그림의 반응 (2)에 보인 바와 같이, p-디아미노벤젠(DAB)과 p-하이드록시아닐린(PHA)의 혼합물이 든 병 1개와 과산화수소(H_2O_2)가 든 병 1개로 구성되어 있다. 미용사는 이 두 액체를 섞고 저어 점조한 검정색 액체를 얻고, 이를 머리카락에 발라 염색을 끝낸다. 사실 이 전도성 고분자의 화학구조는 반응 (2)에 보인 것처럼 그리 간단하지 않고 대단히 복잡하다.

전도성 고분자의 원료인 아닐린은 벤젠고리에 아미노기(NH_2)가 한 개 결합된 화합물이다. 염색제의 주성분인 DAB 및 PHA 분자는 아닐린 분자에 각각 아미노기 및 수산기(OH)를 한 개 더 가지고 있다. 그래서 DAB와 PHA는 아닐린보다 값은 더 비싸지만, 더 쉽게 산화되어 검정색 전도성 고분자로 변환되고, 검정색깔도 더 진하며, 머리카락에 대한 접착력도 더 우수하다.

그럼에도 불구하고 DAB와 PHA 혼합물은 전도성 고분자 원료로는 쓰지 않는다. 생성되는 고분자의 화학구조를 정확하게 알기 어려운 것도 이

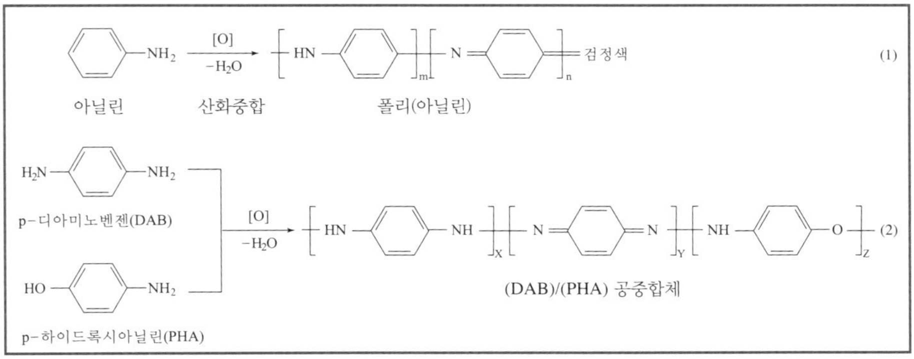

아닐린과 염색약의 산화중합

유이지만, 무엇보다도 발암성이 강하여 생산자와 사용자에 위험을 줄 수가 있기 때문이다.

이렇게 강한 발암성 물질로 염색을 하지 않으면 안 되는 사람들의 심정은 충분히 이해가 간다. 마땅한 대체물질이 개발되지 않아 위험을 무릅쓸 수밖에 없기 때문이다. 그래도 두피가 가려운 증상이 생기기 시작하면 즉시 염색을 중단하는 것이 좋다. 두피암은 흰 머리카락을 갖고 있는 것보다 훨씬 더 좋지 않다.

10 매니큐어와 폭약과 혈압약

여성들의 손톱, 발톱은 항상 형형색색의 매니큐어로 뒤덮여 있어 편할 날이 없어 보인다. 이를 위해 유기용제인 아세톤을 항상 가정에 보관하고 있다. 그런데 이 매니큐어의 주성분을 알고 보면 노벨을 부유하게 만들어 준 화약과 크게 다르지 않다.

화약에는 흑색화약도 있지만, NC(니트로셀룰로오스), NG(니트로글리세린), TNT(트리니트로톨루엔) 및 RDX(트리니트로 트리아진)이 주종을 이룬다. 화약 분자의 특징은 점화에 의해 순간적으로 분해되어야 하고, 분해될 때 많은 양의 가스를 발생시켜야 된다는 것이다. 그래야 부피가 엄청나게 증가해서 폭약의 기능이 극대화되는 것이다.

NC, NG, TNT 및 RDX의 분자구조를 그림에 나타내었다. 이들의 공통점은 모두 분자 내에 세 개의 니트로기(NO_2)를 함유하고 있다는 점이다. 이 니트로기가 분자의 순간적인 분해를 일으켜 폭발력의 원인을 제공한다. 이들 중에서 폭약으로 가장 많이 쓰는 것은 다이너마이트란 상품명으로 더 잘 알려진 NG이다. NG가 폭발력이 가장 높은 이유는 니트로기 함량이 가

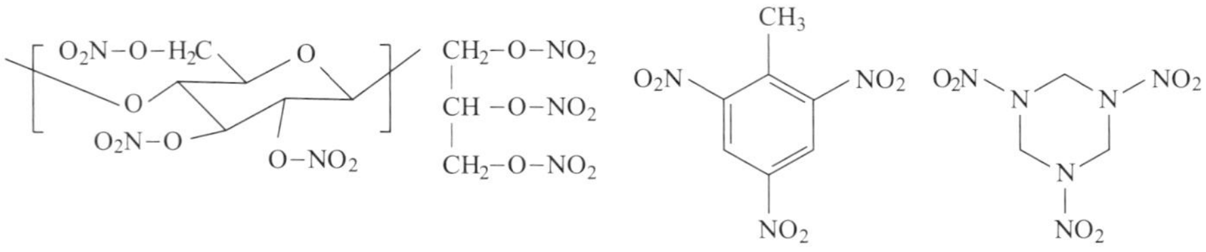

NC 니트로셀룰로오스 | NG 니트로글리세린 | TNT 트리니트로톨루엔 | RDX 트리니트로트리아진

NC, NG, TNT 및 RDX의 화학구조

장 많기 때문이다. NC, NG, TNT 및 RDX의 니트로기 함량은 각각 63%, 82%, 68% 및 62%이다.

화약으로 맨 처음 개발된 것은 NC였다. 개발 초기에는 NC가 폭발력을 가진 줄을 몰랐다. 그래서 NC에 톱밥을 섞어 당구공을 만든 사람도 있었고, 심지어는 실을 뽑아 옷을 만들어 파리 패션가를 주름잡은 일도 있었다. 미국 서부의 살롱에서는 두 당구공이 부딪치는 순간 폭발이 일어나자 총잡이들이 놀라 총을 난사한 적도 있었고, 모델의 옷에서 폭발이 일어나 부상당한 일도 있었다.

폭약 중에서 유일하게 NC는 고분자이다. 그래서 점도가 높아 합성 시 니트로기 함량을 조절하기가 어렵고, 폭발력도 약해서, 지금은 화약으로보다는 니트로기 함량을 낮추어 공업용 락카로 더 많이 쓰이고 있다. NC 락카는 광택이 우수하다. 그래서 지금도 여성들의 아세톤에 녹여 매니큐어 재료로 많이 소비된다. 여기에 쓰는 NC는 니트로기 함량이 충분히 낮으므로 폭발할 염려는 전혀 없다. 원래 폭약이었던 NC가 이제 여성의 아름다움을 돕고 있는 것이다.

TNT는 녹는점이 약 80°C인 고체로서 벤젠고리를 가진 화합물이다. 이는 모든 화약에 의한 폭발력은 물론, 원자탄이나 지진 같은 다른 원인에 의한 폭발력에도 기준이 되는 물질이다. TNT는 점화가 어렵지만, 뇌관기술의 발달로 가장 안전하게 쓸 수 있고, 폭발력도 비교적 높다.

RDX는 원래 Research Department eXplosive(실험실 폭약)의 약자인데, 비교적 안전하여 일반 실험실에서도 취급하기 쉬워서 붙여진 이름이다. 값도 싸고, 만들기도 쉬우며, 점화속도는 TNT보다 50배, 폭발력은 1.5배에 이른다. 6각형 고리가 질소를 함유하기 때문이다. 화약계에서 RDX는 헥소겐(독일), 싸이클로나이트(미국, 영국) 또는 T4(이탈리아) 같은 상품명으로 더 잘 알려져 있다.

2010년 3월, 우리나라 백령도 연안에서 1100톤 급 해군 천안함이 함수와 함미로 두 동강나면서 침몰한 사건이 발생, 46명의 해군 병사들이 희생되었다. 모든 면에 걸쳐 매우 정밀한 검사를 진행하고 있는 해군당국이 5월에 발표한 보도에 의하면, RDX가 화약성분으로 검출되었다고 한다.

NG는 노벨에 의해 더 잘 알려진 폭약이다. 이 폭약은 원래 액상이므로 운반도중 흔들림으로 발생하는 적은 운동에너지에 의해서도 폭발, 많은 희생자를 기록한 역사를 가지고 있다. 노벨은 이 액체에 규조토를 섞어서 반죽으로 만들어 운반성을 대폭 개선해서 많은 돈을 벌었다. 이 기술은 새로운 그리고 심오한 과학과는 너무도 거리가 먼, 단순한 기술이었다. 지금은 그 돈의 이자로 해마다 노벨상이 수여된다.

NG는 폭죽이나 건설용으로 유용하게 쓰이기도 하지만, 폭탄으로 이용되면 많은 인명을 살상할 수가 있다. 그런데 이 NG가 의학적으로는 혈관을 확장하는 효과를 가지고 있다는 사실이 발견되어 지금도 혈압약으로서 많이 팔리고 있고, 효과도 우수해서 인류건강에 귀중한 역할을 발휘하고 있다. NG도 NC처럼 두 얼굴을 가지고 있는 것이다.

08

건강과 지혜

정력과 건강에 대한 우리나라 사람들의 관심은 다른 나라에 비해 특히나 유별나다고 한다. 이런 관심에 힘입어 수많은 건강식품들이 수입되거나 국내에서 만들어져 유통되고 있다. 이들 중에는 가짜도 많아 처벌의 대상이 된 경우가 언론에 보도되지 않는 날이 없을 정도이다.

하지만 가짜를 알아내는 것은 대단히 어렵다. 오히려 진짜보다 더 진짜처럼 보일 정도이다. 여기서도 가짜를 구별하는 방법을 논하려는 것은 아니다. 몇 가지 예를 통해서 조금만 공부를 해두면 건강식품이나 재료에 대한 식견을 기르는 데 도움이 많이 된다는 것을 보이려고 한다.

01 와인 속의 독가스 SO_2

과거보다 좀 더 여유로운 생활을 하다 보니 와인에 대한 관심이 높아졌고, 가정에서 와인 보관소를 가진 사람도 많아졌다. 또 와인의 맛과 종류, 포도의 종류, 발효방법, 산지별 특성, 시음법 등에 관해서 공부도 많이 하고 자기 지식을 자랑도 한다. 웬만한 사교모임에 가면 와인을 주문할 때 그랑 크루니 까베르네 쏘비뇽 등의 길고 복잡한 이름을 말하면서, 와인에 대한 전문지식을 늘어 놓지 않으면 와인을 마실 줄 모르는 사람으로 치부하는 등 우리 사회의 풍조가 변한 것 같다.

그런데 정작 와인 속에 반드시 들어 있는 아황산 가스 SO_2에 대해서는 이야기하는 사람이 거의 없다. 라벨에 분명히 명기돼 있는데도 말이다. 아황산 가스는 질소산화물, 오존 등의 다른 독가스와 더불어 서울시에서 시민의 건강을 위해서 집중적으로 관리하고 있는 유독성 대기가스이다.

서울시는 관리를 위해 지속적으로 대기 중의 SO_2 가스 함량을 측정하여 대한문 옆 전광판에 항상 표시해 주고 있다. 대개 0.003ppm(1ppm은 100만 분의 1) 수준이다. 이런 독가스가 와인에 왜 그리고 얼마나 들어 있고, 마시지 않기 위해서는 어떻게 해야 되나?

와인은 포도를 발효시켜 만든다. 발효시킬 때 생산자마다 비법이 다르겠지만, 빠른 발효를 위해서 그리고 맛있는 물질로의 반응을 위해서 모두 자신만의 고유한 효모를 사용한다. 그런데 발효는 지속적으로 일어나는 것이 아니라 일정한 알코올 농도에서 멈춰야 훌륭한 와인이 된다.

먼저 발효가 지나치면 당연히 에탄올 함량은 물론 다른 알코올도 생기게 되어 와인의 맛이 나빠진다. 과발효를 막기 위해서 오랜 연구 끝에 개발된 것이 이산화유황(SO_2) 가스이다. 이 가스는 부차적으로 발효 중간물질이 부패하는 것을 막아 주는 이점도 있다. 그래서 와인 통에는 반드시 SO_2 가스를 주입하게 되었다.

액체나 고체와 달리 기체의 중량을 정확히 계량하는 것은 쉽지 않다. 지금은 정밀한 고압기계들이 잘 발달되어 SO_2 가스를 정량적으로 발효통에 넣는 것이 쉽지만, 옛날에는 발효를 시작하기 전에 깨끗이 씻은 빈 참나무통 속에 일정한 양의 고체 유황을 넣고 완전히 태우되 유황이 모자라거나, 남거나 또는 타는 도중에 유황이 녹아 나무통 벽에 떨어져 묻게 되면, 그 통은 다시 씻어야 쓸 수 있었다. 그래서 이 일만을 전문적으로 해 주는 사람들이 따로 있었다.

이제 얼마나 많은 SO_2 가스가 와인에 함유되는가를 알아 본다. 와인에 대해서 각 생산국들의 정부는 상당히 엄격한 규제를 가하고 있다. 아래에 있는 표에는 일부 국가들이 관리하고 있는 와인규격을 표시하였다. 이를 보면 유럽은 SO_2 가스가 백포도주보다 적포도주에 적게 함유되도록 관리

일부 와인들에 대한 관리 국가의 규격

관리국가	와인종류	최대 에탄올 (%)	최대산성도 초산 (%)	최대산성도 주석산 (%)	최대 SO_2 함량 (mg/L)	최소고형분 (g/100mL)
유럽연합	red table (적색 식사용)		0.120		175	
	white (백색), rosa (장미색)		0.108		225	
미국중앙 정부	red table (적색 식사용)	14	0.140		350	
	white table (백색 식사용)	14	0.120		350	
	dessert (식후용)	17~21	0.120		350	
캘리포니아 주정부	red table (적색 식사용)		0.120	0.40	350	1.8
	white table (백색 식사용)		0.110	0.30	350	1.7
	dessert (식후용)		0.110	0.25	350	

하고 있고, 미국은 와인 종류에 상관없이 350mg/L로 규격을 정했다.

350mg/L를 1기압, 27°C에서의 체적으로 환산해 보면 0.123L/L, 즉 와인 1리터 속에는 SO_2 가스 0.123리터가 함유되어 있는 것이다. 다행인 것은 맥주나 콜라, 사이다 속에 함유되어 있는 CO_2만큼 빨리 빠져나가지는 않지만, 와인을 따라놓고 잠시 방치하면 제거된다. 고압가스인 SO_2는 와인에 녹지 않으므로 마치 사이다 속의 탄산가스처럼 빠른 속도로 휘발하기 때문이다.

그래서 와인을 즐길 때에는 병을 따자마자 곧바로 마시지 말고, 잔에 따른 뒤 잠시 기다리는 인내가 필요하다. 병을 열자마자 병에 코를 들이대는 일은 절대로 삼가야 된다. 이때는 향냄새가 아니라 외부로 방출되는 독성가스 SO_2를 흡입하게 되기 때문이다.

02 불닭, 청양고추 얼마나 매울까?

경제학자 마브리는 뉴욕의 경제상황과 치마 길이의 상관관계를 연구하여, 경제가 불황일수록 치마 길이가 짧아진다는 '경제와 미니스커트'를 이론화하였다. 반면 우리나라에서는 경제적 불황기에는 매운 먹거리가 잘 팔린다고 한다. 이열치열이라고, 속에서 끓는 불을 매운 고추에서 나오는 불로 다스리고 싶은 심정일지 모른다. 지독하게 매운 요리로서 매운 떡볶이, 짬뽕, 냉면 등도 있지만, 가장 이름을 날린 것은 아무래도 열닭, 불닭일 것이다. 이런 요리는 어떻게 만드는지 모르지만, 청양고추보다 더 지독하게 매운 고추를 함유하는 양념들이 잔뜩 들어간 것 같다.

매운 맛을 내는 양념에는 고추, 마늘, 파가 대표적이다. 마늘 품종에 대해서는 잘 모르겠지만, 최근에 와서 고추 종류는 상당히 다양해졌다. 풋고추로서는 보통 고추보다 훨씬 더 매운 청양고추가 더 인기인 것 같고, 오이만큼 크면서도 별로 맵지 않은 개량형 오이고추도 나왔다. 서양에서나 구경할 수 있던 파프리카나 피망도 이제 우리 식탁에 오르게 되었다.

고추와 마늘은 맵다는 면에서는 같지만, 매운 맛의 종류는 완전히 다르다. 분자구조가 전혀 다르기 때문이다. 고추가 매운 이유는 캡사이신이란 성분 때문이고, 마늘은 알리신 성분 때문이다. 그림에 두 화합물의 분자구조를 보였다. 알리신은 유황을 함유하고 있으나, 캡사이신은 페놀 유도체이다. 알리신은 지방족 화합물이고, 캡사이신은 벤젠고리 한 개를 가진 방향족 화합물이다. 눈을 감고 고추와 마늘을 먹었을 때 느낌을 상상해 보면 고추는 뜨겁게 매운 맛이 느껴지고, 마늘은 혀가 아려오는 맛이 느껴진다.

필자는 마늘을 먹을 때 맵더라도 가급적 날것을 먹는다. 닭백숙 속에 들어 있는 것도 날것만큼 즐기지 않는다. 그 이유는 알리신의 산화에 있다. 알리신에는 항산화성이 있다. 그래서 마늘이 건강에 좋다고 알려져 있다. 그런데 알리신이 산화되면 그림에 표시된 바와 같이, 유황원자가 설폰(–SO_2–)기로 변환된다. 마늘을 체내에서 산화시키는 것이 아니라 체외에서 미리 산

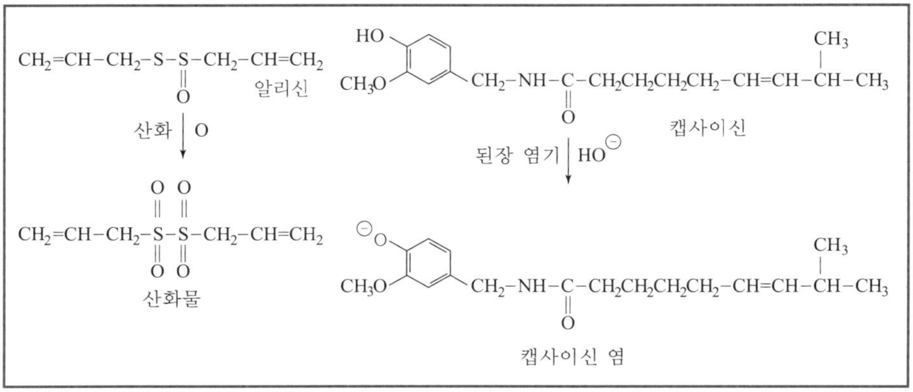

알리신과 캡사이신의 분자구조와 반응

화시켜 먹는 것은 마늘의 장점인 항산화 성분을 제거한 후에 먹는 것이다.

고추와 마늘은 얼마나 매울까? 마늘에 대해서는 알려진 것이 없다. 반면, 고추의 맵기는 미국의 스코빌이란 화학자가 측정해 놓았다. 그 결과는 SHU(Scoville Heat Unit)란 단위를 통해 일반인들에게까지 많이 알려져 있다. 이 사람은 매운 맛을 내는 화합물이나 식품에 설탕시럽을 혼합하면 매운 맛을 못 느끼게 된다는 사실에 근거를 두어, 정량적으로 맵기를 측정하였다. 즉, 측정 대상 물질의 맵기는, 15℃에서 매운 맛이 0으로 될 때까지 매운 물질 1그램에 가해진 설탕시럽의 g 수이다.

이 측정 방법의 핵심은 맵기가 '0' 이 되는 점을 어떻게 측정하는가에 있다. 스코빌은 5명의 평범한 사람을 대상으로 하였다. 그래서 이 측정 방법은 객관성이 부족하고 정확성도 낮다. 과학적으로 인정받기 어렵다. 이의 개선을 위해 미국양념거래협회(ASTA)에서는 특정 기기를 이용해 캡사이신 함유량을 측정하는 방법을 공표했다. 이 방법은 매우 정확하고, 과학적이다. 그럼에도 불구하고 일반인들의 관심을 끌지 못했다. 특별한 기기가 없으면 측정이 불가능하기 때문이었을지 모른다.

우리나라는 2010년 3월 농림수산식품부에서 고추장의 매운맛 등급을 정하기 위해서 GHU(Gochujang Hot-taste Unit) 단위를 도입하여 고시하기로 결정하였다. 이 단위는 0~100으로 구간을 정하고, 고추장 상품의 맵기는 1) 25GHU 이하, 2) 25~50 GHU, 3) 50~75 GHU, 4) 75~100 GHU, 및 5) 100 GHU 이상의 다섯 단계로 나누어 표기하도록 정했다. 이 맵기도 캡사이신 함량에 기준을 둔 것이 아니라 사람에 의한 맛보기 시험으로 결정된다. 한국도 미국처럼 과학적인 것보다는 소비자가 느끼는 결과를 우선한 것이다.

참고로 표에는 맵기로 유명한 고추 품종별 SHU 수치를 기록하였다. 이를 보면 가장 매운 고추로 기네스북에 오른 인도 고추는 순수 캡사이신의 1/15~1/20 정도의 열을 낸다. 경북 청송과 영양에서 처음 시험재배했다고

고추 품종별 SHU

고추 품종		SHU	산지
한 글	영 어		
순수 캡사이신	pure capsaicin	15,000,000~16,000,000	
킹코브라 고추	naga jolokia	855,000~1,050,000	인도 앗삼 지방
도미니카 고추	red savina habanero	350,000~580,000	도미니카, 기아나
자마이카 고추	Jamaican hot pepper	100,000~350,000	자마이카, 온듀라스
타이 고추	Thai hot pepper	50,000~100,000	태국, 월남
파프리카	Paprika	2,500~8,000	

해서 청양고추로 알려진 우리나라의 매운 고추나 열닭과 불닭의 열과 불은 얼마일까? 아직 측정된 것 같지 않다.

서양 사람인 스코빌은 매운맛을 없애기 위해서는 찬 우유나 설탕물이 좋다고 추천하였다. 우유는 함유하고 있는 카제인이 캡사이신을 흡수하기 때문이고, 설탕물의 단맛은 매운맛을 중화하기 때문이라고 설명하였다. 우리나라에서는 보통 물을 벌컥벌컥 마시거나, 크게 밥을 한 숟가락 먹는 사람이 대다수일 것이다.

하지만 필자는 된장을 권하고 싶다. 그림에 표시한 바와 같이 캡사이신은 페놀의 일종인데, 된장에는 염기성 아미노산이 많아 캡사이신의 페놀을 중화하여 아미노산염으로 변화시키기 때문이다. 이런 화학을 알고 우리 조상들은 옛날부터 매운 고추를 된장에 찍어 먹지 않았는가 싶다. 스코빌이 추천한 우유도 된장보다는 못하지만, 캡사이신의 페놀을 중화시키는 성질을 갖고 있다. 고추를 고추장에 찍어 먹는 것은 매운 고추를 더 맵게 만들기 위한 화끈한 사람들의 기호일 것이다.

03 키토산과 글루코사민

키토산과 글루코사민은 건강식품으로 잘 알려져 있는데, 이 둘의 관계는 그다지 잘 알려진 것 같지 않다. 키토산은 글루코사민의 고분자라서 키토산을 가수분해하면 글루코사민이 생긴다. 요즘도 알약으로 만든 키토산은 콜레스테롤과 지방을 분해한다고 선전되어, 운동과 절식에 게으른 비만인들에게 인기가 높은 것 같다.

키토산은 게, 새우 등의 껍질을 이루는 고분자인 키틴에서 만든다. 이 껍질은 상당히 단단한데, 그 이유는 키틴이 탄산칼슘과 결합해서 복합 재료를 이루고 있기 때문이다. 키토산을 만들기 위해서는 먼저 키틴/탄산칼슘 복합 재료를 묽은 염산용액에 담가 탄산칼슘을 제거한다. 탄산칼슘이 염산과 반응하면 CO_2를 발생시키면서 물에 녹는 염화칼슘으로 변환된다. 염화칼슘은 수용성이므로 물로 씻으면 제거된다. 물론 과량의 염산도 충분히 수세해서 씻어내야 한다.

그 다음 단계에서는 키틴의 아세틸아미노기 $CH_3-CO-NH-$를 가수분해하여 아미노기 $-NH_2$로 변환시킨다. 이때 부산물로 초산이 나오게 된다. 이 가수분해는 쉽게 일어나지 않는다. 그래서 반응온도도 높이고, 산촉매도 상당히 많이 써야 된다. 이 과정에서는 고분자 사슬도 상당 부분 가수분해되어 사슬길이가 짧아진다.

이 반응과정을 보면 키토산의 품질에 대해 쉽게 이해할 수 있다. 세 가지 요소가 품질을 결정한다. 즉, 1) 탄산칼슘이 100% 제거되었는지? 2) 아세틸아미노기의 가수분해가 100% 이루어진 것인지? 3) 고분자 사슬이 얼마나 짧아졌는지? 제품 중에는 아세틸아미노기의 가수분해가 100% 된 것이 많지만, 60% 수준 밖에 안 된 것도 판매되고 있다. 고분자 사슬이 길고, 아세칠아미노기의 가수분해가 덜 된 것은 복용해도 소화되기가 어렵다.

이런 판단을 어떻게 할 것인가? 무게는 같고 제조회사가 다른 두 개의 정제를 같은 양의 물에 녹여보는 것이 좋다. 투명한 수용액이 되면 아미노기로의 변환은 잘 된 것이다. 또 투명한 용액이라도 점성이 높으면 고분자 사슬이 긴 것이다. 점성이 낮으면서도 투명성이 높은 것이 좋다.

글루코사민은 관절염에 우수한 효능이 있는 것으로 알려지면서, 온-오프라인을 통틀어 최고의 인기상품 중의 하나가 되었다. 특히 부모님에게 선물하는 효도상품 중의 대표적인 예인 것 같다. 이것은 주로 키토산을 한 번 더 가수분해시켜 만든다. 그래서 글루코사민을 키토사민이라고도 부른다. 또 글루코사민이란 이름은 글루코오스와 기본구조가 같은 데서 나온 것이다.

그림에 이 가수분해반응 과정을 나타내었다. 그림에서 진한 청색 글씨로

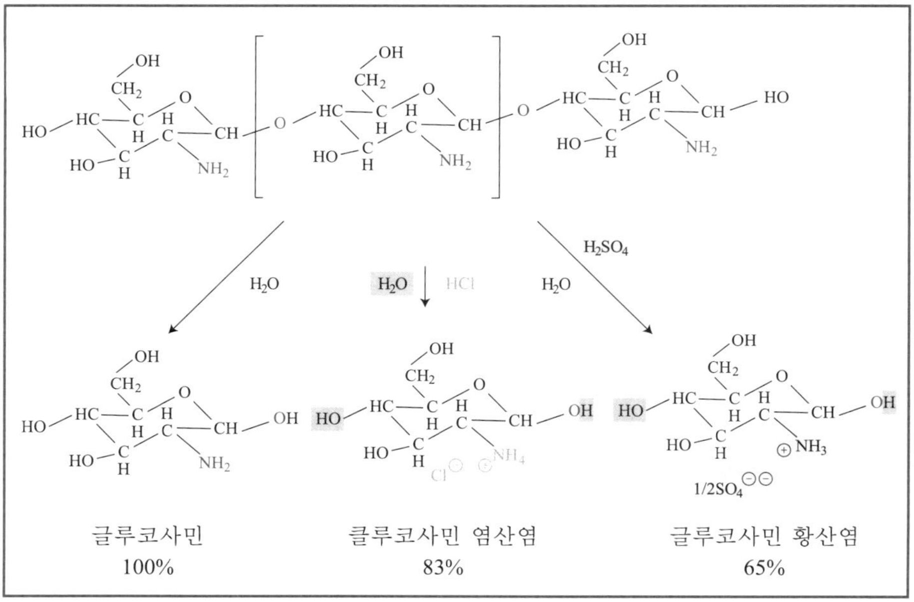

키토산의 가수분해에 의한 글루코사민 합성

표시한 산소 원자는 에텔결합을 이루고 있다. 이 결합도 물에 의해 가수분해 되어야 고분자 사슬이 끊어져 작은 분자인 글루코사민이 생기게 된다.

에텔결합은 아세틸아미노 결합보다 더 가수분해하기 어렵다. 그래서 염산(HCl)이나 황산(H_2SO_4)을 촉매로 사용하게 되는데, 이때는 글루코사민이 염산염이나 황산염으로 얻어진다. 그림에 표시해 둔 것처럼 이론적으로 염산염의 글루코사민 함량은 82.9%, 황산염의 경우는 64.1%로서, 18.8%나 차이가 난다. 그뿐이 아니다. 우리 위 속에는 pH 1.0 정도의 염산이 들어 있지만, 황산은 없다. 그래서 수요자는 같은 값이면 염산염을 구입하는 것이 좋다.

마지막으로 일반인들에게 강조하고 싶은 것은 키토산은 고분자이므로 복용해도 체내에 얼마나 흡수될지, 흡수된다고 해도 시간이 얼마나 걸릴지 알기 어려운데 반해서, 글루코사민은 저분자이므로 흡수가 확실히 보장된다는 점이다.

04 X-선, MRI, PET 단층촬영과 조영제

건강에 대한 관심이 높아지면서 건강검진을 받는 사람들이 늘었고, 좀 더 자세하고 정밀한 검사를 위해 정밀검사기술도 많은 발전이 있었다. 그 결과 CT(컴퓨터 단층촬영, Computer Tomography) 기술이 X-선, MRI 및 PET 분야에 도입되어, 암의 조기발견은 물론 수술, 치료에도 큰 도움을 주고 있다. 하지만 건강을 염려해 너무 자주 촬영받는 것은 피하는 것이 옳다. 조영제 때문이다.

X-선, MRI, PET 컴퓨터 단층촬영은 인체의 단면을 5~10mm 간격으로

빠른 속도로 촬영하여 영상을 컴퓨터에 저장하는 기술인데, 인체 단면이 두껍기 때문에 단순한 촬영에서는 신호가 너무 약해서 화상을 판독할 수 없다. 조영제는 신호의 강도를 상승시켜 촬영화상을 또렷하게 만들기 위해서 혈액 속에 투입하는 약품이다.

X-선 CT

신체 일부가 골절되거나 특별한 이상이 있을 경우, 병원에서 흔히 진단을 위한 검사 방법으로 X-선 촬영을 한다. X-선은 독일 물리학자 뢴트겐에 의해 1895년 발견된 방사선이다. 그는 X-선으로 자기 부인의 손뼈를 촬영한 것으로도 유명하다. 그 뒤로 X-선의 의학분야의 응용은 눈부시게 발전해서 오늘날 X-선 사진 촬영을 경험해 보지 않은 사람은 하나도 없을 정도에 이르렀다.

X-선은 에너지가 높은 방사선이므로 지나치게 노출되면 위험하다. 그래서 촬영은 안전조건이 충족된 상태에서만 이용되고 있다. X-선이 위험한 근본적인 이유는 에너지가 매우 높아 X-선에 노출된 화학결합이 끊어지거나 다른 결합으로 변하기 때문이다. 이런 성질을 이용해서 한때는 X-선을 반도체 리소그라피용 광원으로 쓰려고 시도한 적이 있었다.

X-선 CT 기술은 1970년대 초에 개발되었다. 기술의 핵심은 위험을 줄이기 위해 사용하는 X-선의 에너지를 보통의 1/4로 줄이고, 밝은 영상을 위한 신호의 강도는 조영제를 투입하여 높인 것이다. 신호의 강도만 고려하면 X-선 조영제로는 납 같은 중금속이 좋다. X-선을 매우 잘 흡수하기 때문이다. 이런 이유에서 병원의 X-선 촬영실은 내부를 납으로 코팅해서 X-선이 외부로 방사되는 것을 막는다.

사진이란 원래 발광부와 흡광부의 밝기 차이를 기록하는 것이므로, 금속이 X-선을 잘 흡수한다는 것은 흡광부의 영상신호가 강하다는 것을 의미한다. 그래서 금속이 조영제로 쓰일 수 있는 것이다. 그런데 납은 인체에 유해하므로 혈액에 주사할 조영제로 적합하지 않다. 그래서 대신 금을 사용한다.

금을 혈액에 주사하기 위해서는 먼저 매우 작은 나노 크기의 입자로 만들어야 되고, 이어 물에 분산시켜야 된다. 금은 물에 녹지 않으므로 용액형 주사액을 만들 수 없기 때문이다. 금 나노입자를 만드는 방법에는 여러 가지가 가능한데, 그림 1에 한 가지 방법을 보였다. 사염화 금산을 말단기가 −SH(치오 알코올)인 PEG(폴리에칠렌글리콜) 고분자로 처리해서 사염화 금산 나노 캡슐을 먼저 만들고, 이를 $NaBH_4$(나트륨 수소화 붕소)로 환원하면 금나노캡슐이 생긴다.

캡슐 제조용 고분자로서 수용성인 PEG-SH를 쓰는 이유는, Au-S-PEG 결합을 형성시켜 PEG를 금 입자에 화학적으로 결합시켜 두려는 것이다. PEG로 금 입자를 코팅해 두어야 물에 분산되었을 때나, 혈액에 들어 갔을 때 무거운 금이 침강하여 혈관에 박혀 버리지 않고 혈액을 따라 몸 전체를 순환할 수 있기 때문이다.

PEG는 생분해성 고분자이다. 언젠가는 인체 내에서 분해되어 없어진다. 그렇게 되면 무거운 금만 남게 된다. 나노 크기의 금은 혈관 어느 곳엔가에 남아 있게 될 것이다. 금이 좋은 영향을 미치는지 나쁜 영향을 미치는지, 얼마나 영향이 심한지에 대해서는 생화학자들이 연구해야 할 일이다.

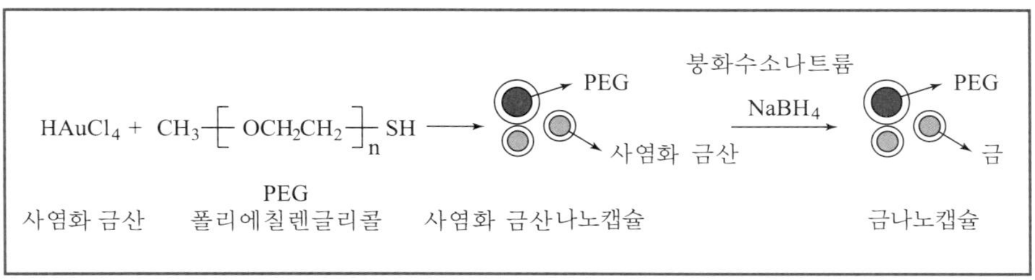

그림 1. X-선 CT 용 금 나노 캡슐 제조공정

MRI CT

MRI는 Magnetic Resonance Imaging(핵자기공명영상장치)의 약자이다. MRI는 체내에 있는 수소 원자 핵이 강력한 자기장에 놓였을 때 자기 에너지를 흡수해서 나오는 신호를 영상화하는 촬영기술이다. 수소 원자 핵은 양자이다. 이 입자가 회전하면 전기장과 동시에 자기장이 생기게 된다. 이 자기장의 세기와 같은 자기장을 외부에서 걸면 두 세기가 공명을 일으켜 수소 원자 핵이 에너지를 흡수하게 된다. 이 이론은 1946년 블록흐에 의해서 발견되었고, 1958년 측정기가 처음으로 개발되었다.

신체에는 물, 단백질, 탄수화물, 지방은 물론, 효소, DNA, RNA, 적혈구 등에도 수소 원자가 화학적으로 결합된 상태로 존재하지만, 물은 신체의 약 2/3를 차지할 정도로 많다. 그러므로 MRI는 사실상 물을 연속적으로 촬영하는 셈이 되지만, 물은 존재하는 부위에 따라 4차 구조가 다르므로 물을 통해서 질병을 찾아낼 수 있는 것이다.

하지만 여기서도 조영제가 없으면 신호가 너무 미약해서 영상의 해석이 불가능하다. 현재 사용되고 있는 조영제는 그림 2에 표시한 바와 같은 Gd(가돌리늄) 착화합물이다. 여기서 DTPA는 디에칠렌테트라민펜타아세틱

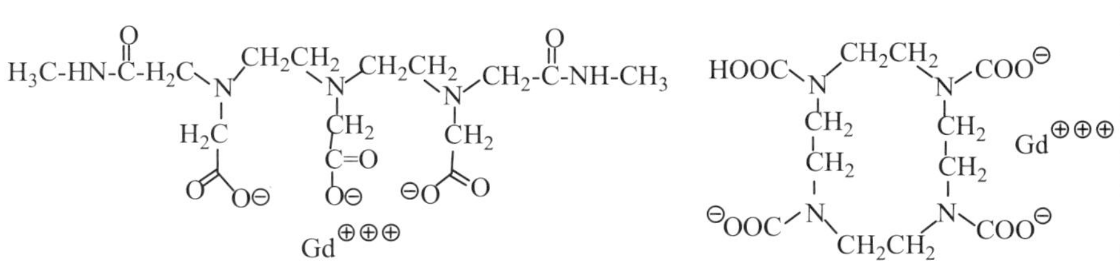

Gd-DPTA-BMA
가돌리늄디에칠렌테트라민펜타아세틱산 비스메칠아마이드

Gd-DOTA
1,4,7,10-테트라아자싸이클로도데칸테트라아세틱산 가돌리늄

그림 2. MRI CT를 위한 가돌리늄(Gd) 착화합물 조영제의 화학구조

산을, BMA는 비스메칠아마이드를 그리고 DOTA는 1,4,7,10-테트라아자싸이클로도데칸테트라아세틱산을 의미한다. 이 이름들은 너무 복잡하므로 Gd 화합물인 것만 알아두도록 하자.

이런 복잡한 유기물을 사용해서 Gd 염을 만든 이유는 자성이 매우 높은 Gd 이온을 물에 녹게 만들기 위해서이다. 그래야 수용액 상태로 혈액에 주사할 수 있게 된다. Gd는 금속인데, DTPA, BMA, DOTA는 모두 생분해성 유기물이다. 그래서 혈액에 용해되었을 때 유기물은 분해되어 없어지고 금속이온만 남게 된다. 이 금속은 독성이 있으니 과다하게 사용해서는 안 된다.

그래서 이 Gd 착염 조영제를 대체하기 위해서 개발되고 있는 것이 사삼산화철 Fe_3O_4이다. 이 철 산화물은 원래 상자성이 강해서 자석제조에는 물론, 오디오, 비디오 테이프의 자성기록 재료로도 많이 쓰이고 있는 분말이다.

Fe_3O_4은 고체이고 물에 전혀 녹지 않으므로 혈액에 주사하기 위해서는 먼저 나노 크기로 만들어야 된다. 개발자들은 50나노보다 큰 입자를 SPIO(Super-Paramagnetic Iron Oxide, 초상자성 산화철)이라고 부르고, 50나노보다 더 작은 입자를 USPIO(Ultrasuper-Paramagnetic Iron Oxide, 극초상자성 산화철)로 구분하고 있다. 입자가 작으면 작을수록 자성이 강해져 조영성이 높아지기 때문에 이런 구분을 두고 있으며, 더 작은 입자를 만들기 위해 노력하고 있다.

나노입자가 만들어지면 주사액으로 만들기 위해 수분산체를 만들어야 된다. 그러기 위해서는 금 입자처럼 산화철 입자의 표면을 PEG(폴리에칠렌글리콜), PVA(폴리비닐알코올), PLA(폴리젖산)와 같은 생분해성, 수용성 고분자로 처리해서 캡슐로 만들어야 된다.

산화철/고분자 캡슐은 체내에서 체류하는 동안 먼저 고분자가 생분해되어 없어지고, 산화철이 남게 되는데, 이 물질은 철 이온이므로 전혀 독성이 없다. 그래서 이 조영제가 실제로 사용되면 환자들은 마음 놓고 MRI CT 촬영에 임해도 될 것이다.

PET CT

PET는 Positron-Emitting Tomography(양전자방출단층촬영)의 약어이다. 영어 약자가 같아 가끔 페트병의 PET[poly(ethylene terephthalate)]와 혼동된다. PET 이론은 1975년경에 와서야 체계화되었다. 장치는 더 최근에 개발되었고, 특히 암세포 조기발견에 효과가 좋은 것으로 알려져 있지만, 비용이 100만원 수준으로 매우 비싼 것이 흠이다.

촬영비용이 비싼 이유는 반감기[1)]가 충분히 긴 조영제가 없어서 검사 직전에 병원에서 직접 제조하지 않으면 안 되는데, 이 제조장치가 중성자 가속기이기 때문에 매우 비싼데다가 운전비용도 비싸기 때문이다. 조영제의 수명이 매우 짧다 보니 외부에서 만든 것을 납품받아 병원에서 사용하는 것은 생각조차 할 수 없다.

PET 촬영을 위해서는 체내에 양성자 방출물질이 있어야 된다. X-선이나 MRI는 조영제가 없어도 비록 해상력이 아주 나쁘더라도 영상신호를 인식할 수는 있는데 반해서 PET에서는 양성자 방출물질을 투입하지 않으면 전혀 영상신호를 받을 수 없다. 이런 점에서 양성자 방출물질은 조영제가 아니라 작용제라고 말할 수도 있다.

현재 사용하고 있는 양성자 방출물질의 대부분은 FDG(2-플루오로-2-디옥시-D-글루코오스)이다. 그림 3에 나타낸 바와 같이, FDG는 글루코오스 분자의 C2에 결합된 OH기가 F(불소)로 치환된 것이다. F 원자는 원래 $^{9}F^{19}$, 즉 양자수 9, 중성자수 10, 계 19의 동위원소가 가장 많은데, 이는 방사선을 방출하지 않는 안정한 원소이다.

그림 3에 보인 바와 같이 FDG를 사이클론에 넣어 $^{9}F^{19}$에서 중성자 한 개를 빼내면 $^{9}F^{18}$, 즉 양자수 9, 중성자수 9, 계 18의 방사성 동위원소가 된다.

---

1) 반감기 : 어느 물질의 함량이 1/2로 감소하는 데에 걸리는 시간. 보통 방사성 물질의 방사선 방출량 측정에 많이 적용된다.

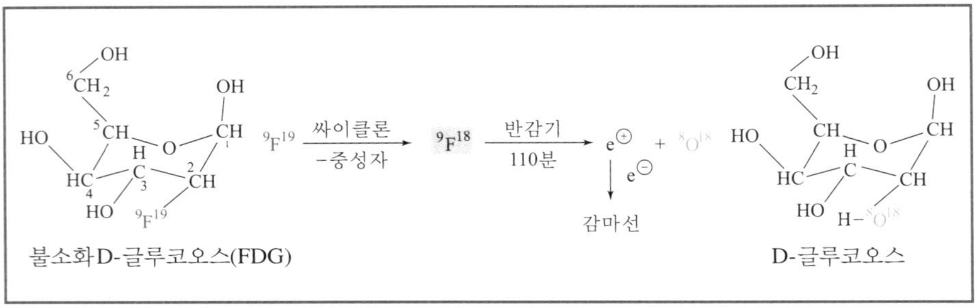

그림 3. 양성자 방출물질 FDG와 양성자 방출에 의한 물질 변화

가속기 속에서 이렇게 만들어진 $^{9}F^{18}$은 매우 불안정해서 $^{8}O^{18}$로 변화되면서 양전자를 방출하는데, 이 양전자는 즉시 주위에 대단히 많은 음전자와 충돌해서 감마선으로 변한다. PET에서는 이 감마선을 검출한다.

$^{9}F^{18}$이 $^{8}O^{18}$로 변화하는 핵반응의 반감기가 110분이다. 즉, 110분 안에 모든 촬영을 끝내야 하는 것이다. 이 반감기 110분은 현재로서는 가장 길다. 다른 것을 예로 들면 $^{6}C^{11}$, $^{8}O^{15}$, $^{7}N^{13}$은 각각 20분, 2분, 10분에 지나지 않는다. $^{9}F^{18}$-FDG가 개발되고 나서야 PET 촬영이 일반인에게까지 개방될 수 있게 되었다.

$^{9}F^{18}$-FDG는 일종의 글루코오스이므로 글루코오스의 신진대사 과정에 참여한다. 즉, $^{9}F^{18}$-FDG는 이 대사과정을 관찰할 수 있게 만들어 주는 조영제이다. 암세포는 일반세포에 비해서 증식속도가 훨씬 빠르다. 빠른 증식을 위해서는 혈액공급이 빨라져야 되고, 영양분도 더 많이 공급되어야 된다. $^{9}F^{18}$-FDG는 영양분이므로 암세포에 더 많이 공급되면 일반세포와의 차이가 생기고, 즉 콘트라스트가 생겨 암세포를 찾아낼 수 있게 된다. 그래서 PET는 암세포 검사에 탁월한 효과를 발휘한다.

$^{9}F^{18}$-FDG는 반감기 110분이 지나면, $^{8}O^{18}$-DG(D-글루코오스)로 변한다. $^{9}F^{18}$-FDG와 $^{8}O^{18}$-DG는 모두 방사성 물질이므로 몸에 좋을 것은 없다. 그

래서 촬영에 충분할 만한 강도를 발휘하면서도 가급적 노출선량은 낮아야 된다.

PET CT의 단점은 조영제의 반감기가 짧기 때문에, 외부에서 만들어진 $^{9}F^{18}$-FDG를 공급받아 촬영에 사용할 수도 없고, 더구나 $^{9}F^{18}$-FDG를 대량으로 생산해서 보관해 둘 수도 없다. 중성자 가속기인 사이클론은 대단히 비싼 장비일 뿐만 아니라 운전비용도 많이 들기 때문에, PET CT 촬영비용이 상당히 비싸다.

반감기가 FDG보다 훨씬 길고 또 체내에서 안전한 조영제가 속히 개발되어 병원에서 보관해 두었다가 쓸 수 있게 된다면, 비싼 사이클론 장비가 필요 없게 될 것이다. 그렇게 되면 촬영비도 훨씬 싸질 것이다. 하루 속히 그렇게 되어 PET CT 촬영이 의료보험으로도 지원되기를 기대한다.

05 피톤치드와 보석 호박

피톤치드는 영어 phytoncide의 일본식 발음이다. 서양인은 파이톤싸이드라고 발음한다. 피토(phyto)는 식물이란 뜻이고, 치드(cide)는 "죽인다", "죽이는 약"의 의미이다. 피톤치드는 러시아의 한 삼림학자가 다년 간의 연구와 경험 끝에, 식물들도 나름대로 자기를 보호하기 위해서 독성물질을 내뿜고 있다는 사실을 발견하고, 이런 물질들을 총칭해서 붙여 둔 용어이다.

피톤치드란 말이 생기기 전에 화학자들은 나무나 목재에 대해서 이미 많은 연구를 수행하였다. 목재를 뜨거운 증기로 가열하여 메탄올, 페놀, 스타이렌 등을 얻었고, 메탄올로 목재를 추출하여 리그닌, 송지, 톨오일, 에스터, 푸란, 인덴, 향료 등을 분리하였다. 이 시대가 1800년대 목재화학의 시대였다.

목재화학은 발전을 거듭해서 석탄화학을 거쳐, 지금은 석유화학으로 바뀌어졌고, 유기화학과 고분자 과학의 전성기에 이르렀다. 그럼에도 불구하고 식물유, 텔펜유, 송지, 톨오일 화합물들은 아직도 목재의 건류에서 얻고 있으며, 목재에서 생산하는 제품으로는 종이, 접착제, 코팅제, 페인트, 인쇄 잉크 등의 용도에 없어서는 안 된다.

최근에는 건강에 대한 관심이 높아지면서 많은 수목원들이 난치병에 대한 삼림욕의 우수한 효과를 광고하였고, 급기야는 피톤치드에 대한 TV 보도까지 이어졌다. 이에 힘입어 집안에서도 삼림욕 효과를 누릴 수 있도록 특정한 목재의 추출물들이 상품화되었다.

피톤치드는 한두 가지 화합물을 지칭하는 것이 아니다. 텔펜류 화합물이 주류를 이룬다고는 하지만, 텔펜류 자체만 해도 대단히 많은 수의 화합물이 있으며, 텔펜류에 속하지 않는 화합물도 많다. 그림에는 단지 몇 개의 텔펜류 화합물만을 보였다. 이들은 모두 중국, 브라질, 러시아, 미국 등과 같이 목재가 많은 나라에서 대량으로 생산되고 있다.

이 화합물들의 특징은 소나무 숲에서 맡을 수 있는 독특한 향기가 있다는 것이다. C=C 이중결합을 가지며, 전자밀도가 높고, 쉽게 산화되며, 양이온을 중합하기 쉽다는 것이다. 숲 속에서 삼림욕을 통해 피톤치드를 접촉하고 호흡하는 것은 좋지만, 가정에서 인공적으로 피톤치드를 발생시킬 때

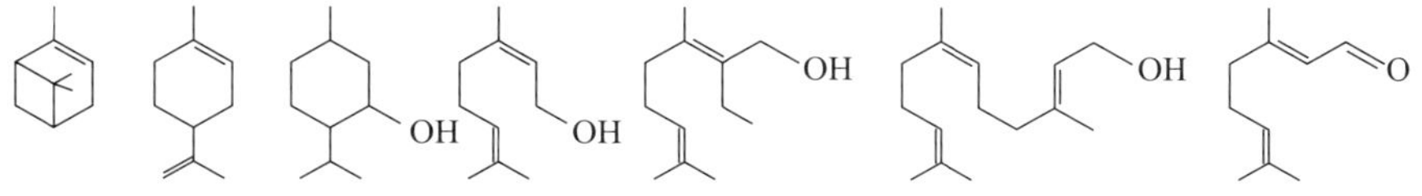

−피넨 리모넨 멘톨 네롤 제라니올 파르네솔 시트랄 A

대표적인 피톤치드에 속하는 텔펜류 화합물들

농도가 지나치지 않도록 주의해야 한다. 가능하면 가정에서 편하게 피톤치드의 혜택을 누리려고 인공적인 힘을 빌리기보다는, 바쁘더라도 직접 숲 속에 가서 피톤치드의 장점을 직접 체득하는 것이 좋겠다.

피톤치드를 느낄 수 있는 삼림욕장

피톤치드가 자연현상에 의해 땅속으로 매몰되어 다른 물질들과 함께 장시간에 걸쳐 서서히 산화되고, 중합되면 자연이 만들어낸 유기보석 호박이 된다. 보석이 될 때 곤충이나 나뭇잎이 선명한 모습을 갖춘 채 함유되면, 더 가치가 높은 보석으로 평가받는다. 특히 흑해와 카스피 해에서 호박이 많이 나온다.

호박은 옛날에 주로 부잣집 양반의 한복 조끼의 단추로 많이 사용되었지만, 지금은 일부 소품 장식이나 화석으로 생각할 뿐 보석이라고 여기는 사람이 많지 않은 것 같다. 호박은 비결정성 고분자로서 투명하지만, 내열성이 약해서 보석으로 사용할 때 뜨거운 열에 닿지 않도록 각별히 주의해야 된다.

06 검게 만든 식품

건강과 장수에 대한 사람들의 관심이 높아지자, KBS는 최근 〈생노병사의 비밀〉이란 장기 프로그램을 방영하였다. 여기서 방영했던 내용 중의 하나는 식품의 색깔에 대한 것이었다. 토마토, 팥 같은 빨간색 식품, 무, 배추 같은 초록색 식품, 당근 같은 노란색 식품, 가지 같은 보라색 식품, 흑임자나 검정콩 같은 검은색 식품에 함유된 리코펜, 클로로필, 카로티노이드, 안토시아닌류, 플라본류 같은 발색제와 이들의 유익한 기능에 대해서 자세히 소개하였다.

KBS는 이 프로그램을 각 색깔별로 나누어 하루씩 방영했는데, 방영 후 해당 색깔의 식재료 판매량이 급증할 정도로 시청자들의 지대한 관심을 끌었다. 검은색도 마찬가지였다. 이 방송이 나간 뒤 시중에는 일반식품에 적절한 처리과정을 거쳐 검은색으로 만든 상품들이 많이 나왔고, 가격이 비싼데도 불구하고 여전히 인기가 높다.

어떤 물질이 까맣다는 것은 빨강, 주황, 노랑, 초록, 파랑, 남, 보라의 7가지 색깔에 해당하는 가시광선 파장의 빛이 모두 흡수된다는 것을 의미한다. 이렇게 되기 위해서는 그 물질이 대단히 많은 탄소-탄소 이중결합(C=C)을 가져야 된다. 대표적인 검은색 물질인 흑연, 아스팔트, 숯, 검댕, 카본블랙은 모두 C=C 결합 함유량이 90% 이상인 탄소유도체들이다. 그런데 이들은 모두 먹어서는 안 되는, 몸에 해로운 물질들이다.

검은깨, 검은쌀, 검은콩에 함유된 천연 검정색소와 인공으로 만든 탄소의 차이는 C=C 결합의 구조와 규칙성에 있다. 자연에서 만들어진 천연 검정색소는 인간이 흉내조차 낼 수 없을 정도로 정교한 구조와 대단히 높은 규칙성을 가지고 있다. 인간이 이런 구조를 만들기 위해서는 효소를 촉매로 사용하는 발효법에 의존해야 된다. 열처리 같은 합성법으로는 불가능하다. 열처리 방법에는 찌거나, 볶거나, 삶거나, 튀기거나, 굽는 등 여러 가지가 있고, 온도를 올리는 속도에 따라 물질의 구조가 달라지지만, 천연 검은색과 똑같이 만들 수는 없다.

사람들은 탄 고기 먹는 것을 꺼린다. 고기가 타면 나쁜 냄새와 맛을 내는데 규칙성이 전혀 없는 인조탄소로 변화되기 때문이다. 인조 탄화물 속에는 발암성인 벤조파이렌 같은 여러 가지 유해물질이 함유되어 있다. 벤조

파이렌은 C=C 결합 10개를 가진 간단한 화합물이다. 이 화합물은 고기는 물론 나무, 스티로포어 등을 태울 때에도 쉽게 발생한다. 그렇다고 해서 굽지 않고 다른 열처리 방법을 동원해도 자연적으로 만들어진 규칙성과 정교함을 인간은 달성할 수 없다.

발효방법으로 만들었는지, 열처리 방법을 통해서 만든 것인 것인지 제품이나 표시성분으로 구분이 확실하지 않으나, 요사이 검은색 건강식품이 많다. 열처리 방법으로 만들자면 탄화를 피하기 어렵다. 다른 색깔과 달리 검은색 식품은 가열탄화에 의해 만든 것인지, 발효에 의해 만든 것인지, 우선 확인해 보아야겠다.

07 햇빛에서 따가운 제모제

지난 여름 유난히 기승을 부리는 더위를 피해 젊은 여성들이 따가운 햇빛 속에서 비키니 복장으로 해수욕을 한창 즐길 무렵이었다. TV에서는 제모제로 인한 여성들의 고통을 보도한 적이 있었다. 매끄러운 몸매를 강조하기 위래 사용한 제모제가 왜 그런 고통을 주는지, 그리고 예방법에는 무엇이 있는지를 알아본다.

제모제로 쓰이는 화학약품의 주 성분은 치오글리콜산이다. 이 화합물은 아주 약한 산인데, 물에 잘 녹고, 피부에 바르면 콜라겐 조직 속으로 침투해서 털을 제거한다. 병원에서도 수술을 위해 제모할 필요성이 생기면 이 약품을 사용하고 있다.

그런데 이 화합물이 자외(UV)선과 산소(O=O)에 노출되면, 그림에 보인 바와 같이 CMDS(카복시메칠디설파이드)를 거쳐 CMSA(카복시메탄설폰산)로 산화되는

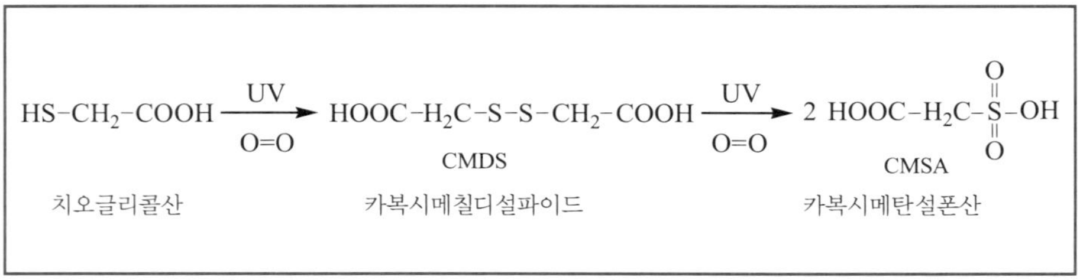

치오글리콜산의 광산화

데, 특히 자외선 조사량이 많으면 산화속도가 훨씬 빨라진다. 자외선에 의해 생성된 오존이 산화를 촉진하기 때문이다. 치오글리콜산이나 CMDS는 강산성이 아니어서 따가울 정도의 고통을 주지 않겠지만, CMSA는 황산에 못지 않은 강한 산성이어서 대단히 심한 고통을 주게 된다. 빠른 시간 안에 씻어내지 않으면 피부를 상하게 만들 수도 있다.

예방법으로는 제모 후 밖으로 나가 자외선에 노출되기 전에 비눗물로 씻고 맑은 물로 충분히 헹구는 것이다. 모든 비누는 약한 알칼리성이라서 약산성인 치오글리콜 산을 중화하므로 제거하는 데에는 물만으로 헹구는 것보다 훨씬 더 효과적이다. 모래사장에 비누가 없다면 침을 바르거나 바닷물로 씻어내는 것도 좋다. 침도 약한 알칼리성이라 효과가 좋다.

08 선크림의 화학

쨍쨍 내리쬐는 햇볕에 피부가 오랫 동안 노출되면 검게 그을린다. 피부를 이루는 콜라겐 단백질이 자외선의 촉매작용을 받아 공기 중의 산소에 의해 산화되기 때문이다. 또 자외선의 존재하에서 일부의 산소는 오존으로 변한다. 오존의 산화력은 산소의 수천 배에 이른다. 청색을 띠는 바다에는 자외선이 강하고, 그래서 오존이 육지보다 더 많다. 해수욕 할 때 더 쉽게 타는 이유가 여기에 있다.

자외선에 피부가 타는 것을 막기 위해 여러 가지 선크림이 나와 있다. 이 선크림들 속에는 자외선 흡수제가 함유되어 있다. 자외선을 막아야 하는데 흡수제가 들어 있다고 하면 잘못된 생각이라고 할 수도 있겠다. 선크림의 자외선 흡수제는 자외선을 흡수해 피부 속으로 침투되는 것을 차단하는 것이다. 자외선 흡수력을 나타내는 화합물에도 종류가 대단히 많지만, 그림에 보인 바와 같은 페놀형 흡수제가 효과도 우수하고, 값도 싸서 가장 많이 쓰이고 있다.

이 페놀형 흡수제는 원래 그림에 보인 바와 같이 안정한 벤제노이드 구조를 가지고 있는데, 자외선에 노출되면 자외선이 가진 에너지를 흡수해서 불안정한 퀴노이드 구조로 변한다. 퀴노이드 구조는 곧 자외선에서 받은 에너지를 열로 방출하여 원래의 벤제노이드 구조로 되돌아 간다. 벤제노이드/퀴노이드 전환반응이 일어나는 이유는 페놀 −OH 수소원자가 두 산소원자에 가깝게 위치해 있기 때문이다. 그래서 평상 시 오른쪽 산소와 결합하고 있던 수소 원자가 자외선을 받으면 왼쪽의 산소로 결합위치가 쉽게 바뀐다.

한 가지의 선크림을 발랐다고 해서 모든 자외선을 전부 차단할 수 있는

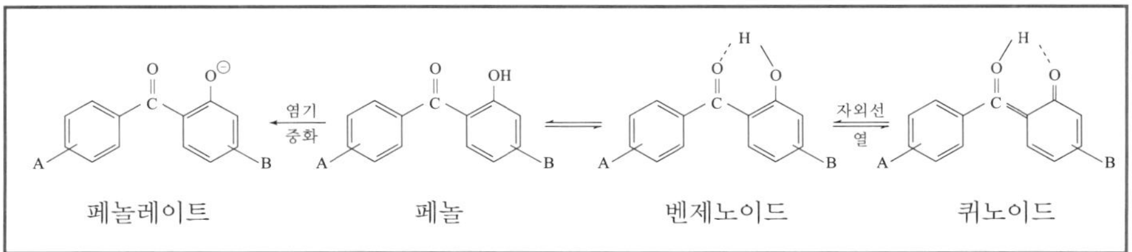

페놀계 자외선 흡수제의 광반응

것은 아니다. 햇빛 속의 자외선은 여러 가지 파장을 가지고 있는데, 모든 자외선 흡수제는 일정한 파장의 자외선만 흡수한다. 자외선을 모두 차단하기 위해서는, 그림의 화학구조에서 A, B가 다른 여러 가지 차단제를 만들어 혼합해야 된다.

A, B를 바꾼다는 것은 새로운 흡수제를 합성해야 된다는 것을 의미한다. 또 A, B를 어느 정도 변화시켜도 흡수파장의 범위에는 한계가 있을 수 밖에 없고, 그래서 한 회사가 모든 자외선을 전부 차단하는 기술을 갖기는 어렵다. 더군다나 한 제품을 넣는 것은 더욱 어려운 일이다. 그렇기 때문에 일정한 파장범위를 가지는 자외선 차단제를 생산하게 된다. 소비자는 선크림을 선택할 때 흡수파장 영역에 유의해야 된다.

선크림을 한 번 바르면 하루 종일 자외선에 노출되어도 괜찮을까? 그렇지 않다. 그림에 보인 것처럼 자외선 차단제는 일종의 페놀이어서 약한 산성을 띤다. 우리 몸에서 약한 염기가 피부를 통해 방출되면 산성의 페놀과 중화해서 페놀레이트 염을 만든다. 이 염은 자외선 차단능력을 가지지 못한다. 선크림은 귀찮더라도 일정 시간이 지나면 또 발라야 된다.

자외선 흡수제는 페놀의 일종이므로 얼굴에 바를 때에는 특히 눈에 들어가지 않도록 주의해야 된다. 페놀의 산성이 강해서 눈에 해를 끼칠 수 있다. 실제로 눈에 들어가면 따갑다. 또 일정한 시간이 지나면 피부에 남지 않도록 알칼리성인 비누로 잘 씻는 것이 좋다. 산성인 페놀이 알칼리에 의해 중화되어 수용성으로 되어 쉽게 씻긴다.

09 발 냄새를 제거하는 신발

정도의 차이는 있지만 누구나 신발을 오래 신고 있으면 악취가 난다. 최근에는 기능성 신발이라고 해서 냄새를 없애는 운동화는 물론 구두 깔창도 판매하고 있다. 어떤 원리에 의해 냄새가 제거될까? 대표적인 메커니즘에는 두 가지가 있다. 하나는 물리적 흡착이고, 다른 하나는 화학적 결합이다.

활성탄이나 커피 찌꺼기 같은 다공질 고체는 기체나 액체 속에 함유된 미세한 입자를 걸러내기도 하지만 어떤 특정 물질이 잘 흡착되는 성질도 가지고 있다. 이때 흡착제와 피흡착 물질 사이에 화학결합이 없는 경우는 물리흡착이라 부르고, 화학적 결합을 가지면 화학흡착이라 부른다. 가정에서 다공성 숯 덩어리나 커피 찌꺼기를 냉장고에 넣어 두는 것은 물리흡착에 의해 냄새나는 물질을 제거하기 위한 것이다.

물리흡착이든 화학흡착이든 흡착제의 성능은 표면적이 넓을수록 높다. 흡착속도도 빠르고 흡착량도 더 많기 때문이다. 최근 흡착효율이 아주 높은 물질에는 에어로젤이라 부르는 물질이 개발되었다. 그중 실리카처럼 유리질로 된 것은 씨로젤이라 부르는데, 이 신소재는 청정환경과 관련해서 새로운 각광을 받고 있다.

이런 물질을 신발 창 고분자에 분산시켜 두면 물리적 흡착에 의해서 냄

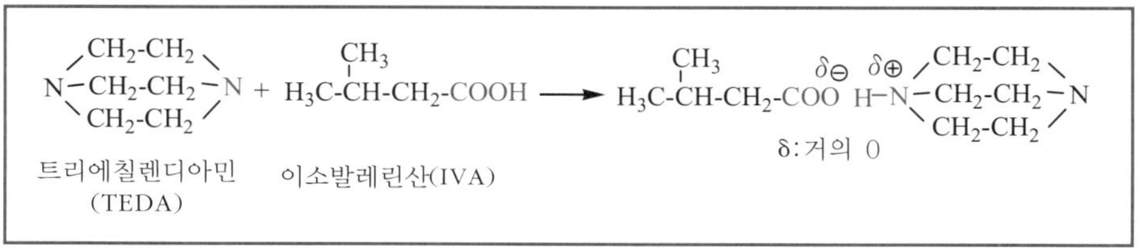

이소발레린산 냄새의 화학흡착

새가 제거된다. 물리흡착의 특징은 외부 조건이 달라지면 냄새물질이 탈착되어 흡착효과가 없어진다는 점이다. 탈착은 이용하는 조건에 따라 장점이 될 수도 있고 단점이 될 수도 있다. 탈착에 의해 흡착제를 재생하는 것은 장점이고, 따뜻한 실내에서는 냄새물질이 운동화에서 탈착되어 더 지독한 악취를 풍기는 것은 단점이다.

발 냄새의 원인 물질은 이소발레린산(또는 3-메칠부치린 산)(IVA)이다. 또 운동화의 창은 대부분 폴리(에칠렌-초산비닐) 공중합체(EVA)로 만들어진다. 창 고무에 그림에 보인 예처럼 트리에칠렌디아민(TEDA)을 배합해서 만들면 IVA가 TEDA와 화학반응을 일으켜 제거된다. 이 기술은 물리흡착에 비해서 제조원가는 비싸지만, 다시 탈착 되지 않는다는 장점이 있다.

10 자일리톨과 껌

자일리톨이 무엇이냐고 물으면 많은 사람들이 껌이라고 대답한다. 자일리톨 껌이 시장에서 좋은 평가를 받으면서 판매되는데, 포장지에 자일리톨이라고 큰 글자로 쓰여 있기 때문일 것이다. 실상 자일리톨은 껌이 아니라 껌 속에 들어 있는 설탕 같은 천연 감미제[2]이다. 이 감미제의 인기가 좋은 이유는 당도는 설탕과 비슷하면서도 단위 무게당 열량은 40%나 적어 다이어트 효과도 좋고, 입 속에 남아 충치를 덜 일으키기 때문일 것이다.

여기에서 당 성분인데 충치를 덜 일으킨다니 모순이라 생각할 수도 있다. 충치균도 당을 먹어야 산다. 같은 당 종류라도 설탕은 조금만 먹어도 되

2) 감미제 : 단맛을 내는 물질.

지만, 열량이 적은 자일리톨은 더 많은 양이 필요하다. 입 속에 잔존하는 농도가 같다면, 자일리톨은 충치균을 굶기는 효과를 발휘한다.

자일리톨은 원래 핀란드의 자작나무에서 추출된 자일로오스를 수소화하여 만들어졌다. 자작나무는 아주 흔한 나무가 아니므로 나중에는 자일로오스를 옥수수대 속껍질에서 추출했다. 옥수수대를 씹으면 달착지근한데 그 이유는 바로 자일로오스 때문이다. 최근에는 코코넛 껍질에서 추출하는 공정도 개발되었다. 우리나라 CJ사는 코코넛 껍질을 원료로 이용하는 공장을 필리핀에 건설하고 있다.

감미제에는 설탕과 자일리톨 같은 천연 제품 외에도 사이클라메이트, 사카린, 아스파탐, 수크랄로스 등 합성품도 있다. 이들의 당도는 각각 설탕의 30배, 300배, 180배, 600배이다. 이 중 사이클라메이트는 1969년에 이미 사용이 금지되었지만, 사카린에 대해서는 많은 논란이 있었음에도 불구하고 지금도 사용이 전면 금지되지는 않았다. 독성 여부에 대한 명확한 판단이 내려지지 못했기 때문이다.

그림 2에는 인조 감미제의 화학구조를 표시하였다. 이 구조들을 보면 자일리톨과 수크랄로오스는 탄수화물이고, 아스파탐은 아스파라긴산과 페닐알라닌이란 두 아미노산의 축합체이며, 사카린은 나머지 세 화합물과 전

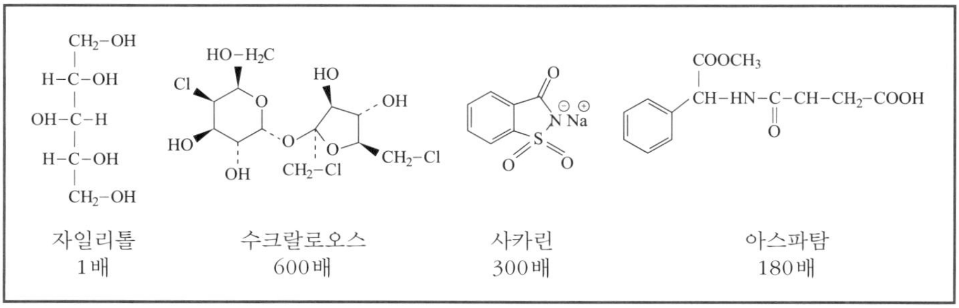

그림 2. 인조 감미제의 화학구조와 설탕대비 당도

혀 다른 구조를 가지고 있다. 이런 사실은 분자구조와 단맛과의 관계가 아직도 밝혀지지 않았다는 것을 의미한다. 어떤 구조의 분자가 단맛을 내는지 아직도 미리 예측할 수 없다는 것이다.

아스파탐은 아미노산 감미제이므로 유해성이 전혀 없다. 사카린은 유황과 나트륨을 함유하며, 수크랄로오스는 염소를 함유하는 감미제란 점이 특징이다. 수크랄로오스는 글루코오스와 프룩토오스로 구성된 이당류에 속하는 설탕을 염소화하여 만든 이당류이다. 염소로 인해서 당도가 매우 높지만, 소화는 안되므로 열을 발생시키지 않는다.

껌은 고무성분에 감미제, 향료 등을 혼합한 제품이다. 껌은 gum이란 영어를 일본식으로 발음하다보니 고무가 되었다. 껌에 쓰는 고무의 효시는 멕시코에 부존하는 천연 치클이었다. 이 치클은 미국이 멕시코와의 계약을 통해서 200년간 독점했다고 한다. 또 롯데제과가 일본에서 껌으로 큰 돈을 벌 수 있었던 원인은 미국과의 협력을 통해 천연 치클을 확보할 수 있었기 때문이란 이야기도 있다.

천연 치클의 생산량은 한정되어 있는데, 껌의 수요가 증가하자 아라비아 고무가 대체품으로 등장하였다. 이 고무도 부족하게 되자 아예 가교 폴리(초산비닐)이나 폴리이소부틸렌 같은 합성고무를 쓴 껌도 나왔다. 아라비아 고무는 천연고무를 고무나무에서 얻는 것처럼, 세네갈에서 자라는 아카시아 나무의 진액에서 얻는데, 이 고무의 조성은 천연고무와 달라서 글리코단백질과 다당류의 혼합물이다. 자일리톨 껌 중에는 이 아라비아 고무를 사용하여 만든 것도 있다.

가끔 어린이들이 껌을 씹다가 사탕을 입에 넣는 순간 "껌이 없어졌다"고 소리치는 경우를 볼 수 있다. 이는 전혀 염려할 것이 못 되는 현상이다. 사탕과 같은 감미제는 껌에 대한 좋은 가소제이다. 그래서 감미제가 많이 함유되면 고무를 가소화시켜 껌의 점도가 크게 감소, 마치 껌이 없어진 것처럼 느껴지고 그래서 쉽게 삼켜진다. 물론 삼키지 않고 계속 당분을 녹여 내면 고무의 점도가 증가하여 “껌이 다시 생겨난다”.

11 프라이 팬의 불소수지 코팅

테플론은 불소수지 PTFE(폴리테트라플루오로에칠렌)에 대한 미국 화학회사 뒤퐁사의 상품명이다. PTFE는 지구상에 알려진 모든 재료 중에서 응집력이 가장 높다. 불소 원자의 특성 때문이다. PTFE는 응집력이 너무 높아 어떤 물질도 자기 내부로 끌어 들이지 않고, 다른 재료에 전혀 접착되지도 않는다. 즉, 테플론을 녹이는 용매는 없다. 응집력 면에서 테플론과 비교해 보면 높은 응집력을 보였던 유방확대용 코헤시브 젤은 비교도 안 된다.

PTFE는 우리나라에서는 생산되지 않고 한 해에 약 1500톤 정도를 주로 미국, 일본에서 수입한다. 이는 그림에 보인 것처럼 냉장고와 에어컨의 냉매로 쓰이는 프레온-22를 열분해해서 얻은 TFE를 중합해서 만든다(식 1).

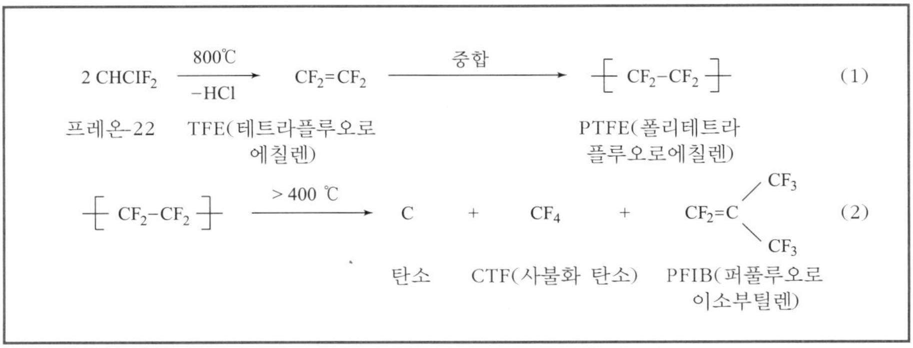

PTFE의 제조 및 열분해

PTFE는 400℃ 이상으로 가열하면 분해해서 주로 탄소와 CTF로 되는데, 이 때 소량의 퍼플루오로이소부틸렌(PFIB)이 부생된다(식 2).

이 PFIB는 LD50/kg(체중 1 kg당 50% 치사율)가 0.5ppb(1ppb=1/10억)로서 지극히 위험하다. 게다가 이 기체는 냄새조차 전혀 없어서 흡입가능성에 대한 사전 경고가 전혀 불가능하다. 이 기체가 발생할 위험이 있는 작업을 할 경우에는, 항상 창문을 열어 환기가 잘 되도록 하고, 또 카나리아 새를 옆에 두어야 한다. 카나리아 새의 우는 소리가 멈추고 죽으면, 작업자는 즉시 신선한 공기를 향해 도망쳐야 된다.

이 정도로 위험성이 높으니 식용유나 물 또는 음식을 전혀 담지 않은 상태에서 프라이 팬만을 가열하는 일은 절대 피해야 된다. 특히 겨울에 밀폐된 작은 공간에서의 가열은 치명적일 수 있다는 것을 명심해야 된다. 물을 함유하는 음식을 가열하면 PTFE가 분해될 정도로 승온하지 않으므로 크게 걱정하지 않아도 된다.

일상생활에 별로 연관이 없음에도 불구하고 그림 (1)에 PTFE 제법을 자세히 소개한 것은, 원료 TFE 제조기술을 개발한 과학자가 박달조 박사였음을 알리기 위해서다. 박 박사는 하와이에서 태어나 미국 불소화학회 회장도 역임하였다. 한국에 와서는 KAIST 원장도 지냈고, 1970년대 말에 KIST에서 프레온 개발을 도왔다. 이 프레온은 KIST의 노력으로 기업화되어 지금도 울산의 현대특수화학에서 생산되고 있다.

PTFE는 어떤 용매에도 녹지 않고 또 전혀 접착되지 않는다는데 프라이 팬 코팅은 어떻게 했을까? 프라이 팬을 자세히 관찰하면 표면이 매끄럽지 않고 오돌토돌한 것을 알 수 있다. 매끄러운 표면은 표면적이 좁아 전혀 접착시킬 수가 없어 오돌토돌하게 만들어 표면적을 넓혔고, 또 표면에 생긴 미세한 홈 속으로 PTFE 가루를 채운 다음 열을 가해 소결시켜서 빠져 나오지 못하게 만든 것이다.

이런 접착방법을 기계적 접착이라 부른다. 즉, 접착이 안되니 홈에 PTFE 가루를 기계적으로 메워 둔 것이다. 소결이란 벽돌, 기와, 질그릇, 도자기 등을 만들 때 흙 입자를 고온으로 가열해서 입자를 융착시키는 기술을 말한다. 도자기 제조기술이 테플론 성형에 이용된 것이다. 이런 기술을 소결 기술이라고 부른다.

12 유난히 새하얀 연근

요즘도 TV에서 일부 식재료 상인들의 악덕행위가 자주 보도된다. 매우 심각한 사례들이 많은데, 그중의 하나가 미리 까서 파는 연근이다. 연근은 폴리페놀을 함유하고 있어서 체내에서 항산화 기능을 발휘한다고 알려져 있다. 우리 몸의 항산화 기능을 발휘한다는 것은 폴리페놀 자체는 쉽게 산화된다는 뜻이다. 폴리페놀은 연근뿐만 아니라, 사과, 감, 복숭아 같은 과일에도 많이 들어 있다.

폴리페놀이란 벤젠고리 한 개에 여러 개의 −OH기가 결합되어 있는 화합물들이다. 우리 건강에 좋다는 폴리페놀은 탄닌, 플라보노이드, 안토시아니딘, 이소플라보노이드 등의 형태로 식품 속에 존재한다. 원래 이들은 공기 중에서 서서히 산화되어 어두운 색깔을 띤다. 그래서 깎아 놓은 사과, 감, 복숭아를 공기 중에 놓아 두면 서서히 표면이 검게 된다.

폴리페놀이 공기 중에서 산화되면 항산화 기능이 없어진다. 우리 몸속으로 들어가서 산화되어야 할 폴리페놀이 미리 산화돼버렸기 때문이다. 그림 1에는 폴리페놀의 하나인 시아니딘의 산화반응을 나타내었다. 산화에 의해 빨간색 폴리페놀이 검은색을 띠는 퀴논으로 변한다.

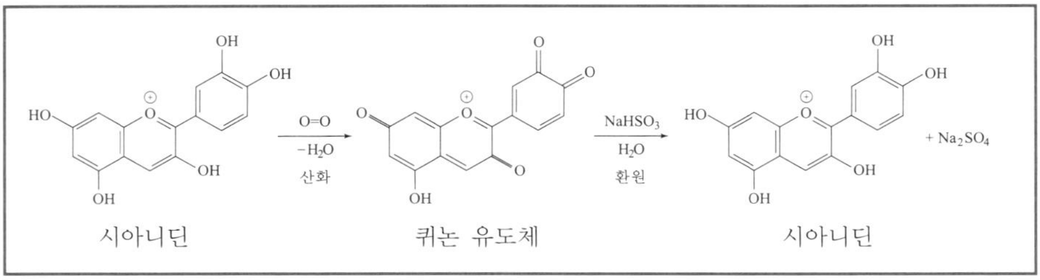

그림 1. 시아니딘의 공기산화 및 아황산 수소 나트륨에 의한 환원

유통 도중에 까서 파는 연근의 색깔이 변하면 상품가치가 떨어진다고 해서, 아황산수소나트륨($NaHSO_3$)이나 아황산나트륨(Na_2SO_3) 수용액 같은 환원제로 처리한다. 그럴 경우 그림 1에 보인 바와 같이, 산화에 의해 생겨난 퀴논에 환원반응이 일어나 시아니딘이 복원되어 유통기간 내내 방금 까놓았을 때처럼 하얀 원색깔이 유지된다.

아황산수소나트륨이나 아황산나트륨은 주로 제지공장에서 펄프나 종이를 처리해서 새하얗게 표백하는 데 사용되는 환원제이다. 사람이 먹게 되면 지극히 나쁜 물질들이다. 제일 좋은 방법은 힘들고 귀찮더라도 연근, 더덕, 도라지는 까지 않은 것을 사서 직접 까서 먹는 것이다.

그래도 편리함에 끌려 깐 연근, 더덕, 도라지를 피할 수 없다면, 물에 1시간 정도 담가 두었다가 꺼내서 충분히 수세하도록 한다. 아황산수소나트륨이나 아황산나트륨은 물에 아주 잘 녹으므로 충분히 수세하면 제거된다. 맑은 물 1리터에 한 방울 정도의 식초를 혼합하여 씻으면 더 좋다.

제거가 완전하게 이루어졌는지를 확인하는 방법도 있다. 수세한 물에 빨간색을 띠는 요오드 용액을 한 방울 떨어뜨려 요오드의 빨간색이 없어지면 수세가 충분치 않았다는 증거이고, 빨간색이 유지되면 환원제가 모두 제거되었다는 확증이다.

요오드 용액의 빨간색이 없어지는 원리는 그림 2에 나타내었다. 이를 보

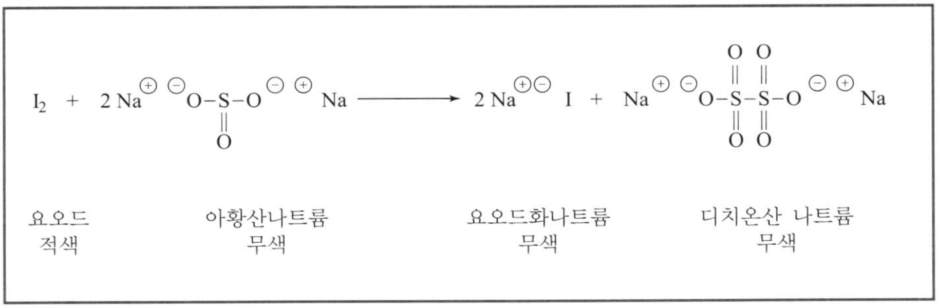

그림 2. 환원제에 의한 요오드의 탈색 반응

면 요오드 원소가 환원제에 의해 요오드 화합물로 환원되어, 요오드 자체의 색깔이 없어지는 것을 알 수 있다.

13 멜라민과 멜라민 밥그릇

2009년 초여름의 일이다. 중국에서 수입한 우유에서 멜라민이 검출되었다는 보도에, 식약청이 주관해서 우유 자체는 물론 유제품 전체에 대한 전면적인 검사가 시작되었다. 우유에 멜라민을 투입한 이유는 우유의 질소함량을 높이기 위한 목적이라고 한다.

우유에는 카제인 같은 단백질이 함유되어 있다. 이 단백질함량을 검사하는 간단한 방법에는 질소함량 분석법이 있는데, 질소함량이 높으면 단백질함량이 높다고 평가한다. 멜라민 분자는 그림에 표시한 바와 같이 질소 원자를 6개나 함유하고 있어서, 질소함량이 70%나 되며 물에 잘 녹는다. 그래서 멜라민은 소량만 넣어도 대부분이 물로 구성된 우유의 질소함량을 대폭 상승시키는 데에 매우 유리한 화합물이다.

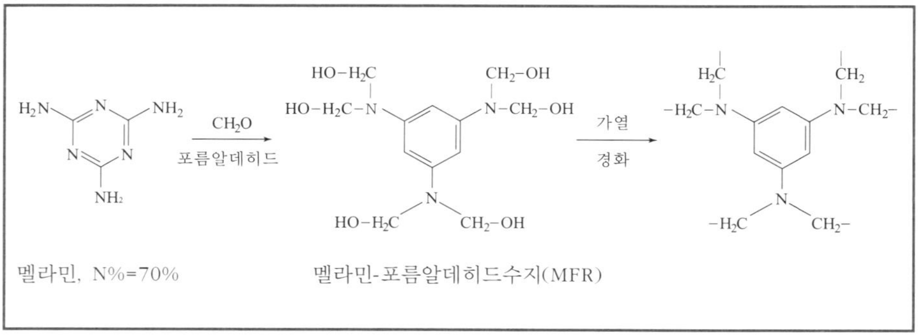

멜라민 및 멜라민-포름알데히드 수지(MFR)

멜라민은 원래 요소를 축합해서 만드는 공업용 약품으로서 우리나라에서도 삼성정밀화학이 대량으로 생산하고 있다. 이 화합물은 주로 나무, 합판, 종이, 섬유, 금속의 접착제와 식기, 당구공 등의 성형품으로 쓰이는 멜라민/포름알데히드 수지의 원료로 많이 사용된다. 이 수지는 우리나라의 여러 페인트 회사, 접착제 회사에서 대량으로 생산되고 있는 열경화성 수지의 대표적인 예 중의 하나이다.

그림에는 이 멜라민/포름알데히드 수지(MFR)의 화학구조와 이를 가열해서 경화시켰을 때 생성되는 가교구조를 보였다. 이 MFR 수지는 열경화성이며, 접착성과 내충격성이 대단히 우수하다. 그래서 당구공 외에 식기로도 많이 사용된다. 이 식기의 장점은 가볍고 던져도 깨지지 않으며, 테두리에 흠이 생기지도 않는다는 점이다. 우리가 플라스틱으로 알고 있던 접시, 쟁반 등도 멜라민으로 만든 것들이 많다.

한 가지 흠은 때가 끼면 씻기 어렵다는 점이다. 때를 없애기 위해서 락스 같은 산화제를 사용하는 경우를 가끔 보는데, 권하고 싶지 않다. 산화제는 약간 누런 색의 때를 탈색시켜 하얗게 만들 뿐이다. 그래서 때가 완전히 벗겨진 것처럼 생각하기 쉬워 물로 씻어내는 일을 소홀히 할 염려가 있다. 산화제는 처리 후에 수돗물로 상당히 오래 씻어도 없애기 어렵고, 또 남은 산화제는 때보다 더 해로울 수 있다. 때는 씻기 어려워도 연마제를 함유하는 치약을 이용해서 잘 닦는 것이 좋겠다. 정 어려울 경우에는 아세톤으로 녹여내고, 이어 따뜻한 물로 충분히 헹구도록 한다.

멜라민 우유가 문제되자 멜라민 식기에서도 멜라민이나 포름알데히드가 유출되는 것 아니냐는 우려가 팽배하고 있다. 그러나 전혀 염려할 필요 없다. 식기는 멜라민 수지 단독으로 만드는 것이 아니고, 분말펄프, 무기 충전제 등이 다량으로 함유되어 MFR 수지함량이 낮고, 또 MFR 수지의 가교결합이 끊어져야 멜라민이 나오게 되는데 웬만큼 뜨거운 물로 가열해도 가교결합이 끊어질 확률은 거의 없기 때문이다.

14 방출조절 캡슐과 당의정

약은 질병을 고치고 예방하여 건강을 유지하는 데에 매우 중요한 물질이다. 그래서 어려서부터 약을 먹어보지 않는 사람은 한 명도 없다. 필자는 약에 대해서는 잘 모르는 고분자 화학 전공자이다. 이런 입장에서 약을 자세히 관찰해 보면 약의 크기와 양에 비해 진짜 약 성분은 매우 적다는 것과 캡슐이나 당의정 형태로 되어 있다는 점이 눈에 띈다.

약 성분이 적은 것은 의학적인 실험결과를 토대로 정량이 함유되도록 제제한 사항이므로 언급하지 않도록 하겠다. 여기서 토의하려는 것은 약 성분이 아니면서 무게의 대부분을 차지하는 나머지 성분이다. 약에 이런 성분들을 가하고, 캡슐이나 당의정으로 최종 제품을 만들어 내는 기술을 앞에서도 언급했던 제제라고 한다.

제제의 목적은 약 효능의 극대화를 기하고, 먹기 불편한 형태의 약을 먹기 좋게 만들기 위함이다. 이런 기술 중에서 중요한 것으로 약의 방출속도 조절기술이 있다. 이 기술을 쉽게 설명하기 위해서 그림을 보였다. 이 그림에서는 약농도가 시간에 따라 변화되는 양상을 보이고 있다. 제제되지 않은 약을 그대로 먹으면 빠른 속도로 혈액 속의 약농도가 증가하지만, 시간이 지나면 약농도가 급격히 감소해서 효능이 없어진다. 약농도가 최고에 도달했을 때에는 농도가 이상적인 농도를 초과하여 부작용에 시달리게 된다.

이에 반해서 방출 조절약에서는 초기 방출속도는 느리지만, 이상적인 농도를 초과하지 않아 약의 부작용을 염려할 필요가 없고, 또 최고농도가 장시간 지속되므로 약효가 훨씬 오래 간다. 결과적으로 동일한 무게의 약을 훨씬 더 효율적으로 부작용 없이 활용하는 것이다. 나아가 방출되기 시작하는 시점을 조절하면, 예를 들어 장염을 치료하기 위해서 위 속에서는 방출이 전혀 안되고, 장속에서 모두 방출하도록 제제를 만들 수도 있다.

이런 구조의 제제를 만들기 위해서는 약을 고분자 캡슐이나 당의(설탕 옷)로 둘러싸야 된다. 캡슐로 사용될 수 있는 고분자로는 젤라틴, 올리고당, 폴리비닐알코올, 폴리에칠렌글리콜 등 여러 가지가 있다. 이런 고분자는 약을 분해시키지 않아야 되고, 물에 녹지 않고, 팽윤해야 되며, 독성 없이 체외로 배출될 수 있어야 하고, 생분해성이면 더 좋다. 우리나라에서도 이미

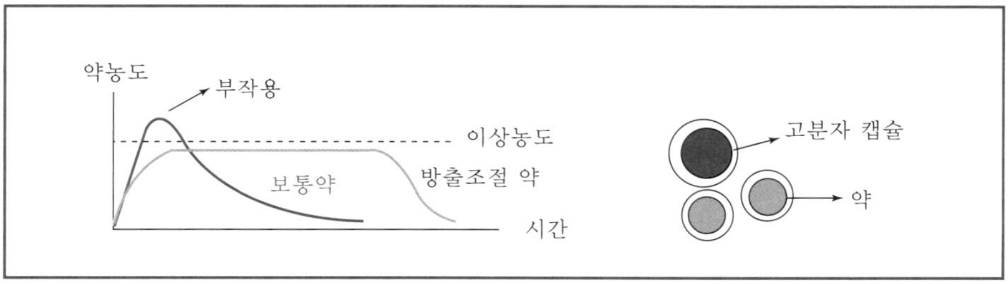

약의 방출속도와 고분자 캡슐 구조

이런 기술을 적용한 제제들이 많이 나와 있다.

방출속도가 그림에 보인 것처럼 조절되는 원인은 삼투압이다. 캡슐이 체내에 들어가 물로 둘러싸이게 되면 팽윤된 고분자 캡슐을 통해서 물이 안으로 들어가 약을 녹인다. 농도가 높은 약 수용액은 삼투압을 받아 농도가 낮은 캡슐 밖으로 서서히 녹아 나오게 된다. 캡슐 고분자 막의 구멍은 그림에 보인 속도에 맞도록 조절되어 있어서 약이 한꺼번에 쏟아져 나오지 못한다.

최근 이 분야의 연구는 항암제를 정교하게 캡슐화해서 정상세포에서는 전혀 약이 방출되지 않다가 암세포 속에 들어가면 약이 방출되는 제제의 개발에 온통 치중되어 있다. 이런 제제를 미사일 제제라고 부른다. 미사일 제제의 방출조절 원리는 단순한 삼투압만이 아니고 지극히 미세한 온도차이까지 인식하는 것이다. 연구를 통해 암세포는 분열, 성장 속도가 빨라 정상세포보다 조금 높은 온도를 유지한다는 사실이 밝혀졌고, 치료법을 찾는데 도움이 되고 있다. 이런 미사일 제제에 사용될 고분자 캡슐은 외부자극에 훨씬 더 예민하게 선택적으로 반응하는 재료로 만든다.

하루 속히 기술개발이 성공해서 정상세포와 암세포 사이만 구분하지 않고, 암세포끼리도 구분해내는 영리한 미사일 제제가 나오기를 기대해 본다.

09

환경

사람은 잘 살수록 환경에 관심이 많아진다. 주변을 돌아볼 여유와 지식이 생겼기 때문일까? 우리나라에도 이미 수많은 환경단체들이 있고, 이들의 연합체도 생겨났다. 환경에 대한 목소리는 비단 환경단체만의 전유물이 아니다. 정치계는 물론 종교계까지도 이명박 정부에서 역점사업으로 추진하는 4대강 사업의 "반환경성"을 강력하게 지적하고, 수정을 강력히 요구하고 있다.

누구든 환경에 대해서 제대로 말하려면 고도의 정확한 지식에 기반을 두어야 된다. 환경관련 문제는 범위가 엄청나게 넓어 누구도 다 잘 알 수는 없으며, 특정 분야에 대해서도 깊고 넓게 알아야 된다. 단순히 환경을 사랑하는 마음만으로는 상대방을 설득하기 어렵다. 명쾌한 과학적 근거가 뒷받침이 있어야 한다. 그래야 반대의 주장과 더불어 대책에 대해서도 이야기 할 수 있는 것이다.

01 환경호르몬이란 무엇인가?

환경호르몬이란 용어만 놓고 보면, 환경을 원활하게 만드는 물질이란 뜻인지, 환경오염물질 중에서 인체의 호르몬 기능에 악영향을 미치는 물질을 의미하는지가 애매하다. 전자의 의미라면 매우 긍정적인데, 후자라면 대단히 부정적이 된다. 하지만 환경과 관련돼서 긍정적인 의미를 부여하는 용어는 없다.

원래 호르몬은 분자량이 낮은 수용성 단백질, 즉 폴리아미노산이 주성분인 물질로서 동 · 식물의 생명이 원활하게 유지되도록 만드는 대단히 중요한 물질이다. 예를 들어, 혈당을 조절하는 호르몬인 인슐린은 분자량이 약 8만인 폴리아미노산이다. 이러한 인체의 호르몬 기능에 저해를 초래하는 부정적인 의미의 환경오염물질이 바로 환경호르몬이다.

환경호르몬은 일본 동경 주민들에게서 가장 먼저 발견되었다. 유난히 호르몬 계에 이상현상이 많이 발견되어 이 지역 사람들을 면밀히 조사해 본

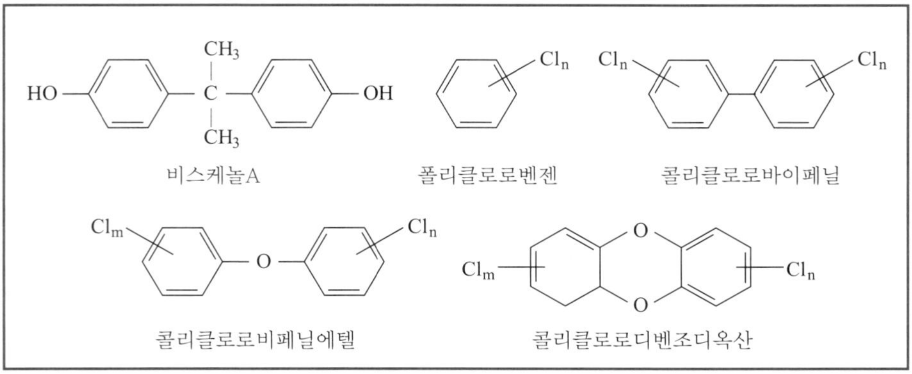

환경호르몬 물질들의 화학구조

결과, 식수를 통해서, 공기를 통해서, 그림에 표시한 바와 같은 물질들에 오염된 사실이 확인되었다. 그 후로 생체 내에서 정상적으로 생성되어 분비되는 물질이 아닌, 산업활동의 결과로 만들어진 외부물질이 생체의 내분비계 이상을 일으킨다고 하여 환경호르몬이라고 불리게 되었다. 환경호르몬은 지금까지 확인된 것만 70가지가 넘는다.

그림에 표시한 물질 중에서 염소를 많이 함유하는 물질 중 폴리클로로바이페닐(polychlorinated biphenyl)은 PCB란 약자로 더 많이 알려져 있고, 그 외의 염소 화합물들은 다이옥신으로 알려져 있다. 이들 염소 화합물들은 모두 유기 염소 화합물을 태우거나 가열하면 발생한다. 그러므로 소각용 폐플라스틱에는 폴리염화비닐(PVC)가 섞이지 않도록 따로 철저히 분리해서 수거해야 된다.

환경호르몬과 관련해서 주의해야 할 것이 있다. 소독을 위해 수돗물 속에 들어 있는 염소가 환경호르몬이라는 주장을 펴는 사람들이 있는데 이것은 잘못이다. 이 염소는 원소 상태의 물질로서 유기 염소 화합물과 전혀 상관없고, 함량도 매우 낮아 수돗물을 마셔도 염려할 필요가 없다. 우리 위 속에는 이보다 훨씬 강한 염산이 들어 있다.

비스페놀 A가 플라스틱에서 나온다는 주장도 잘못된 것이다. 대량으로 생산되는 공업용 플라스틱은 수 없이 많다. 그들 중에서 비스페놀 A를 원료로 쓰는 고분자는 폴리카보네이트, 폴리아릴레이트, 에폭시 수지 세 가지 뿐이다. 폴리아릴레이트는 우리나라에서 생산되지 않으며, 수입량도 별로 많지 않다. 에폭시 수지와 폴리카보네이트 고분자 무리에서 비스페놀 A가 발생되려면 가수분해반응이 일어나야 하는데, 이 수지들은 소수성이 상당히 강해서 물이 침투하기 어렵다. 웬만한 조건에서는 가수분해가 쉽게 일어나지 않는다. 실온에서는 전혀 염려할 필요가 없다.

비스페놀 A는 알칼리에는 잘 녹지만, 물에는 전혀 녹지 않는 페놀의 일종이다. 만일 피부에 접촉되었다면 된장으로 문질러 중화시킨 뒤 물로 씻는 것이 좋다. 환경호르몬 중에서도 특히 다이옥신은 인간이 만든 물질 중 가장 위험한 독극물이다. 1999년 벨기에산 닭, 돼지 사료 등이 다이옥신에 오염되어, 이를 먹고 사육된 돼지고기를 회수하는 '다이옥신 파동' 이 일어나기도 했다. 석탄, 석유, 담배 등을 태우거나 화학물질을 만드는 공장에서 주로 발생하는 물질이다. 실온에서도 인체에 매우 유해한 물질이므로 아예 노출되지 않도록 특별히 조심해야 한다.

비스페놀 A이든 다이옥신이든 지나치게 환경에 무관심한 것도 문제지만, 과학적인 근거가 전혀 없는 주장에 지나치게 현혹되는 것도 문제라고 본다. 어느 주장이 옳은지를 말하려면, 정밀한 측정결과에 기반을 둔 과학이 앞서야 된다.

02 식물 호르몬 에칠렌

에칠렌은 우리나라만 해도 연간 약 600만 톤이나 생산될 만큼 흔한 화합물이다. 납사를 열분해해서 만들어지는 이 에칠렌은 폴리에칠렌(PE), 폴리염화비닐(PVC), 에칠렌글리콜(EG) 등 중요한 석유화학 제품의 원료가 된다. 그래서 에칠렌은 석유화학산업의 크기를 나타내는 척도가 되었다.

이렇게 흔한 이 화합물은 식물 호르몬으로 작용하며, 식물이 자라고, 열매가 익고, 줄기가 죽어가는 과정을 조절한다고 알려졌다. 많은 과일들은 익으면서 에칠렌을 방출하는데, 반대로 이 화합물에 의해 익는 속도가 촉진되는 과일도 있다. 지금은 이런 사실이 상업적으로도 이용되고 있다. 우리나라에서는 땡감(떫은 감)을, 중국에서는 땡감과 바나나를 빠른 속도로 익히기 위해서 공업용 칼슘카바이드(CaC_2)를 써 왔다. 감과 바나나가 빨리 익

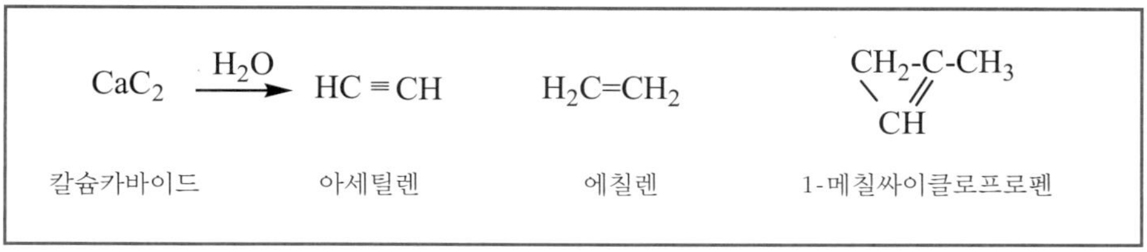

아세틸렌, 에칠렌, 1-메칠싸이클로프로펜의 화학구조

는 원인은 CaC_2가 공기 중의 수분과 반응하여 방출하는 에칠렌의 호르몬 기능 때문이라고 간주되었다. 그러나 이는 잘못 알려진 사실이다.

그림에 보인 것처럼 CaC_2가 물과 반응하면 에칠렌(C_2H_4)이 생기는 것이 아니라, 이 화합물보다 수소원자 두 개가 적은, 즉 불포화도가 높은 아세틸렌(C_2H_2)이 생긴다. 아세틸렌도 과일을 익히는 데에는 효과가 있다. 그렇지만 이는 사용이 금지되었다. 폭발성이 강한 데다가 공업용 CaC_2 속에 소량 함유된 비소와 인이 문제점으로 지적되었기 때문이다.

공업적으로는 이 아세틸렌 가스가 지금도 생산되고 있으며, 산소용접용 연소가스로 많이 쓰이고 있다. 발열량이 높아 빠른 속도로 온도를 높여 금속을 녹일 수 있기 때문이다. 또 이 가스는 전기가 없던 옛날 포장마차를 밝히는 등불의 연료로 많이 쓰였다.

익은 사과는 에칠렌을 상당히 많이 배출하는 것으로 유명하다. 그래서 사과와 땡감이나 바나나를 같은 상자에 보관하면 1~2일 사이에 땡감이나 바나나가 익는다. 에칠렌은 주로 녹색채소의 노화를 촉진하기도 한다. 그래서 사과와 녹색채소를 같은 용기에 담아 두면 녹색채소가 누렇게 퇴화된다. 이런 바람직하지 못한 결과를 막으려면 종합적으로 에칠렌을 방출하는 식물과 에칠렌에 의해서 쉽게 노화되는 식물이 무엇인지를 알 필요가 있다. 이를 위하여 표를 만들었다.

이 표는 에칠렌을 방출하는 식물과 에칠렌에 노출 시 쉽게 노화되는 식물

에칠렌 방출 식물과 에칠렌에 노출 시 노화되는 식물

에칠렌을 방출하는 식물			에칠렌에 의해 노화되는 식물
대단히 강력한 방출	강력한 방출	약간 강력한 방출	
사과, 사포타(인도과일), 체리모야(페루과일)	살구, 배, 복숭아,아보카도, 넥타린(승도), 파파야	노란색 바나나, 참외, 무화과, 감로, 리치, 망고, 파인애플, 자두, 홍색 토마토	양배추, 시금치, 수박, 순무, 파슬리, 치커리, 꽃양배추, 냉이, 브로콜리, 녹색 토마토, 녹색 바나나

을 동일한 포장용기에 담아 두는 것을 방지하는 데에 활용하기 위한 것이다. 수박을 제외한 대부분의 과일은 에칠렌 발생제이고, 대부분의 녹색채소는 에칠렌에 의해 노화되는 식물이다. 그러므로 이 두 종류를 동일한 용기, 특히 냉장고 같은 밀폐된 용기에 담아 보관하는 것은 바람직하지 않다.

표에서 특별히 눈여겨 볼 현상을 보이는 과일은 토마토와 바나나 및 참외와 수박이다. 토마토와 바나나는 익으면 에칠렌을 방출하는데, 안 익은 것들은 방출된 에칠렌에 의해서 빨리 익게 된다. 그러므로 익은 것과 안 익은 것을 섞어 두면 안 익은 것들이 빨리 익게 되고, 분리해 두면 안 익은 상태를 더 오래 유지할 수 있다. 여름에 과일가게에 가면 익지도 않은 새파란 토마토를 팔고 있는 것을 볼 수 있다. 혹자는 어떻게 익지도 않은 것을 파느냐고 의아하게 생각하겠지만, 현명한 사람은 익은 것과 익지 않은 토마토를 같이 구입하여 오래 두고 맛있게 먹을 것이다.

제철 참외와 수박은 여름에 수확하는 과일이라서 가정에서 같은 냉장고에 동시에 보관하기 쉽다. 그럴 경우 참외에서 발생한 에칠렌이 수박의 노화를 촉진시킨다. 더구나 여름은 온도가 높으므로 냉장고가 아닌 밀폐된 공간에 참외와 수박을 동시에 보관할 경우 수박의 노화는 더 빨라진다.

에칠렌이 특정 과일을 빨리 익게 만든다면 1-메칠싸이클로프로펜은 에칠렌과 반대의 기능, 즉 감이 익는 것을 저해하는 효과를 나타내는 화합물이다. 우리나라에서는 아직 이 화합물이 농업용으로 쓰이고 있는 것 같지는 않다. 그러나 멀지 않아 하절기에 수입한 바나나가 빨리 익는 것을 방지하는 데에 유용하게 이용될 것 같다.

03 스티로포어와 검댕

몇 년 전에 일어났던 대구 지하철 참사나, 최근의 이천 냉동창고 화재에서 주된 문제점으로 지적되었던 것은, 단열재로 쓴 스티로포어의 연소에서 대량으로 발생된 검정 그을음, 즉 검댕이었다. 검댕이란 작은 탄소 알맹이다. 검댕은 가벼워서 먼지처럼 대기 중으로 비산하는데 화재현장에서 사람들의 시야를 가려 탈출구를 찾지 못하게 만들었고, 호흡장애를 초래했으며, 이로 인해 인명사고가 늘어났다는 것이다.

스티로포어는 원래 독일 화학회사 BASF의 상품명인데, 스티로는 폴리스티렌을, 그리고 포어는 기포를 의미한다. 스티로포어는 여러 가지 단열재 중에서 제일 많이 쓰이고 있다. 값이 싸고, 단열성이 아주 우수하기 때문이다. 단열성이 우수한 이유는 스티로포어가 닫힌 기포(closed-cell foam) 구조를 가지고 있어서 공기가 포어 안에 갇혀 있어 움직이지 못하기 때문이다. 이런 구조로 인해 스티로포어는 열린 기포구조를 가진 우레탄 스폰지와 달리, 탄성 회복성이 전혀 없다. 즉, 꾹 눌렀다 놓으면 되올라오지 않는다. 스티로포어를 스폰지로는 쓸 수 없는 이유가 여기에 있다.

스티로포어가 타면 왜 검댕이 많이 생길까? 폴리스티렌 분자가 산소를 함유하지 않고, 벤젠고리를 가지기 때문이다. 표를 보면 폴리포름알데히드

스티로포어를 비롯한 몇 가지 고분자의 연소성과 검댕 발생량

고분자	PS : 폴리스티렌	PE : 폴리에칠렌	PVA : 폴리(비닐알코올)	PF : 폴리(포름알데히드)
화학구조	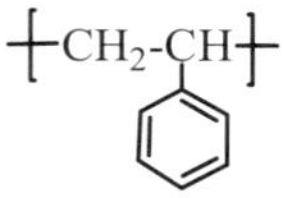	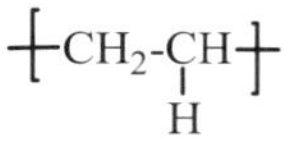	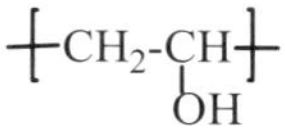	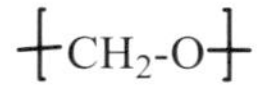
연소성	4	3	2	1
검댕발생	1	2	3	4
% 산소	0	0	36.3	53.3
% 탄소	92.3	85.7	54.5	46.7
벤젠고리	1	0	0	0

(PF)는 산소함량이 53.3%나 되므로 잘 타며, 연소 시 검댕은 전혀 생기지 않는다. 이런 성질로 인해 PF는 탈 때 약간 포르말린 냄새가 나는데도 불구하고, 지금도 등산용 또는 뷔페식당의 고체연료로 많이 쓰이고 있다.

폴리에칠렌(PE)과 폴리스티렌(PS)은 산소를 전혀 함유하지 않아 PF나 폴리비닐알코올(PVA)에 비해서 연소성은 낮고, 검댕 발생량은 많다. PS는 PE에 비해 벤젠고리를 함유하고 있고, 탄소함량이 더 높아 분자구조가 탄소에 더 가깝다. 그래서 검댕은 많이 발생시키고, 연소성은 낮다. 스티로포어가 단열재로 개발된 데에는 낮은 연소성도 고려되었다. PE 발포체는 포장재와 자동차 천정 단열재로도 많이 쓰이고 있다.

모든 유기 재료는 연속적으로 화염과 접촉되면 탄다. 여러 가지 기술을 동원하여 난연화[1]하더라도, 화염을 제거했을 때 불이 꺼지게 할 수는 있지만, 근본적으로 타지 않게 만들 수는 없다. 원래 유기 재료는 연소성이 강

1) 난연화: 불에 잘 타지 않는 성질.

한 탄소, 수소 원자가 주성분이기 때문이다. 즉, 유기 재료는 원래 잘 타도록 만들어진 것이다.

"스티로포어를 왜 난연화하지 않는가?" 란 지적이 있는데 경제성도 문제지만, 기술적인 문제점도 많아 근본적인 해결은 쉽지 않다. 모든 재료에는 장점도 있지만, 나름대로 문제점도 있다. 쓸 때 주의하고 만약 사고가 발생하면 신속하고 안전하게 대처하도록 한다. 사고가 났을 때 관리의 잘못은 뒷전인 채 기술의 산물인 재료를 범인으로 몰아가는 것을 흔히 본다. 무생물인 재료가 무슨 죄인가?

04 물먹는 하마와 제설제

"물 먹는 하마"란 오래 전 동양화학이 자신들이 생산하는 염화칼슘을 여름철에 판매하기 위해 만든 광고문구였다. 무수염화칼슘($CaCl_2$)은 물에 녹으려는 경향이 강해서 공기 중의 수분을 흡수하므로, 여름철 제습제로 쓰인다. 염화칼슘이 물을 많이 빨아들인다고 해서 "물 먹는 하마"란 광고가 나온 것이다.

염화칼슘은 겨울에 온 눈을 녹이는 데에도 효과가 탁월하다. 이 화합물이 물을 흡수할 때 많은 열을 내므로, 이 열에 의해 주위의 찬 눈이 녹게 된다. 또 눈이 녹은 곳에 염화칼슘 수용액이 생기면 이 수용액은 물의 빙점인 0°C보다도 훨씬 낮은 −18°C에서 얼므로 결빙을 막아 준다. 제설제로 염화칼슘이 나오기 전에는 소금을 썼다. 소금도 눈을 녹일 수 있고, 녹으면 −8°C까지는 결빙방지 효과가 있다. 그러나 발열량이 적어 눈을 녹이는 속도가 염화칼슘에 비해 훨씬 못 미친다.

염화칼슘이든 소금이든 둘 다 이온성 염소 화합물이기 때문에, 자동차, 도로변 철 구조물을 녹슬게 만드는 효과가 매우 높다. 강판에 대한 부식력은 염소 이온이 산소보다 강하다. 그래서 제설제를 뿌린 도로를 주행한 차는 반드시 세차해서 차 하부에 묻은 염소 이온을 곧바로 제거하도록 한다.

자동차는 세차하면 되는데, 가로수로 쓰이는 나무에 염화칼슘이 튀면 나무가 고사하고, 아스팔트나 시멘트 콘크리트에 스며들면 그 부분이 파괴된다. 또 대량으로 살포된 제설제는 결국 하천으로 흘러 들어가게 되는데, 하천의 COD(화학적 산소요구량), BOD(생물학적 산소요구량)을 크게 강하시켜 그 하천을 "죽은 하천"으로 만들 수도 있다.

이런 문제점으로 인해 최근에는 좀 더 환경친화적인 제설제/해빙제를 찾기 시작하였다. 새로운 제설제로 거론된 것은 염화칼륨(KCl), 염화마그네슘($MgCl_2$), 초산 칼슘/마그네슘[Ca, $Mg(CH_3COO)_2$] 이다. 이들의 결빙방지 한계온도는 각각 −9℃, −25℃, −28℃이다. 염화칼륨은 제설속도나 발열량에서 소금과 크게 차이가 없다. 염화마그네슘은 성능이 염화칼슘과 유사한데 값은 훨씬 비싸다.

초산 칼슘/마그네슘은 염소 이온을 함유하지 않아 부식이나 하천공해에 대해 우려하지 않아도 되고, 아스팔트, 시멘트 콘크리트 도로를 파괴시키는 성질도 낮아 전반적으로 염소 화합물보다 훨씬 친환경성이 높지만, 값이 너무 비싸 아직은 염화칼슘처럼 살포할 수 있을 정도가 못 되는 것이 문제이다.

05 CO_2 먹는 하마

1997년 교토 의정서가 합의된 이래 전 세계는 지금 CO_2 전쟁을 벌이고 있다. 2007년 전 세계가 배출한 CO_2 총량은 약 290억 톤이다. 우리나라도 약 4.8억 톤을 배출하여 CO_2 배출량에서는 세계 9위 정도지만, 1인당 배출량은 일본, 독일보다 많고, 연간 배출량 증가율은 중국 다음으로 세계 2위이다.

2009년 12월 7일부터 18일까지 코펜하겐에서 개최된 국제회의에서 나라별로 2020년의 CO_2 배출 허용량을 할당하려는 의도를 가지고 세계 각국 정상들이 모였지만, 의견차가 심해서 정량적 결정은 합의되지 못했다. 우리나라는 2020년 배출량을 2005년 대비 4% 감축하는 정책을 결정하여 코펜하겐 회의에서 선도적인 역할을 했다.

탄소를 태우면 일산화탄소(CO)와 이산화탄소(CO_2)가 생긴다. 화학공장도 상당 부분 "CO, CO_2 발생기계"에 해당된다. 그런데 CO_2를 원료로 쓰지 않으면 안 되는 제품, 즉 "CO_2 먹는 하마"가 있다. 요소와 폴리카보네이트(PC)가 바로 하마다.

요소는 CO_2를 암모니아(NH_3)와 반응시켜 만든다. 이때 소비되는 CO_2는 이론적으로 요소 1톤당 0.733톤이다. 요소 공장에서는 현재 CO_2를 만들기 위해 석유를 분해한다. 앞으로는 요소제조 시 일부러 CO_2를 만드는 것이 아니라 이미 상당량 배출되고 있는 CO_2를 회수해서 이용하는 방법을 찾아야 할 것이다.

또 요소비료를 많이 만들고 이 비료를 우리나라의 숲을 가꾸는 데도 쓰고, 가난한 외국에는 무상으로 원조해서 숲과 초원을 가꾸게 권장하면 CO_2는 이중으로 절감될 것이며, 국가 이미지도 향상될 것이다. 이를 위해서는 정부가 CO_2를 대량으로 배출하는 기업으로 하여금 CO_2를 회수하고, 또 회수된 CO_2로 요소를 생산하도록 정책을 펼치는 것이 좋겠다.

우리나라는 식량증산을 극대화하자는 주장 아래, 1950년대말 1 비 충주비료를 시작으로 9 비 남해화학까지 건설했었으나, 지금은 남해화학 여천

공장과 3 비였던 한국비료(지금의 삼성정밀화학) 울산공장만 명맥을 유지하고 있다. 남해화학은 하루에 약 1,000톤의 요소를 생산하지만, 삼성정밀화학은 이제 더 이상 요소를 생산하지 않는다. 요소비료 공장으로 남은 것은 오직 남해화학 한 개뿐이다. 쌀의 과잉생산이 우려되는 우리나라 현실을 감안하면 남해화학도 기업 운영이 쉽지 않을 것 같다.

폴리카보네이트(PC)는 내열성, 내충격성과 투명성이 매우 우수해서, 50리터들이 큰 생수병, 단체급식용 식반, 안경알, 광학렌즈, 콤팩트 디스크(CD), 레이저 디스크(LD), 영구용 그린 하우스, 자동차 부품 등을 만드는 데에 대단히 많이 쓰인다. PC는 CO로부터 만들 수도 있고, CO_2를 출발물질로 해서 만들 수도 있다.

CO_2를 쓸 경우, PC 1톤을 만들기 위해서는 이론적으로 CO_2 0.173톤이 필요하다. 우리나라에서도 제일모직과 호남석유화학은 CO_2를 원료로 해서 PC를 각각 연간 4만 톤과 2만 톤을 생산하고 있다. 두 회사의 PC는 연간 각각 약 7,000톤과 3,500톤 정도의 CO_2를 먹는 하마인 것이다.

최근에는 SKC가 CO_2를 직접 산화 올레핀과 중합시켜 지방족 폴리카보네이트를 생산하는 기술을 개발하고 있다. 지방족 폴리카보네이트는 거의 모두 생분해성을 가지고 있어서, 폐기되어도 공해를 일으키지 않으므로 이 회사는 라면, 과자 등 일회용 포장필름을 목표로 개발을 추진하고 있다.

CO_2 먹는 가장 큰 하마는 아마도 탄산음료일 것이다. 콜라, 사이다, 맥주, 샴페인 등이다. 그런데 이 하마는 CO_2를 마시자마자 금시 뱉어 내버리므로 환경보전에는 그다지 큰 도움이 안 된다. 온실효과를 초래하는 시간만 조금 늦출 뿐이다. CO_2는 마시자마자 체외로 방출해 내버릴 수밖에 없는 근본적인 원인은, 음료를 마셔도 CO_2가 거의 물에 녹지 않아 제대로 위에 이르지 못하기 때문이다. 위에 이른다고 해도 위 속의 강한 염산 때문에 약산인 CO_2를 구축하여, 신체 내부로의 흡수는 일어날 수 없다. 탄산음료

를 마시면 트림이 많이 나오는 이유가 음료와 함께 체내로 들어온 이산화탄소를 배출하기 위함이다.

액화 CO_2는 여러 가지 향료, 커피, 식물유 등의 추출용매로도 쓰인다. CO_2는 실온에서 기체이므로 액화시키기 위해서는 적어도 5.2기압의 압력하에서 −57℃로 냉각해야 된다. 물론 압력을 더 높이면 액화온도는 더 높아진다. 온도와 압력을 조절해 가면서 액체 CO_2를 추출제로 이용하는 경우에는, 대기압과 고온에서 다른 용매를 써서 추출했을 경우보다 더 많은 휘발성 향료를 보전시킬 수 있어 유리하다. 또 일반 유기용매와 달리 추출이 끝나 반응기를 서서히 열면 CO_2는 순식간에 기화하므로 다 쓴 CO_2를 회수하기도 쉽다. 앞으로 CO_2가 이 용도로 더 많이 이용되기를 기대한다.

인체도 산소로 먹이를 태워 CO_2를 만드는 엔진이다. 한 사람이 매일 600그램의 전분만 먹고 산다고 가정하면, 세계의 65억 인구가 1년간 배출하는 CO_2는 약 17억 톤에 이른다. 이 배출량은 인류의 생명유지를 위해 방출되는 최소량이다. 우리가 요소와 PC를 많이 쓰면 적어도 우리가 살기 위해 어쩔 수 없이 발생시키는 CO_2보다 더 많은 양을 저감할 수 있을 것이다.

06 CO 먹는 하마

앞서 말했듯이 탄소를 태우면 이산화탄소(CO_2)와 함께 일산화탄소(CO)도 생긴다. CO는 연소가 완전히 이루어지지 못한 중간 산화물이다. CO_2와 달리 CO는 독성이 있지만, 더 태우면 결국 CO_2로 되므로 에너지원이 된다. 우리나라의 경우 CO는 연탄가스로 더 잘 알려져 있었다. 겨울철에 난방을 위해 19공탄을 쓸 때 중독된 사람들이 많았었기 때문이다.

CO 먹는 하마로는 폴리카보네이트(PC) 외에도, 디메칠포름아마이드(DMF), 톨루엔디이소시아네이트(TDI), 메칠렌디페닐이소시아네이트(MDI)가 있다. 불행히도 우리나라에서는 네 가지 제품 모두 부생되는 CO를 활용하여 만들지 못하고, 아직도 일부러 나프타를 산화해서 얻는 CO를 쓰고 있다.

PC는 CO_2를 원료로 해서 제조할 수도 있으나, CO를 쓰는 공법이 더 오래되었다. 삼양화성과 엘지화학은 CO를 쓰는 공법으로 각각 연간 5만 톤 이상 생산하고 있다. CO 공법에서는 PC 1톤당 CO 0.11톤이 소비된다. 그러므로 두 회사의 PC는 연간 약 11,000톤의 CO를 소비한다.

DMF는 유기용제로서 페인트, 접착제, 잉크 등의 제조에 요긴하게 쓰이는데, 삼성정밀화학이 연간 약 10,000톤 정도 생산하고 있다. 이 생산량을 달성하기 위해서 삼성정밀화학은 연간 약 3,800톤의 CO를 원료로 쓰고 있다.

"CO 먹는 하마"로서 PC보다 더 중요한 것은 우레탄의 원료인 디이소시아네이트(DIC)이다. 여기에는 종류가 대단히 많다. 이소시아네이트는 −NCO기를 가진 화합물이다. 그중에서 대표적인 것은 TDI와 MDI이다. TDI는 한국화인케미칼과 동양제철화학에서 생산되고, MDI는 한국 BASF와 한화석유화학, 금호석유화학 등에서 생산된다. DIC를 생산하기 위해서 연간 200만 톤 이상의 CO를 소비하고 있는 것으로 추산된다. 이미 매우 큰 하마가 돼있다.

07 자기 무게 1,000배 이상의 물을 먹는 고분자

염화칼슘은 물을 흡수하는데, 자기 무게의 32%는 대단히 빠른 속도로 흡수하고 이때 많은 열을 발산한다. 이 열이 눈을 녹이므로 도시지역에서는 겨울철 제설을 위해 염화칼슘을 쓴다. 염화칼슘의 물 흡수량이 32%를 초과하면 그때부터는 물은 매우 천천히 흡수되고 더 이상 발열하지 않는다.

염화칼슘과는 비교할 수 없을 만큼 많은 물을 흡수하는 고분자가 있다. 자기 무게의 1,000배 정도를 흡수하는 이 고분자 물질은 고흡수성 수지란 이름으로 알려졌는데, 국내에서도 KIST에서 개발되어 코오롱 유화가 대량으로 생산한 적이 있었다. 이 수지는 중성의 물뿐만 아니라, 소변 같은 약알칼리성 수용액도 잘 흡수하므로, 기저귀, 생리대에도 많이 쓰이고 있다. 최근에는 사막화를 방지하기 위해서 모래톱에 심은 나무를 보호하는 데에 유용하게 쓰이고 있다.

이 고분자가 초고흡수성을 나타내는 근본적인 원인은 삼투압 때문이다. 소금 수용액 속으로 물이 침투하는 것과 같은 이치이다. 고분자 사슬에 소금 같은 이온성 물질을 다량 화학적으로 결합시켜 두면, 삼투되어 들어온 물이 고분자를 녹인다.

그런데 이 고분자를 물에 녹지 못하고 팽윤할 수 있도록 화학적으로 가교시켜 두면, 삼투된 물이 사슬을 녹일 수 없으므로 엄청난 양의 물을 흡수하면서 부풀어 오르는 고흡수성 수지 가교젤이 된다. 결국 물을 흡수해서 물에 녹으려는 경향과 가교로 인해 녹는 것을 막는 힘이 평형이 이루어질 때까지 물은 흡수되고, 고체수지가 팽창하는 것이다.

고비사막이 점점 넓어져 계절을 가리지 않고 우리나라의 황사피해가 심해지고 있다. 사막화 확대를 막기 위해 경계지에 나무를 심지만, 말라 죽어 효과가 없다고 한다. 한 · 중 · 일 삼국이 공동으로 협력해서 고흡수성 수지를 써서 건조를 막아 고비사막의 확대를 방지했으면 한다. 이런 협력 프로젝트가 하루 빨리 생기기를 기대해 본다.

08 사체 화장, 안전한가?

세계 각국의 풍습을 보면, 사람의 시신을 처리하는 방법이 매우 다양하다. 우리나라의 일반적인 전통은 관에 넣어 매장하는 방법이었다. 매장이 끝나면 봉분을 만든 다음 묘석을 설치해서 영원히 자손들이 알아볼 수 있는 표지로 삼았다. 살아 생전 사회에 공헌을 많이 남긴 사람처럼 특별한 사람들의 자손은 선조의 매장터를 더 크고 더 멋있게 만들었다.

그러다 보니 산이 온통 묘지로 채워져 문제가 되었다. 비행기에서 내려다 보면 흉물스럽기까지 하다. 이를 개선하기 위해서 최근에는 마치 대도시의 아파트 같은 형태의 매장단지가 생겼다. 하지만 인구증가와 함께 지금은 이마저도 부족하다. 땅 부족 문제가 심각해지자 이제 화장이 대폭 늘어났다. 화장에는 문제가 없을까?

인체의 상당부분은 액체인 물이다. 액체가 아닌 고체 중 뼈는 대부분 인산칼슘이 주성분인 무기 화합물이고, 지방은 탄소, 수소, 산소만으로 구성된 지방산의 글리세린 에스텔이며, 근육, 머리털, 손톱, 발톱, 피부 등은 모두 단백질이다. 단백질이란 20개의 필수 아미노산이 공중합되어 만들어진 폴리아마이드 고분자를 말한다.

인체는 난연화 처리가 되지 않았다. 생명이 다 되면 쉽게 자연으로 돌아가라는 의미일 것이다. 그래서 수분함량이 상당히 높은데도 불구하고, 사체는 연소성이 높아 쉽게 탄다. 탄소와 수소를 많이 함유하고 있기 때문인지도 모른다. 사체가 타면 유독가스가 생기지 않을까? 수소는 타서 물로 변환되므로 걱정할 필요 없다. 탄소는 CO나 CO_2로 산화된다.

문제는 단백질이다. 단백질은 많은 양의 질소와 소량의 유황을 함유한다. 질소 성분이 연소되면 NO와 NO_2가, 유황성분이 연소되면 SO_2가 생길 수밖에 없다. 이들은 모두 유해가스로서 환경청에서 철저히 관리하여 ppm 단위로 고시하고 있는 공해물질이다. 화장되는 사람은 살았을 적에만 공해를 배출하는 것이 아니라 죽어서도 배출한다.

20개의 필수 아미노산 중에는 시스테인도 포함된다. 그림에 나타낸 바와 같이, 이 아미노산이 다른 아미노산들과 함께 공중합되어 만들어진 단백질 속에는 물론 시스테인 단위구조도 함유되어 있게 된다. 이 시스테인 unit 100g이 연소되면 62g의 SO_2와 29g의 NO가 생기게 된다.

20개의 필수 아미노산 중에 유황을 함유하는 아미노산은 시스테인, 시스틴 및 메차이오닌의 3개밖에 안되므로, SO_2 배출은 무시할 수 있는 정도이다. 그러나 질소는 모든 아미노산에 다 함유되어 있으므로 모든 단백질은 대단히 많이 질소를 함유한다. 그러므로 NOx의 발생량은 결코 무시할 수 없다.

그뿐만이 아니다. 화장터에 가면 사체를 그냥 태우는 것이 아니라 상당히 많은 양의 석유연료를 이용해서 태운다. 연소 속도를 높이기 위한 방법이다. 연소가 되기 위해 1,000~1,200℃ 이상의 온도가 되어야 하고, 시간도 사체에 따라 2~4시간 정도 소요된다.

요사이 화장장은 새로 건설하기가 쉽지 않다. 건설부지 부근의 주민들이

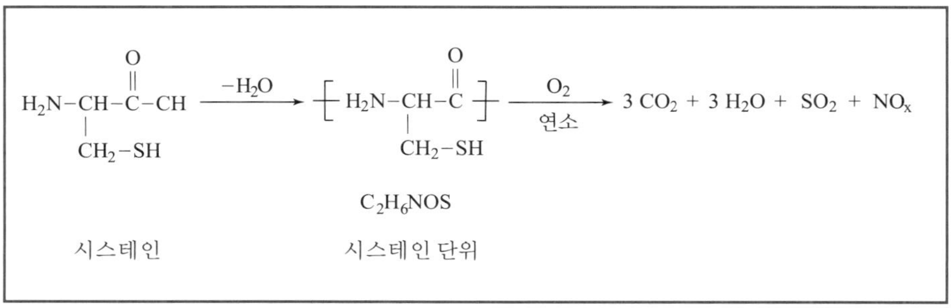

시스테인의 중합 및 시스테인 단위구조의 연소

모두 반대하기 때문이다. 소위 님비(NIMBY) 현상이다. 반대의 이유가 유해가스 발생 때문이 아니고 땅값 하락 때문이라고 한다. 하지만 언젠가 유해가스 발생까지 알려지면 화장시설의 확충은 더 어려워질 것이다.

화장하고 남은 유골재의 처리도 문제다. 현재는 대부분의 유골재를 납골당에 모신다. 그런데 납골당 건설도 인근주민들의 반대에 부딪친다고 한다. 화장장 설치와 비슷한 이유이다. 그래서 새로운 대안으로 수목장이 등장했다. 유골재를 작은 나무상자, 단지나 항아리에 담아 나무등걸 밑에 묻는 것이다. 나무 주변에 뿌리는 방법도 있다. 외국에서는 많이 보편화되어 있고 국내에는 도입 단계에 있다. 나무 밑에 묻더라도 나무에게 도움이 될 영양분은 이미 다 타버린 후이기에 하나도 없다. 나무 입장에서 보면 반가울 리 없다. 항아리에 담은 채 묻는다면 나무의 불만은 더 클 것이다.

필자의 생각으로는, 앞으로는 우리나라에서도 공해를 유발하는 화장을 점차 지양하고, 사체를 봉분 없이 나무 밑에 묻는 형태의 진정한 수목장 형태로 전환해야 옳다고 본다. SO_2, NOx 발생도 막고, 나무에 비옥함을 제공하자는 것이다. 이렇게 되면 나무도 얻는 것이 생겨 환영할 것이다. 게다가 그 나무가 잘 자라면 CO_2 저감에 크게 기여한다. 이렇게 하면 생전의 악인도 죽어서나마 한 번은 친환경에 도움을 주는 선행을 하게 된다. 진정 아름다운 일이 아닐까?

09 아스팔트, 문제없나?

아스팔트 총 소비량은 한 나라의 부를 상징한다고 한다. 아스팔트는 석유 소비량과 자동차 보유량의 척도가 되기 때문일 것이다. 자동차를 타는 운전자는 털털거리는 비포장 도로를 싫어하고, 아스콘(아스팔트 콘크리트)이나 시멘트 콘크리트로 포장된 도로에서 시원하게 속도내는 것을 좋아한다.

우리나라도 어느덧 급속한 경제성장으로 인해 웬만한 도시의 경우 하루종일 돌아다녀도 흙 한 번 밟아볼 수 없을 정도가 되었다. 도로는 물론 주차장, 골목길, 앞뒤 마당까지 모두 아스팔트나 시멘트로 포장되어 있기 때문이다. 이제 새로 포장해야 할 곳이 별로 없어 아스팔트의 내수는 주로 보수용이라고 한다.

아스팔트(우리말: 역청)는 원유에서 석유를 뽑고 나면 남는 검은색의 정유공장 및 석유화학공장 부산물이다. 역청은 매우 복잡한 조성의 화합물이라서 정확한 구조는 아직도 잘 모르지만, 대략 그림에 나타낸 바와 같이 산소(O), 질소(N), 유황(S)을 조금 함유하는 방향족 탄화수소 고분자이다.

아스팔트는 점도가 높아 이를 포장용으로 쓰려면 170℃ 이상으로 가열

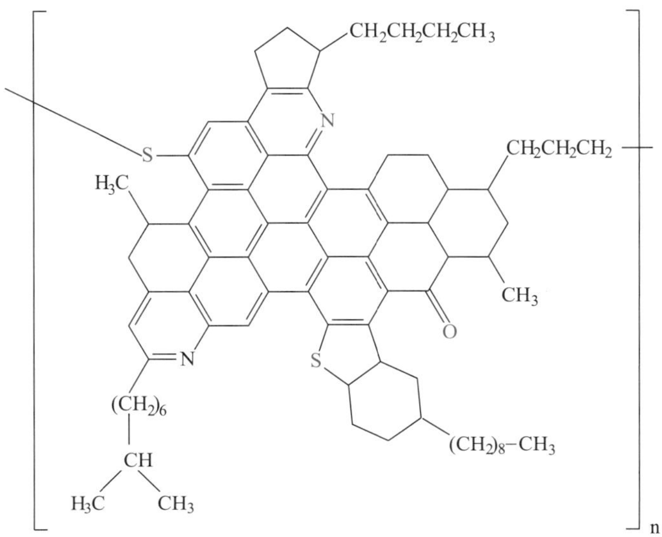

분자량 : n × 3,449

아스팔트의 개략적인 구조

해야 유동성이 생긴다. 이 역청을 용융 아스팔트라고 부른다. 이를 잔 자갈 및 모래와 섞은 것이 아스콘이다. 이를 포장에 쓰려면 용융기가 부착된 특장차가 있어야 된다. 용융 아스팔트는 도로나 대형 주차장을 한꺼번에 대량으로 포장하는 데에 알맞다. 이 외에 포장하기 편리하게 만들기 위해서 경유를 섞은 희석 아스팔트, 포장 시의 증기발산을 막기 위해 물에 분산시킨 에멀젼 아스팔트도 있다.

아스팔트가 자동차 문화의 바탕을 이루는 중요한 재료이기 때문인지 모르지만, 아스팔트의 단점에 대해서 지적하는 사람이 그동안 아무도 없었다. 극히 최근에 와서야 이런 면에 대한 연구와 지적이 나오고 있다. 부의 상징도 시간이 흐르면 질타의 대상이 될 수 있음을 아스팔트가 보여 주고 있다. 아스팔트의 문제점을 요약하면 크게 세 가지로 볼 수 있다.

첫 번째 문제점은 용융포장을 위해 아스팔트를 170℃ 이상으로 가열할 때 증기로 휘발하는 유기화합물이 80가지를 넘는다는 것이다. 지방족, 방향족, 헤테로 고리계, 유황유도체, 질소유도체, 프탈레이트 가소제, 유기산 등등 온갖 종류의 유기 화합물들이 휘산된다. 이 문제는 그리 심각하지 않다고 말할 수도 있다. 포장은 야외에서 하고 포장이 끝나면 빨리 냉각되며, 작업자는 소수라서 전문적인 훈련을 통해 보호받을 수 있기 때문이다.

두 번째 문제점은 몇 년 간에 걸쳐 햇빛에 의해 아스팔트는 광분해되어 수없이 많은 화합물을 대기 중으로 서서히 발생시킨다는 것이다. 여기에 대해서는 제대로 된 연구도 없어 정확한 이야기를 할 수조차 없다. 분명한 것은 포장 직후의 아스팔트는 새까만 검은색인데, 2년만 지나면 회색에 가깝게 변하고 무게도 크게 줄어든다는 것이다. 즉, 검은색을 내던 유기 화합물들이 분해되어 대기 중으로 휘발된 것이다.

아스팔트의 분해는 햇빛에 의해 촉진된다. 햇빛을 받으면 온도도 오르고, 또 햇빛 속에는 자외선도 많아 화학결합이 쉽게 끊어지기 때문이다. 분해에 의해 어떤 화합물이 얼마나 많이 생성되었고, 그 뒤에는 어떻게 되었는지 아직은 아무도 모른다. 모른다고 해서 해롭지 않다는 이야기는 아니다.

햇빛이 쨍쨍 내리 쬐는 날 아스팔트 주차장에서 롤러스케이트를 타는 어린이들이나 족구를 즐기는 어른들을 흔히 보는데, 바람직한 장소는 결코 아니라고 본다. 검은색의 분해물들이 방출되기 때문이다. 시멘트 위에서 하라고 권하기도 쉽지 않다. 아스팔트보다 단단해서 넘어지면 다칠 확률이 훨씬 높고, 그렇다고 유해물질이 없다고 장담할 수도 없기 때문이다. 흙이 좋은데 대도시에는 이제 흙이라곤 찾아 보기가 어렵다.

세 번째 문제점은 지구 온난화에 대한 우려이다. 미국의 경우 지구 전체 면적의 1/2,000에 해당하는 256,000m^2의 면적이 아스팔트로 포장되어 있다고 한다. 아스팔트는 흑색도에 따라 88~96%의 태양열을 흡수한다. 갓 포장한 아스팔트는 새까맣기 때문에 더 많이 흡수한다.

미국의 포장 아스팔트가 흡수하는 태양에너지는 미국이 소비하는 전체 전력의 120배에 달한다는 계산이 나왔다고 한다. 실로 엄청난 양이다. 이 에너지 양이 워낙 엄청나자, 미국과 일본에서는 지구 온난화의 주범이 온실가스가 아니라 아스팔트일지 모른다는 주장이 나오기 시작했다. 우리나라에서는 통계라도 제대로 나와 있는지 모르겠다. 혹자들은 아스팔트 포장면을 모두 흰색으로 덧칠하자는 주장을 하기도 한다. 과연 실용 가능한 이야기일까? 각자의 상상에 맡겨본다.

몇 년 전 우리나라의 환경 운동가들은 거의 모두 부안으로 몰려가 부안군 내 방폐장 건설에 반대하는 운동을 펼쳤고 성공했다. 그래서 방폐장은 결국 경주군에 건설하도록 결정되었다. 이들은 부안으로 갈 때 모두 자동차를 타고 아스팔트 포장도로를 달렸다. 앞으로도 그럴 것이다. 환경운동가들도 아스팔트를 모두 파내라는 운동을 벌이지는 않을 것이다. 다행이다. 필자도 원치 않으니.

10 PVC, 아직도 없으면 안 된다

PVC는 영어로 poly(vinyl chloride), 우리말로 폴리염화비닐을 말한다. 폴리에칠렌, 폴리스티렌, 폴리프로필렌과 더불어 소위 4대 범용 비닐고분자의 하나로서, 지금도 우리나라에서 연간 약 60만 톤 정도가 생산되고 있다. 주된 용도로는 명품 손가방 재료, 파이프, 전선피복, 전시용 모조 음식물, 조화, 장난감, 비닐장판, 벽지 등 대단히 많다.

PVC는 일찍이 1942년에 영국에서 처음으로 공장화 기술이 완성되어 대량생산된 기본 합성수지이다. 이 당시에는 아세틸렌이 원료였지만, 지금은 모두 에칠렌을 원료로 쓴다. 우리나라의 경우, 1966년에 아세틸렌 공법으로 충청북도 청원 옆의 조그만 마을인 부강에 연간 4,000톤짜리 생산공장이 처음으로 건설되었는데, 이것이 PVC 산업은 물론 석유화학산업의 효시가 되었다. 이 공장은 폐쇄되어 지금은 한화석유화학의 물류기지로 이용되고 있다.

PVC 장판은 대단히 인기가 높아 벽지, 치약과 함께 럭키화학(지금의 엘지화학)의 주력 상품이었다. PVC는 원래 매우 단단해서 자체로는 절대 가공할 수 없고, 그래서 아무런 쓸모도 없다. 쓸모가 생긴 이유는 가소제 때문이다. PVC 수지에 DOP(디옥틸 프탈레이트) 같은 가소제를 첨가하면 열가소성이 증대되어 고온에서 가공이 쉽도록 해 준다. 가소제 함량이 낮으면 경질 PVC라 부르고, 높으면 연질 PVC라고 한다. 가소제에는 DOP 외에도 여러 가지가 많다.

사람들은 잘 살게 되면 건강에 관심이 높아진다. 가난했던 시절에는 PVC 공장을 유치하기 위해 일치단결했던 사람들이, 잘 살게 되자 가소제의 부작용에 대해서 대단히 많은 논란과 지적을 해왔다. 그 결과 가소제는 환경호르몬으로 지탄되었고, PVC는 기피의 대상이 되었다. PVC의 장점은 대단히 우수한 가공성인데, 단점은 가열 시 염화수소(HCl) 가스를 부생시키고 연소 시 발암물질인 다이옥신을 배출한다는 점이다.

PVC가 열에 의해 분해되는 반응을 그림에 표시하였다. 여기서 일단 염화수소 가스가 생기면 이 가스는 열분해를 촉진시키는 촉매로 작용해서 분해는 더 많이 더 빨리 일어나게 된다. 분해가 일어나면 고분자 사슬에는 C=C 이중결합이 많이 생겨 색깔이 연노랑에서 시작해서 결국 새까맣게 변한다.

최근 조화나 전시용 식품은 지극히 정교하게 만들어져 진짜와 구분하기가 매우 어려움은 물론, 향내도 진짜처럼 난다. 이렇게 정교한 가공은 연질 PVC 외에 다른 고분자로는 불가능하다. 다른 고분자는 PVC만큼 가소제를 수용하지 못하기 때문이다. 이런 이유로 인해서 여러 가지 부작용에도 불구하고, PVC는 아직도 사용을 금지시키지 못하고 대량으로 쓰이고 있다. 다른 대체 재료가 없기 때문이다.

대체 재료의 개발을 위해 지금도 전 세계에서 엄청나게 많은 노력이 경주되고 있다. 하지만 근본적인 대책은 명확히 나온 것이 없다. 현재로서는 여러 가지 첨가제를 이용해서 부작용을 막아 가면서 쓰고 있다. 이런 첨가제는 대부분 염화수소 가스의 발생을 막는 안정제인데, 주로 아연, 주석 같이 독성이 매우 낮은 금속의 스테아린 산 염이 쓰인다.

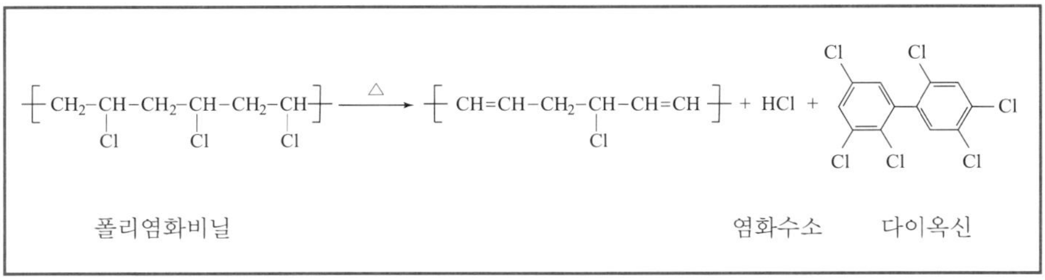

PVC의 가열에 의한 분해

PVC를 쓸 수밖에 없다면 사용자에게 교육을 통해 주의하면서 쓰고, 폐기할 때에는 따로 모으도록 한다. 장판에 피부가 직접 접촉되지 않도록 주의하고, 특히 여름날 어린이가 PVC 장판 위에서 맨몸으로 기어다니지 않도록 조심하고, 잘 때는 이불을 펴는 것이 좋겠다. 장난감은 가급적 PVC로 만들지 말아야 되겠고, 재료에 반드시 PVC가 쓰여야 한다면 어린이가 입에 물지 않을 품목으로 제한토록 한다.

11 광분해성 및 생분해성 필름

플라스틱 필름은 비단 그린 하우스용만이 아니라 식품 및 공업용 포장재로도 대단히 많이 쓰인다. 많이 쓰이는 것은 공업발전으로 보았을 때는 좋은 일인데, 문제는 많이 쓰는 만큼 많이 버려진다는 것이다. 버려지는 문제를 근본적으로 막는 방법은 교육을 통해서 버리는 사람들의 인식을 바꾸는 것이라고 생각한다. 그래도 안 바뀌면 법을 통해서 강요해야 된다.

폐필름은 태워버리면 유독물질을 뿜어내고, 환경오염의 원인이 되지만, 버리지 않고 모아 재생하면 귀중한 자원이 된다. 각 가정에서 쓰이고 있는 고무대야, 고무통, 보도블럭 등으로 재사용이 가능하다. 그런데 우리 사회는 이 문제를 해결하기 위해서 교육은 게을리하고 재료 탓을 더 많이 한다.

과학기술자들은 이런 문제를 해결해서 더 나은 사회가 되도록 노력해 왔다. 버려진 플라스틱 필름이 수거되지 못해도 햇빛을 받아 분해될 수 있도록 필름에 광분해성을 부여하고, 흙 속에 묻히면 토양 미생물에 의해 분해될 수 있도록 생분해성을 부여하였다. 간혹 마트에서 구입한 비닐봉투에 "이 봉투는 자연분해되는 봉투로 만들었습니다"라는 문구를 보았을 것이

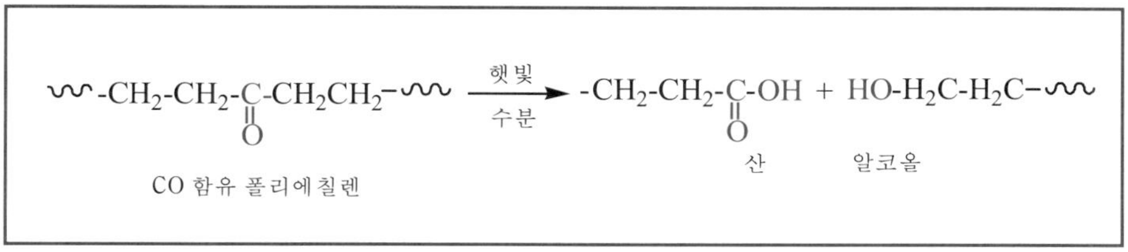

그림 1. C=O기를 가지는 폴리에칠렌 필름의 광분해

다. 그리고 쓰레기종량제봉투는 오랜 시간 후에 자연에서 분해될 수 있는 소재로 만들고 있다.

폴리에칠렌 같은 필름에 광분해성을 부여하기 위해서는 에칠렌을 중합할 때 소량의 일산화탄소(CO)를 투입하고 공중합시킨다. 일산화탄소/에칠렌 공중합 수지 필름이 햇빛을 받고 수분에 노출되면, 그림 1에 표시한 바와 같이, C=O기 바로 옆 탄소에서 사슬이 끊어진다. 사슬이 끊어지면 긴 사슬이 말단에 산(–COOH)이나 알코올(–OH)기를 가지는 짧은 사슬로 전환되므로, 기계적 강도를 잃게 되어 흙에 묻히면 미생물이 먹어 분해시키기 쉬워진다.

흙 속에 묻힌 폴리에칠렌 필름을 분해시키기 위해서는, 쉽게 미생물의 먹이가 될 수 있도록 필름의 고분자 구조를 바꿔야 된다. 그런데 구조를 바꾸면 성질도 변한다. 이상적인 방책은 성질이 더 좋아지도록 구조를 바꾸는 것인데, 이것은 매우 어려운 일이다.

처음 개발된 생분해성 필름은 비닐 고분자에 전분가루를 첨가한 것이었다. 이 필름이 흙 속에 묻히면 미생물이 전분을 빠른 속도로 먹어 치우고, 고분자 재료는 미세한 분말로 흙 속에 남게 된다. 전분은 생분해성이 매우 우수하므로 6개월 내에 60% 이상이 분해된다. 그러나 고분자는 겉으로는 분해된 것처럼 보이지만, 실제로는 분해되지 않고 분말 상태로 남아 있게 된다.

이 전분 첨가 필름의 또 다른 문제점은, 강도가 너무 낮아져서 무거운 물건

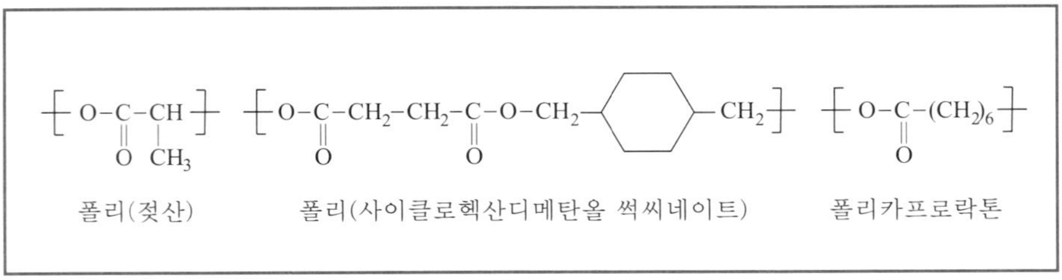

그림 2. 생분해성 포장필름 재료의 화학구조

의 포장에는 쓸 수 없고, 가격이 너무 비싸다는 점이다. 전분의 종류에도 여러 가지가 있지만, 고분자 필름값에 비하면 상당히 비싸다. 이 필름은 우리나라에서도 개발된 적이 있으나 이런 단점들로 인해 곧 시장에서 사라졌다.

최근 생분해성 고분자에 대한 연구가 매우 활발하게 진행되어 수많은 생분해성 재료들이 개발되었고, 그중 일부는 공업화되어 대량으로 생산되고 있고, 식품포장용 필름으로 많이 쓰이고 있다. 그림 2에 몇 가지 예를 보였다.

이 중에서 폴리(젖산)은 생분해성 젖산을 원료로 쓰므로 100% 생분해성을 가지는데, 최근 우리나라의 SKC가 세계 최초로 이축연신 필름을 개발하여, 많은 종류의 스낵류, 라면 등의 포장에 쓰고 있다. 폴리(사이클로헥산디메탄올 썩씨네이트)는 칫솔 손잡이 제조에 쓰이고 있고 폴리카프로락톤은 의약품 제제에 소비된다. 하지만 아직 값이 비싸서 아직 국내에서 많이 소비되는 것 같지 않다. 생분해성 필름들은 모두 경제적 측면에서나 기술적 측면에서 모두 포장용 필름으로는 쓸 수 있지만, 농업용 온실필름으로 쓰이는 폴리에칠렌 필름을 대체하지는 못하고 있다. 가격이 너무 비싸기 때문이다. 그래서 아직도 더 많은 연구가 진행 중이다.

거듭 강조하지만 고분자 필름을 함부로 버리는 사람들의 인식이 하루 빨리 바뀌어 폐필름으로 인한 환경문제가 개선되고 또 과학자들이 이런 비싼 연구를 하지 않아도 되기를 기대해 본다.

10

천연 고분자, 생체의 기본이다

인체를 크게 물, 단백질, 지방 및 폴리(인산칼슘)으로 구성되어 있다고 볼 수 있다. 단백질과 폴리(인산칼슘)은 그 자체가 고분자이다. 아마 물도 단백질 및 폴리(인산칼슘)과 수소결합을 이루면서 고분자 사슬 사이에 끼어 있어 약하긴 하지만, 고분자 사슬 형태로 존재할 것이다. 저분자 물질인 지방은 세포벽을 이루는 인지질의 구성성분이며 만인이 고민을 하고 있는 뱃살의 주성분이기도 하다.

DNA/RNA는 비교적 간단한 사슬구조를 가지고 있고, 함유량도 많지 않지만, 생명현상에 관련되는 모든 정보와 기능을 통제하는 초고분자량 고분자 물질이다. 컴퓨터의 CPU에 해당된다. 인간 DNA 사슬의 기본 단위체 구조는 물론 순서까지도 모두 밝혀졌다.

단백질은 20개의 기본 아미노산들이 축합되어 만들어진 폴리펩티드이다. DNA/RNA의 명령에 의해 체내에서 만들어지는 폴리펩티드에는 사슬길이, 아미노산의 함량과 순서에 의해 무수히 많은 종류가 있다. 호르몬, 케라틴, 효소, 젤라틴, 근육 등이 모두 단백질이다. 지금 전 세계의 생화학 연구가 모두 단백질에 집중되어 있다고 해도 과언이 아닐 것이다.

01 DNA, RNA는 고분자다

몇 년 전 미국이 주도하고, 세계의 여러 나라가 참여한 지놈 프로젝트가 성공리에 끝나 인간 DNA(DeoxyriboNucleic Acid: 디옥시리보핵산)의 서열이 완전히 밝혀졌다. 지놈은 진(gene, 유전자)과 크로모좀(chromosome, 염색체)에서 만들어진 줄임 말이다.

DNA는 분자량이 약 20억~30억 정도인 수용성 선형 고분자로서, 두 가닥이 서로 왼손 나선 모양으로 꼬여 대부분은 세포핵 속에 그리고 일부는 미토콘드리아 속에 자리잡고 있다. 세포핵 속의 DNA에는 유전자를 비롯한 생체의 모든 정보가 담겨 있다.

DNA와 유사한 구조를 가진 핵산으로서 RNA(RiboNucleic Acid)가 있다. RNA는 DNA의 명령을 받아 단백질을 생산하고, 세포를 복제하는 일을 하는 DNA의 심부름꾼 고분자이다. RNA에는 기능에 따라 여러 가지가 존재하는데, 분자량은 2만 5천에서 100만 정도로 DNA에 비하면 훨씬 적다. DNA와 달리 RNA는 이중나선 모양이 아닌 클로버잎 모양이다.

DNA와 RNA의 기본 화학구조를 그림에 표시하였다. 그림을 보면 두 물

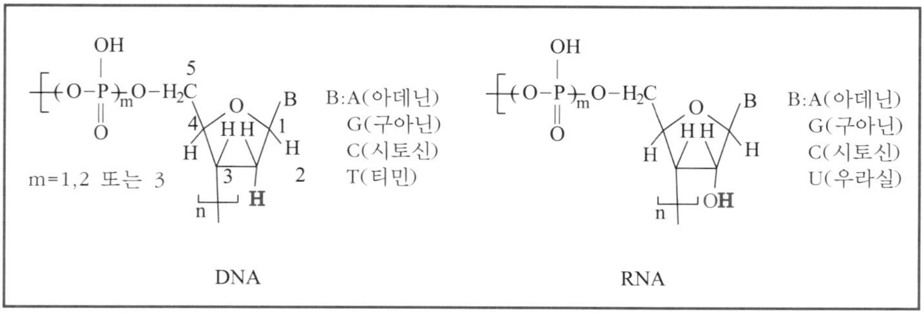

DNA와 RNA의 화학구조

질 모두 5각형 모양의 단당류(펜토오스, pentose)가 기본골격을 이루고 있고, 주사슬의 2번 탄소와 5번 탄소 원자에는 인산이 결합되어 있으며, 1번 탄소 원자에는 염기라 부르는 B가 치환되어 있다. 인산기는 세 개까지 결합될 수 있다. 즉, 그림에서 m=1, 2, 3인데, 각각을 모노인산, 디인산, 또는 트리인산이라 부른다. DNA와 RNA를 산이라 부르는데, 그 이유는 인산기를 가지고 있기 때문이다.

폴리펩티드, 즉 단백질의 구조와 비교해 보면, DNA, RNA의 구조는 의외로 간단하다. 단백질 고분자 사슬의 조성을 변화시키는 요소는 20인데 비해서, DNA, RNA에서는 m=3, B=4일 뿐이다. 그래서 DNA의 사슬구조는 완전히 밝힐 수 있었지만, 단백질의 사슬구조는 무수히 많아 전부 알아내는 것은 불가능할지도 모른다.

그림에서 DNA와 RNA의 차이점을 보면, DNA의 펜토오스는 2번 탄소 위치에 OH(옥시)기가 없다. 그래서 디옥시리보오스(deoxyribose) 고리라고 부른다. 영어의 'de'는 '없다'는 뜻을 나타낸다. 이에 반해서 RNA 펜토오스의 2번 탄소는 OH를 가지고 있다. 그래서 RNA의 펜토오스는 정상적인 리보오스(ribose) 고리로 이루어져 있다.

DNA와 RNA의 또 한 가지 차이점은 그림에 나타낸 염기 B의 종류이다. DNA든 RNA든 염기로는 모두 네 가지를 가지고 있는데, DNA 사슬에 결합된 염기 B에는 A(아데닌), G(구아닌), C(시토신), T(티민)의 네 가지가 있지만, RNA는 T 대신 U(우라실)을 가지고 있다.

지놈 프로젝트를 통해서 DNA의 서열이 완전히 밝혀졌다고 하는 것은, 그림에서 염기, n값 및 m값을 모두 알아냈다는 것을 의미한다. 그럼에도 불구하고 인체의 신비가 밝혀지기는커녕 여전히 베일에 가려져 있다. DNA의 사슬구조는 의외로 단순하지만, 이 사슬의 어디에 어떤 정보들이 담겨 있는지에 대해서는 아직도 아는 것이 거의 없는 상태이다.

사람의 DNA는 99% 서로 동일하고, 차이는 1%뿐이며, 침팬지와의 차이도 매우 적다고 한다. 한 사람의 DNA는 세포가 어디에 있건 상관없이 모두 동일하다. 가까운 혈연관계인 사람들은 공통적인 DNA 부분을 가진다. 그래서 DNA를 분석으로 친자확인 등 가족관계를 밝히고, 범인도 찾아낼 수 있다.

DNA 분석을 위해서는 우선 채취한 DNA 시료의 고분자 사슬을 효소를 이용해서 적당한 길이로 자른다. 그래서 이런 효소를 "DNA를 자르는 칼"이라고 부르기도 한다. 다음에는 적절한 농도의 염기로 중화해서 인산을 인산나트륨염으로 만든다. 이렇게 처리한 시료를 전기영동[1)]을 시켜 주는데 폴리아크릴아마이드 젤에 넣고 전기장을 가하면 인산염 음이온은 양극을 향해서 이동하게 된다. DNA 시료마다 크기와 무게가 달라 이 이동속도가 조금씩 다르다.

이동을 마친 뒤 폴리아크릴아마이드 젤에 은염을 뿌리면 인산나트륨염은 인산은염으로 바뀌어 색깔을 띠게 된다. 그런데 DNA의 종류에 따라 이동속도가 모두 다르므로 일정한 시간 뒤에 나타나는 띠는 위치 및 굵기가 모두 다르게 된다. 이 차이를 분석하는 것이 DNA 분석이다. 이런 DNA 분석으로 복잡한 사건 현장 증거물에서도 범인을 가려낼 수 있다. 특히나 서래마을 영아살해 유기사건 해결 등 과학수사에서 우리나라 유전자 감식 분야는 세계에서 뒤지지 않는 수준이다.

---

1) DNA 전기영동(DNA electrophoresis): DNA 전기영동은 DNA를 크기에 따라 분획하기 위한 방법 중 하나이다. DNA는 음전하를 띠고 있기 때문에 전기를 걸어주면 각 분자의 전기적 특성에 따라 양(+)극 쪽으로 전장을 이동하게 된다. DNA가 전장을 이동하는 속도에 가장 큰 영향을 주는 것은 분자량이다. 즉 DNA 무게가 가벼울수록 같은 시간 내에 멀리 이동할 수 있다. 따라서 DNA가 출발 지점으로부터 얼마나 이동했는지 거리에 따라 이들의 크기를 계산해 낼 수 있다. 이와 유사한 방법으로 단백질 전기영동이 있는데 단백질의 크기를 확인할 수 있다.

02 전분과 셀룰로오스

전분과 셀룰로오스는 똑같이 $[(CH_2O)_6]_n$의 조성을 가진 고분자 탄수화물이다. 기본단위인 CH_2O는 탄소 원소(C) 한 개에 물 분자(H_2O) 한 개가 결합돼 있어서 탄수화물이라 부른다. 기본단위 6개가 모인 $(CH_2O)_6$은 포도당이고, 전분은 포도당의 고분자인데, 우리가 살아가는데 필요한 중요한 에너지원이다.

왜 사람은 전분만 소화시킬 수 있는데 동물은 전분과 셀룰로오스 다 소화할 수 있으며, 또 늘 반추(되새김질)를 할까? 그리고 둘은 모두 햇빛, 물 및 CO_2의 광합성 작용으로 만들어지는데도 불구하고, 왜 셀룰로오스는 60m 높이의 나무를 견지할 만큼 강한 재료인데 반해서 전분은 고작해야 당면 정도의 강도 밖에 낼 수 없을까?

둘은 모두 길이가 긴 사슬로 된 고분자이고, 기본단위는 글루코오스이다. 포도당 조각의 구조 하나만 보면 셀룰로오스나 전분이나 비슷해 보인다. 그만큼 차이가 적다. 셀룰로오스 및 전분 구조를 화학자들은 각각 폴리(β-D-1,4-글루코오스) 및 폴리(α-D-1,4-글루코오스)라고 부른다. β-결합과 α-결합의 차이는 그림 2에 나타난 구조식에서 찾아볼 수 있다. β-결합에서는 산소가 글루코오스 6각형 위로 올라가고, α-결합에서는 아래로 내려간다. 그런데 이 작은 차이가 고분자 사슬이 뻗어가는 방향과 여러 사슬들의 배열에 결정적인 영향을 미친다. β-결합과 α-결합의 차이로 인해서 셀룰로오스 사슬은 옆으로 곧바로 뻗는데 반해서 전분 사슬은 분지형으로 구부러지는 것이 가능하다.

이 결과는 그림 1에 표시한 바와 같이 셀룰로오스에서는 사슬들의 배열이 동일한 방향으로 촘촘한데 반해서, 전분에서는 배열방향에 대한 질서가

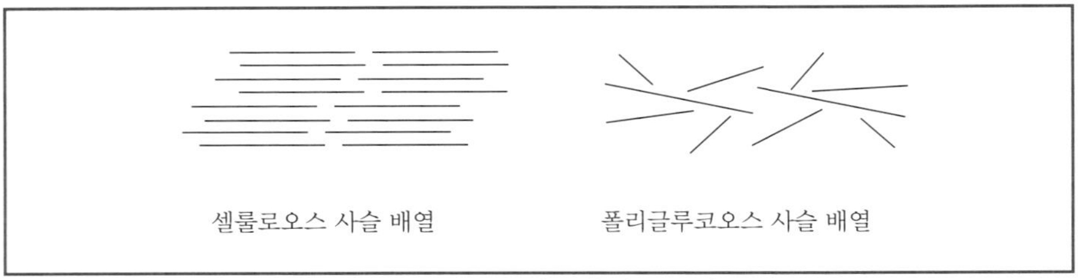

그림 1. 셀룰로오스와 전분의 폴리글루코오스 사슬의 배열 모양

훨씬 적다. 그래서 셀룰로오스로 이루어진 나무는 단단하고, 결을 가지고 있어서 60m 높이도 견딜 수 있지만, 전분은 밤고구마처럼 결을 보인다고 해도 셀룰로오스에는 비할 바가 못 된다.

소화란 고분자 사슬에 물을 첨가하여 분해하는, 즉 가수분해 과정을 거쳐 모두 글루코오스 조각으로 쪼개는 작업을 말한다. 위산이나 효소는 촉매로 작용해서 이 작업이 쉽게 진행되도록 도와 준다. 그럼에도 불구하고 셀룰로오스 사슬은 그림 1에 보인 것처럼 워낙 촘촘히 배열하고 있어서 가수분해시키기가 전분보다 훨씬 어렵다.

그래서 인간은 아예 소화시키는 것을 포기하고 전분만을 전용으로 소화하는 동물로 진화했다. 전분을 충분히 구할 수 없는 동물들은 위의 수를 한 개 이상으로 늘렸고, 반추를 계속해야만 셀룰로오스를 먹이로 살아갈 수 있도록 진화하였다. 그래서 동물은 시간만 나면 뱃속의 셀룰로오스를 꺼내서 되씹는다.

셀룰로오스와 전분이 가수분해되면 각각 β-D-포도당과 α-D-포도당이 생긴다. 그림 2에 표시한 바와 같이 이 둘은 셀룰로오스와 전분의 구조 차이를 그대로 유지하고 있다. 그래서 둘의 융점도 약 70℃ 정도나 차이 난다.

셀룰로오스와 전분의 차이를 확실하게 느낄 수 있는 제품이 아마 이쑤시개일 것이다. 중국산 포플러 나무로 만든 이쑤시개는 녹색으로 염색된 전

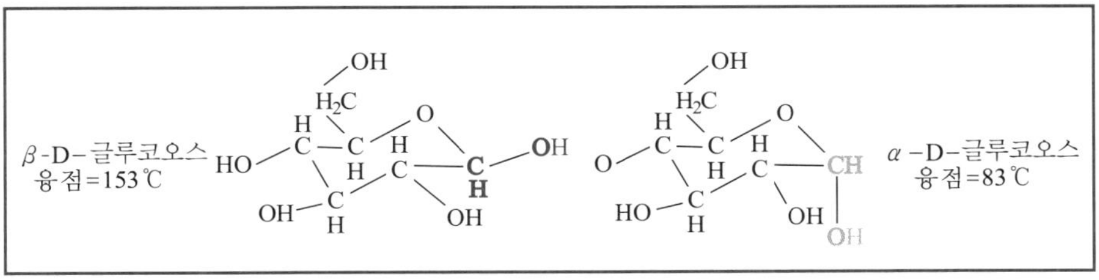

그림 2. β-D-글루코오스와 α-D-글루코오스

분으로 만든 것에 비해 기계적 성능이 월등하다. 그래서 나무 제품은 전분 제품에 비해 쉽게 부러지지 않는다.

부러지지 않는 나무 이쑤시개가 들어간 남은 반찬을 돼지먹이로 주었을 때 돼지의 목을 찌른다고 해서 사용이 금지되고, 그 대신 전분 이쑤시개가 개발되었다. 다만 이것이 이유일 뿐이라면 비도덕적인 사람을 배려한 제품이 만들어진 것이다. 우선 전분은 나무보다 훨씬 비싸다. 또한 같은 식물성이기 때문에 쓰레기로 발생하더라도 환경을 오염시키는데 큰 문제가 되지 않는다. 쓰레기통에 잘 버리기만 하면 굳이 개발하지 않아도 되었을 제품이다.

03 자연이 만든 천연 복합 재료

공업 제품을 만들기 위해서는 항상 공업 재료가 필요하다. 이런 재료에는 금속 재료, 세라믹 재료 및 고분자 재료가 있다. 이 재료들을 혼합한 것을 복합 재료라고 부른다. 복합 재료의 주성분을 이루는 재료는 기재라고 부르고, 부성분은 충전제라고 한다. 다량의 고분자 재료에 소량의 세라믹 재료나 금속 재료 또는 다른 고분자 재료를 혼합한 것은 고분자 기재 복합 재료라고 부른다.

복합 재료는 두 가지 이상의 재료를 혼합해서 만드는 것으로 매우 쉬운 기술로 생각할 수도 있다. 하지만 두 재료를 섞어서 각각의 재료가 나타내는 단가와 성능의 합보다 더 우수한 단가와 성능이 나오도록 하는 것은 간단한 일이 아니다. 전문가는 이 어려운 과제를 해결해야 된다. 즉, 상가효과를 뛰어 넘어 상승효과가 나와야 된다. 이 과제가 해결되지 않으면 시간과 재료만 낭비될 뿐이다.

자연계에는 기가 막힐 정도로 고도의 규칙성을 가지는, 그래서 인간이 도저히 흉내낼 수 없을 정도로 상승효과가 우수한 복합 재료가 많다. 대표적인 예가 나무이다. 나무는 리그닌이란 비정질 고분자에 결정성인 셀룰로오스 고분자가 충전된 고분자 기재 복합 재료이다.

나무는 강도가 높아서 60m에 이르는 큰 키를 가져도 태풍을 끄떡 없이 견뎌낼 정도이다. 이 강도는 셀룰로오스 사슬 한 가닥 한 가닥이 매우 강한 데다가, 여러 가닥이 뭉쳐 타래를 이뤄 강도가 더 높아진다. 타래와 타래 사이는 부드러운 리그닌이 채워져 있어 못질이 가능하고 나무가 굽혀질 수 있다. 그렇다고 해서 리그닌 층에 셀룰로오스 사슬이 전혀 없는 것은 아니다. 여기에는 셀룰로오스 고분자 사슬이 타래를 이루지 않고 가닥으로 존재하여 강도가 너무 감소하는 것을 막는다.

나무는 지표면에 대해 거의 수직으로 자란다. 그래서 매우 강한 셀룰로오스 고분자 사슬의 타래나 가닥은 모두 나무의 성장방향으로 뻗어 있다. 그래서 나무는 성장(수직)방향과 수평방향에 대한 강도가 서로 다르다. 쪼개는 데에 필요한 힘(균열강도)을 고려해 보면, 수평방향으로 자르려면 셀룰로오스 고분자 사슬을 절단해야 되지만, 성장방향으로 자를 때에는 강도가 약한 리그닌 층을 절단하면 된다. 그래서 장작을 팰 때 나무의 성장방향으로는 쉽지만, 수평방향으로는 어려운 것이다.

잡아당기는 힘(인장강도)을 고려해 보면, 사슬이 뻗어져 있는 성장방향으로 당기려면 셀룰로오스 사슬들이 모두 늘어나야 되므로 엄청난 힘이 필요하지만, 수평방향으로 잡아 당기면 셀룰로오스 사슬의 가닥과 가닥 사이에 약한 힘만 적용해도 쉽게 당겨진다.

인공 복합 재료에서는 고분자 사슬 타래만으로 또는 가닥만으로 비정질 고분자 기재에 충전시킨 복합 재료는 만들 수 있지만, 타래와 가닥이 동시에 별도의 층을 이루는 복합 재료를 만드는 것은 절대로 불가능하다. 이런 신비한 구조는 숭고한 자연의 영역에 속한다.

자연의 영역에서 인간이 배운 것 중의 하나가 6각형 모양의 벌집구조이다. 벌집재료의 주성분은 밀납이다. 밀납은 왁스의 일종이어서 강도 측면에서 보면 상당히 취약하다. 그럼에도 불구하고 벌집이 꿀과 애벌레를 모두 유지할 만큼 충분한 강도를 가지는 이유는 6각형 모양으로 만들었을 때의 장점들 때문이다. 제일 원통에 가까우면서, 최대의 넓이로, 최소의 재료를 써서 만들 수 있고, 내구성과 단열성이 뛰어나다.

미국의 항공우주국에서는 가벼우면서도 강도가 매우 우수해야 되는 우주선 내부의 바닥재, 칸막이 등을 개발하기 위해서 일찍부터 벌집구조에 주목했다. 6각형 모양으로 접은 종이 양면에 뒤퐁사가 개발한 고강도 방향족 나일론 수지를 함침[2)]시킨 종이를 덧대서 만든 골판지를 개발함으로써, 소기의 목적을 달성할 수 있었다.

2) 함침(含浸): 기체 상태의 물질이나 액체 상태의 물질을 가능한 한 완전하게 물체 안에 침투시켜 그 물체의 특성을 사용 목적에 따라 개선하는 일이다.

04 종이에도 화학이

인간에게 종이는 단순한 물품이 아니다. 책을 통해서 정신을 함양시키는 데에 기여하는 중요한 재료이다. 최근 전자책과 전자종이가 출현해서 종이의 중요성이 조금 위협받는 듯하지만, 중국의 채륜에 의해 개발된 이래 종이 소비량은 한 나라의 문화수준의 척도가 될 만큼 그 중요성은 아직도 대단하다.

종이는 원래 나무를 갈아서 만든다. 앞서 설명했듯이 나무는 크게 셀룰로오스와 리그닌으로 구성되어 있다. 나무에서 셀룰로오스만을 분리하기 위해서는 리그닌을 제거해야 된다. 이를 위해서는 황산이나 아황산을 써서 리그닌의 구조를 화학적으로 변환시킨 다음, 알칼리에 녹을 수 있도록 한 뒤 알칼리 수용액으로 녹여내고, 나머지를 여과하면 셀룰로오스 단섬유가 얻어진다. 이것을 펄프라고 부른다.

펄프에서 종이를 만드는 공정은 TV를 통해서 많이 소개되었다. 이를 보면, 먼저 나무를 잘게 갈아 만든 셀룰로오스 올을 물에 분산시킨다. 이 분산액에 가는 구멍을 가진 체를 담갔다 꺼내서 물을 걸러낸 다음, 체에 걸린 고체를 말리면 종이가 얻어진다. 작업자들은 물속에 분산된 셀룰로오스 단섬유를 걸러내는 과정을 일컬어 "종이를 뜬다"고 말한다.

종이를 잘 뜨려면 물속에서 셀룰로오스 단섬유의 분산을 돕고, 건조했을 때 섬유 올들이 서로 잘 접착되도록 도와 주는 결합제가 필요하다. 종이 표면에 약 10배 정도의 배율을 가진 확대경을 대고 들여다 보면 셀룰로오스 섬유들이 서로 얼기설기 엉켜 있는 것을 볼 수 있다. 종이가 잘 찢어지지 않는 이유는 이 결합제가 힘을 발휘하기 때문이다.

옛날부터 오랫동안 결합제로서 쓰여온 것은 송진 유도체였다. 송진의 화학구조를 그림에 나타내었다. 이를 보면 −COOH기를 한 개 가지고 있는

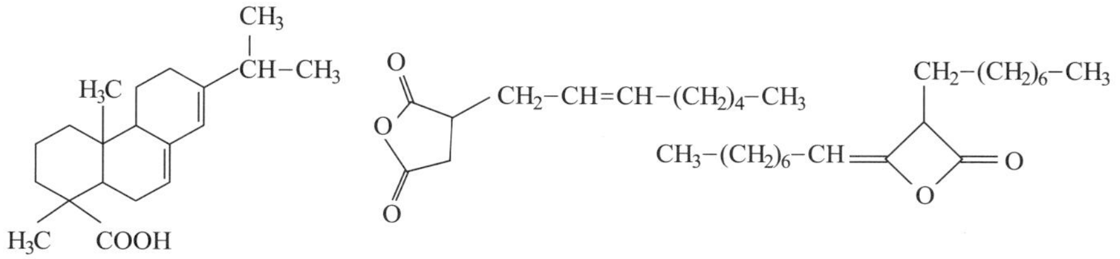

송진 알케닐 호박산 무수물 알킬케텐 다이머

종이를 뜨기 위한 결합제

데, 이 기는 셀룰로오스의 −OH기와 약한 수소결합을 일으키기는 쉽지만, 더 강한 공유결합을 일으키기는 어렵다. 그래서 송진은 오랫동안 쓰이긴 했지만 종이에 대한 접착력이 약하다. 그러다가 송진과 셀룰로오스와의 접착력을 강화시키는 약품으로서 명반이 발견되어 혁명적인 종이보급에 계기가 마련되었고, 최근까지 쓰여 온다.

명반의 화학명은 황산알미늄[$Al_2(SO_4)_3$]이다. 이것은 아주 약한 염기인 수산화 알미늄을 아주 강한 황산으로 중화했을 때 생기는 염이다. 이 염을 장기간 방치하면 공기 중의 수분에 의해서 중화의 역반응인 가수분해가 일어나 황산이 생긴다. 황산은 종이를 가수분해시켜 종이를 구성하는 셀룰로오스 고분자의 분자량을 줄인다. 그래서 오래된 종이는 강도가 약해져 결국 푸석푸석해진다.

이런 단점을 개선하기 위해서 최근에는 ASA(알케닐 호박산 무수물)와 AKD(알킬케텐 다이머)란 두 가지의 중성 결합제가 개발되었다. 이들의 화학구조를 그림에 보였다. 이를 보면 둘 다 셀룰로오스의 −OH기와 공유결합을 할 수 있는 무수물기와 케텐기를 가지고 있어서 명반 같은 결합 촉진제가 없어도 종이에 잘 부착된다. 게다가 황산이 생길 염려도 전혀 없어서 앞으로는 종이를 오래 보관해도 푸석푸석해질 염려가 없다. 종이를 쓸 때 종이제조에도 이와 같은 화학이 숨겨져 있음을 상기해 보자.

종이는 원래 나무를 가공해 만들기도 하지만, 한 번 썼던 종이인 고지(used paper)를 재생해서 만들 수도 있다. 고지를 재사용해서 만들면 오히려 제조비가 훨씬 줄어들고 품질도 좋다. 우리가 종이를 함부로 버리면 이는 지구의 온난화를 돕는 행동이다. 나무의 소비를 촉진시키기 때문이다. 그래서 종이는 잘 쓰되 분리수거도 잘해야 된다. 회수된 종이는 자원이고, 숨쉴 때 필요한 "산소"나 마찬가지이다.

05 올리고당과 솜사탕

소풍을 가는 곳이나 유원지에는 의례히 솜사탕을 팔던 할아버지가 있었다. 폭신폭신한 솜뭉치를 찢어서 먹는 맛은 마치 하늘에 있는 구름을 맛보는 기분이었다. 그래서인지 솜사탕은 젊은 연인들과 어린이들에게 잘 팔린다. 지금은 많이 사라져 시골 장터에나 가야 솜사탕을 만들어 파는 할아버지를 볼 수가 있다.

솜사탕 제조과정을 보면 원리는 간단해 보인다. 하얀 설탕을 가열된 구멍에 넣는다. 이 구멍은 계속 회전하는 드럼과 연결되어 있는데, 드럼으로 나오면 외부 공기와 만나 곧장 실이 되고 할아버지는 기술적으로 이 실을 막대에 감는다. 왜 여기에는 가열이 필요하고 또 백설탕 자체로는 실을 뽑을 수 없을까?

설탕의 화학이름은 프룩토글루코오스이고, 분자무게는 342이며, 분자구조는 그림의 왼편과 같이 β-D-프룩토오스 부분과 α-D-글루코오스 부분

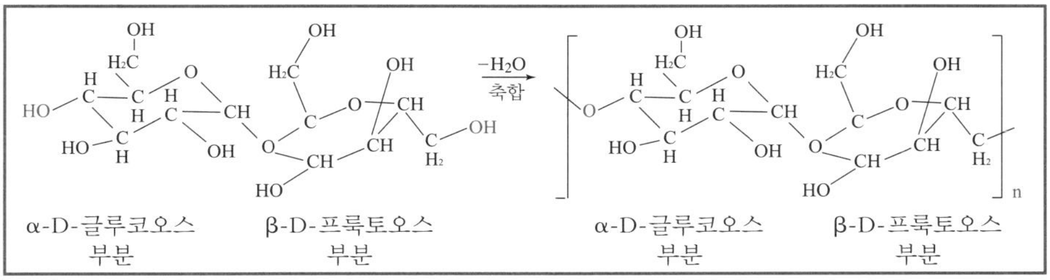

설탕의 축합중합

이 결합되어 있다. 설탕은 분자무게가 너무 낮은 저분자 물질이므로 섬유나 플라스틱처럼 기계적 강도를 가질 수가 없다.

이를 90~120°C로 가열하면 그림에 나타낸 바와 같이 설탕 분자 사이에서 탈수되면서 고분자인 폴리(프룩토글루코오스)로 중합되어 분자량이 높은 고분자로 된다. 이 고분자는 기계적 강도를 가질 수 있게 되어 실로 뽑을(방사) 수 있는 것이다. 방사를 위해 할아버지는 드럼을 회전시킨다. 방사된 실은 감아야 되고, 감으면 실이 늘어(연신)난다. 이 과정이 반복될수록 솜사탕은 더 폭신폭신해 진다.

그림에서 n값은 고분자 사슬의 길이를 나타내는 지표인데, 이 값이 너무 커지면, 즉 분자가 너무 길어지면 기계적 성능은 좋아지지만, 점도가 늘어나 실로 뽑기 어렵고, 또 설탕의 단맛이 대폭 감소한다. 단맛이 없는 솜사탕은 팔리지 않을 것이다.

그래서 할아버지는 백설탕 주입구의 온도와 가열시간을 조절해서 n값의 크기를 적절한 범위로 맞추는 것이다. 작은 n값을 가지는 고분자를 올리고머라 부른다. 할아버지에게도 나름대로 비법이 있어 n값을 폴리프룩토글루코오스보다 낮은 올리고프룩토글루코오스 수준으로 유지할 수 있는 것이다. 아무렇지도 않게 보이는 솜사탕에도 알고 보면 화학과 고분자 기술이 숨어 있는 것이다.

06 엿장수 맘대로

엿은 쌀밥을 발효시켜 만든 식혜를 더 가열해서 물을 증발시켜 만든다. 그 중간단계에서 점도가 낮은 조청이 얻어진다. 엿을 만들기 위해서는 조청을 더 가열해서 물을 더 증발시켜야 한다. 식혜, 조청, 엿의 단맛은 모두 올리고(α-D-글루코오스)에서 오지만, 사슬길이는 식혜, 조청, 엿 순서로 길어진다.

옛날 시골에서 어린이들은 엿장수가 오기를 기다렸다. 엿을 집안의 고물과 바꿔먹기 위해서이다. 고물의 대표적인 것은 헤진 신발이었다. 엿장수는 따로 소리칠 필요 없이 엿가위로 헛가위질 소리만 내면 자기가 왔다는 것을 알릴 수가 있었다. 당시 고물 제공자 어린이들 입장에서 보면 "엿장수 맘대로" 끊어 주는 엿은 항상 너무 작게만 느껴졌다.

그나마 엿 속에는 큼직한 구멍이 있어 무게는 더 적었다. 엿장수 입장에서는 장사에 유리하므로 이 구멍이 크고 많은 엿을 만들기 위해 온갖 노력을 기울였다. 게다가 어른들은 엿가락을 잘라 엿구멍이 큰 엿을 고른 사람은 작은 엿을 고른 사람에게서 엿을 공짜로 얻어먹는 "엿치기"도 즐겼다.

그러면 왜 이런 구멍이 생기는 걸까? 엿구멍은 올리고(α-D-글루코오스)를 가열해서 축합중합할 때 발생하는 수분에 의해 생긴다. 올리고당의 사슬길이가 길어지면 엿의 점도가 증가하여 엿을 가락으로 뽑거나, 판 위에 깔아 냉각할 때 발생한 수분이 쉽게 빠져 나가지 못하므로 구멍이 커진다. 그러나 사슬길이가 너무 길면 수분이 적게 발생하므로 구멍은 거의 생기지 못한다. 올리고(α-D-글루코오스) 사슬의 길이가 적절한 범위에 있을 때, 즉 용융엿의 점도가 적절할 때 엿구멍이 크고, 많이 생기는 것이다. 이 범위를 이상적으로 조절하기 위해서 중요한 것은 용융엿의 용융시간, 냉각시점과 냉각속도이다. 이 세 요소가 잘 맞아야 수분에 의한 기포의 성장속도와 냉각에 의한 점도의 증가속도가 절묘하게 조절되어 엿구멍을 극대화할 수 있게 된다. 더 많은 기포를 생성시키려면 제빵기술을 참조하면 도움이 많을 것이다.

처음 엿을 만들 때 많은 엿구멍이 생겼더라도 팔러 다니는 사이에 온도가 올라가면 엿이 흘러내려 구멍을 메우게 된다. 엿의 유리전이온도[3]를 생각해 볼 때 겨울에는 구멍이 메워질 염려가 없지만, 온도가 높은 여름에는 염려스럽다. 사실, 여름에도 문제없는 엿을 만들 수는 있지만, 그런 엿은 당도가 저하되고, 너무 단단해서 치아를 손상시킬 소지가 높다. 그래서 옛날 엿치기는 주로 겨울에 했다.

07 학대 받는 밀가루 반죽

KBS 1TV에서 다큐멘터리 〈누들 로드(noodle road)〉를 방영하였다. 밀가루 제품은 주로 국수와 빵으로 가공되어 동서양을 막론하고 널리 퍼져 먹지 않는 사람이 없게 되었다. 그런데 밀가루 반죽을 다루는 데에는 나라에 상관없이, 제품에 상관없이 공통점이 하나 있는데, 바로 제품 모양을 빚기 전에 "학대한다"는 것이다. 그만큼 오래 강한 힘으로 반죽을 한다는 것이다. 반죽을 잘 하는 사람들을 달인이라고 부른다.

학대에 해당되는 과학적 용어는 변형이다. 변형의 달인들은 반죽을 사정없이 도마 위에 때리거나, 고무줄처럼 잡아당기거나 손바닥으로 두들겨 종

3) 유리전이온도: 점도가 높은 유리 상태의 고분자 물질이 온도에 의해 움직여 고무 상태로 변하기 시작하는 시점의 온도이다.

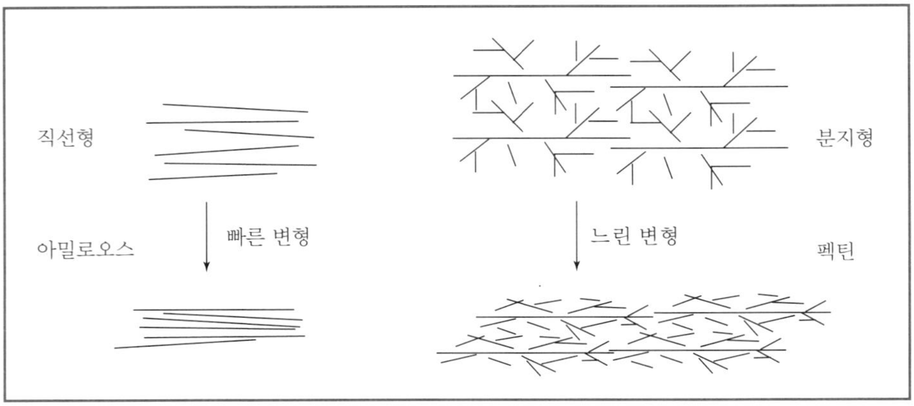

아밀로오스와 아밀로펙틴의 "학대" 효과

잇장처럼 얇게 펼쳤다가 다시 합치거나, 막대 모양으로 말았다가 뭉치고, 공처럼 합치는 등 "학대 기술"도 매우 다양하다. 반죽을 학대해서 제품을 만들면 도대체 무엇이 좋아지기에 그토록 공을 들여 학대를 해대는가?

밀가루의 주성분은 전분이다. 전분은 분자량이 높은 고분자이고, 화학구조는 폴리(α-D-1,4-글루코오스)이다. 그런데 전분의 고분자 사슬에는 그림에 그려 놓은 바와 같이, 곧게 뻗은 나무처럼 직선 모양을 이루는 아밀로오스와 가지 많은 나무 모양을 이루는 아밀로펙틴 두 가지가 있다. 이 두 사슬의 배열을 보면 그림에 나타낸 바와 같이, 반죽을 방금 만든 상태에서도 아밀로오스 사슬배열은 아밀로펙틴 사슬배열보다 훨씬 촘촘하다. 이 반죽에 변형을 많이 가하면 아밀로오스이든 아밀로펙틴이든 사슬배열은 훨씬 더 촘촘해지고 전체의 부피는 줄어든다.

그런데 아밀로오스에서는 사슬에 걸림이 없어 변형이 쉽게 이루어지지만 부피 차이는 적다. 반면 아밀로펙틴에서는 사슬에 걸림이 많아 천천히 그리고 어렵게 변형되지만 부피 차이는 더 많다. 전분은 채취식물에 따라 아밀로오스/아밀로펙틴 함량비율이 크게 달라지는데, 밀가루는 아밀로오스는 적고(약 30%), 아밀로펙틴이 많다. 그러다 보니 변형하는 데 많은 시간과 노력이 필요하다. 이 일을 잘 하기 위해서 "학대의 달인"이 필요한 것이다.

이렇게 학대해서 사슬배열을 촘촘히 만든 면으로 자장면을 만들면 면발이 훨씬 더 쫀득쫀득해지고, 물에 팽윤되지 않아 잘 불지 않고, 소화속도도 느리다. 즉, "진득하다". 거의 학대받지 않은 밀가루 반죽으로 만든 라면이나 수제비는 이에 반해 물에 빠른 속도로 팽윤되고, 소화도 빠르다. 즉, "쉬 꺼진다". 그래서 라면은 퍼지기 전에 먹어야 된다. 너무 오래 두면 풀로 변한다.

고분자를 전공한 사람의 입장에서 쫄깃쫄깃한 국수를 사람의 힘으로 오랜 시간 동안 밀가루 반죽을 학대할 필요 없이 쉽게 기계적으로 뽑을 수 있는 방법을 제시해 본다. 일반적으로 국수는 반죽을 압출해서 뽑는다. 일단 뽑은 국수를 다시 기계에 넣고 뽑는 작업을 반복하면 된다. 이때 압출 실린더가 짧으면 뽑는 작업을 여러 번 반복해야 하고, 길면 반복횟수를 줄여도 된다.

고분자는 사슬구조를 가지고 있으므로 한 방향으로 힘을 가해서 압출하면 고분자는, 이 힘에 순응해서 가로 방향으로 놓여 있던 사슬들이 순방향으로 배열하게 된다. 이런 사슬배열은 결국 학대의 달인이 오랜 시간에 걸쳐 학대한 결과와 같은 것이다. 고분자 물질도 마치 살아 있는 사람처럼 외부의 스트레스를 받으면 덜 받는 방향으로 적응한다. 신기한 일이다.

08 라면, 쌀 라면, 당면

2009년 가을의 일이다. 우리나라가 가진 걱정 중 하나가 쌀의 과잉생산이다. 쌀소비량이 점점 줄어드는 상황이라 농민들의 쌀을 사 줄 소비자가 줄어들고 있고, 정부가 가진 곳간은 전부 만원인데도 불구하고 쌀을 수매하지 않을 수도 없다. 정부수매에도 한계가 많아 정부는 정부대로 고민이고, 수매가가 낮아 농민도 고민이 많다.

반면, 밀가루는 턱없이 부족해서 많은 양을 수입하고 있다. 밀가루의 주용도는 빵과 라면이다. 밀가루건 쌀가루건 주성분은 모두 전분인데, 남아도는 쌀로 라면을 만들 수 없을까? 이와 같은 고민을 했던 여러 라면회사에서 보통 라면처럼 간편하게 끓여 먹을 수 있는 쌀국수, 쌀라면을 만들어 출시하였다. 아직 시장성이 확대되지 않아 제품의 출시여부를 잘 모르는 사람도 많으니 광고를 많이 해야겠다. 그리고 가격경쟁력에 문제의 소지가 있겠지만, 원재료를 수입에 의존하기보다 좋은 국내쌀로 쓰도록 한다.

"학대 받는 밀가루 반죽"에서 설명한 바와 같이, 밀가루 전분의 고분자사슬의 약 70%는 가지 많은 나무 모양의 아밀로펙틴이다. 그래서 젤라틴화 온도가 53~64°C로 낮아 뜨거운 물에 담그면 물이 빠른 속도로 고분자사슬 사이로 침투, 가소화해서 국수가 먹기 좋을 정도로 빨리 익는다. 밀가루 국수는 빨리 먹기를 원하는 성질 급한 사람들에게 알맞게 빠른 가소화속도를 발휘해 주는 것이다.

반면, 맵쌀가루 전분은 밀가루 전분보다 직선형의 아밀로오스를 조금 더 많이 함유하고 있다. 그래서 젤라틴화 온도도 밀가루 전분보다 10°C 이상 높아 동일한 온도의 뜨거운 물에 담가도 물이 전분 고분자 사슬 사이로 침투하기 어려워서 빨리 익지 않는다. 쌀가루 국수는 성질이 느긋한 사람들에게 조차 알맞은 젤라틴화 속도를 제공하지 못하는 것이다. 그래서 쌀 라면이 밀가루 라면을 대체하지 못한다.

밀가루 국수나 쌀가루 국수에 비해서 엄청나게 내수성이 강한 국수가 당면이다. 건조 상태에서 다른 국수는 불투명한데 반해서, 당면은 투명하고 강도가 매우 높아서 맨손으로는 한 가닥을 절단하기가 쉽지 않다. 뿐만이 아니다. 당면은 육계장, 설렁탕, 곰탕, 갈비탕 등의 뜨거운 국물 속에 오랫동안 담가 두어도 전혀 풀어지지 않는다. 당면의 제조과정을 보면 전혀 반죽을 학대할 필요가 없다. 반죽에서 국수를 뽑으면 여느 밀가루 국수와 똑같아 보인다. 이 국수를 −5°C로 유지된 냉장실에서 약 3일간 방치해 두면 투명한 당면이 된다. 만약 당면을 만드는 전분에 섬유소나 기타 성분이 첨가되면 투명도가 떨어지고, 고온고압압출기 이용 시 온도가 낮거나 수분이 고르지 않아도 투명도가 떨어진다.

당면의 비결은 전분 원료에 있다. 옛날에는 고구마 전분을 썼다. 지금은 고구마 생산량이 부족해서 외국에서 타피오카 전분을 수입해서 쓴다. 고구마를 잘 보면 나무처럼 결이 확연히 드러난다. 이는 전분이 거의 모두 선형의 아밀로오스로 구성되었기 때문이다. 선형의 사슬은 아주 치밀하게 겹쳐져서 단단한 결정을 이루기 때문에 뜨거운 물일지라도 사슬 사이로 쉽게 침투해 들어가지 못한다. 그래서 사실 당면은 뜨거운 물에서도 전혀 풀리지 않는다.

"학대 받는 밀가루 반죽"에서 소개한 것처럼, 한편에서는 아밀로펙틴이 많은 밀가루 국수를 쫀득쫀득하게 만들기 위해 온갖 노력을 다하고 있는데 반해서, 다른 한편에서는 "이미 학대된" 쌀가루 국수를 쉽게 익도록 만들기 위해 힘쓴다. 반면에 당면은 아무리 팽윤시키려고 뜨거운 물에 담가 두어도 풀어지지 않는다. 고분자의 사슬구조가 미치는 영향이 이렇게 큰 것이다.

09 밥, 왜 꼭 지어 먹어야 되는가?

우리는 쌀을 주식으로 먹고 산다. 그런데 쌀은 날 것으로 먹지 않고 반드

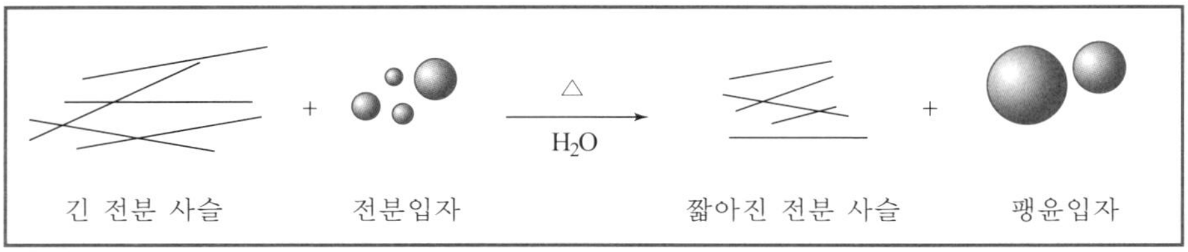

밥 짓는 과정에 일어나는 전분의 변화

시 밥으로 지어 먹는다. 밥을 짓기 위해서는 쌀의 1.3~1.5배 무게의 물을 솥에 넣고 끓인다. 여기에 소비되는 에너지도 대단히 많다. 왜 쌀을 날로 먹으면 안 될까? 왜 밥을 지을 때에는 그토록 많은 에너지를 들여 꼭 끓여야 될까? 쌀을 찬 물에 담가두는 것만으로는 밥이 안 될까?

쌀의 주성분은 전분이다. 전분에 물을 가하고 끓이면 일부 사슬은 가수분해에 의해서 길이가 짧아진다. 또 온도가 높으면 물 분자가 전분 사슬 사이로 들어가 전분입자가 부풀게 된다. 그림에서는 이 부푼 입자를 큰 동그라미로 나타내고, 짧아진 사슬은 막대로 표시하였다.

물이 전분 속으로 들어가 사슬과 사슬 사이의 공간을 채우는 것을 가소화라고 말한다. 사슬과 사슬 사이의 공간이 물로 채워지면 사슬간 간격은 커지고 사슬이 부풀게 된다. 가소화되면 단단하던 작은 쌀이 부드럽고 큰 밥풀로 변한다. 일반인들은 가소제라면 모두 나쁜 물질로 알고 있는데, 밥 속의 가소제인 물은 인간의 생명을 유지시킨다. 전분을 가열했을 때 전분입자가 물을 흡수해서 팽윤하고, 가수분해에 의해서 사슬이 짧아지고 전분 사슬 사이로 물이 들어가 가소화시키는 현상을 전문용어로는 젤라틴화라고 부른다. 단단한 전분에 물을 가해서 마치 젤라틴처럼 만들기 때문이다.

쌀이 젤라틴화되면 씹기도 쉬워지고 소화도 촉진된다. 위에서는 위산에 의해 그리고 장에서는 효소에 의해 가수분해가 더 진행되는데, 사슬이 짧으면 짧을수록 또 팽윤도가 높으면 높을수록 체내에서의 가수분해 반응은 더 잘 일어난다. 그래서 위와 장이 일을 덜 해도 되고 더 짧은 시간에 더 많은 α-D-1,4-글루코오스를 생산해 내게 된다. 그렇기 때문에 환자나 소화가 더딘 노인에게는 된밥보다는 진밥이 좋다.

그림의 변화는 왜 가열해야만 일어날까? 물 분자가 전분의 분자 사슬과 사슬 사이로 침투하여 사슬과 사슬 사이의 간격을 넓힌다는 것은, 전분의 사슬과 사슬 사이의 인력보다 사슬과 물과의 인력이 더 커졌다는 것을 뜻한다. 그런데 전분 사슬 간의 인력은 매우 강해서 온도가 낮으면 사슬 사이로 물이 침투할 수 없다. 즉, 일정한 온도 이상이 되어야 전분은 젤라틴화를 일으키는 것이다.

전분의 젤라틴화 온도는 전분의 출처에 따라 다르지만, 대략 53~83°C 범위이다. 즉, 온도가 적어도 53°C 이상으로 올라야 밥이 되는 것이다. 그러나 이 온도는 최저 온도이므로 젤라틴화 속도는 매우 느리다. 밥을 빨리 짓기 위해서는 압력솥에서 100°C 가깝게 가열해서 젤라틴화 속도를 증가시켜야 된다. 이런 연유로 실온에서는 쌀을 아무리 오랫동안 물에 담가 두어도 쌀만 불을 뿐 절대로 밥이 되지 않는 것이다.

쌀을 날로 먹으면 어떻게 될까? TV에서는 생쌀을 간식처럼 먹는 꼬마, 입덧 때문에 생쌀만 먹는다는 임산부 이야기가 방영되기도 했었다. 과연 문제가 없는 것일까? 인간의 체온은 37°C 밖에 안되므로 젤라틴화가 일어날 수 없다. 체내에서 효소와 산에 의해서 전분 사슬이 가수분해될 수 있지만, 고체 상태의 전분가루는 표면적이 작아 젤라틴화 속도는 매우 느리다. 그래서 밥짓는 것에 비하면 쌀의 섭취효율이 대폭 낮아지게 된다. 이런 까닭에 전분은 모두 젤라틴화시켜야 먹을 수 있게 된다. 그리고 생쌀은 소화되기 어려워 배탈이 날 수도 있으니 되도록이면 섭취하지 않도록 한다.

10 헤모글로빈과 엽록소

헤모글로빈은 동물혈액의 적혈구를 구성하는 핵심물질이다. 체내의 모든 곳에 산소를 공급하여 영양소를 연소시켜 에너지를 발생시키며, 또 부생된 CO_2를 외부로 배출시키는 역할을 한다. 한 마디로 헤모글로빈은 섭취된 영양소를 에너지로 변환하고, 부산물을 처리하는 기능을 수행하는 물질이다.

헤모글로빈은 히임(heme)과 글로빈(globin)으로 구성되어 있다. 글로빈은 히임을 둘러싸고 있는 둥근 모양의 분자량이 높은 단백질인데, 이는 히임이 안정된 입자 모양으로 혈액에 균일하게 분산될 수 있게 만든다. 이 단백질은 산소를 운반하는 데에 직접 관여하지는 않는다.

헤모글로빈이 산소를 공급하고 CO_2를 체외로 배출시키는 원리는 Fe^{++}/CO_2 착체와 Fe^{++}/O_2 착체와의 평형 때문이다. 즉, Fe^{++}/CO_2 착체가 폐에서 산소와 접촉되면 CO_2를 탈리시키고, 산소와 결합해서 Fe^{++}/O_2 착체로 변하고, 이 Fe^{++}/O_2 착체가 세포에 도달하면 산소를 탈리시키고, CO_2를 흡수해서 Fe^{++}/CO_2 착체로 변하는 것이다.

녹색 엽록소(클로로필)는 식물에만 존재하며, 햇빛, 물, CO_2를 원료로 탄수화물[$(CH_2O)_n$]을 만들어 낸다. 이 반응을 광합성이라고 부른다. 광합성의 상세한 메커니즘은 아직도 밝혀지지 않았다. 하지만 아마도 첫 단계 반응은 Mg^{++}/CO_2 착체의 형성일 것이라고 믿어지고 있다. 이 착체에 물이 접근하고 햇빛이 비치면 탄수화물이 합성된다고 보고 있다.

탄수화물은 크게 셀룰로오스와 전분으로 구분된다. 전분은 인간과 동물이 공유할 수 있는 양식인 반면, 셀룰로오스는 동물만 소화시킬 수 있다. 그런데, 동물은 사람의 먹이이므로 결국 엽록소는 모든 동식물의 먹이를 만

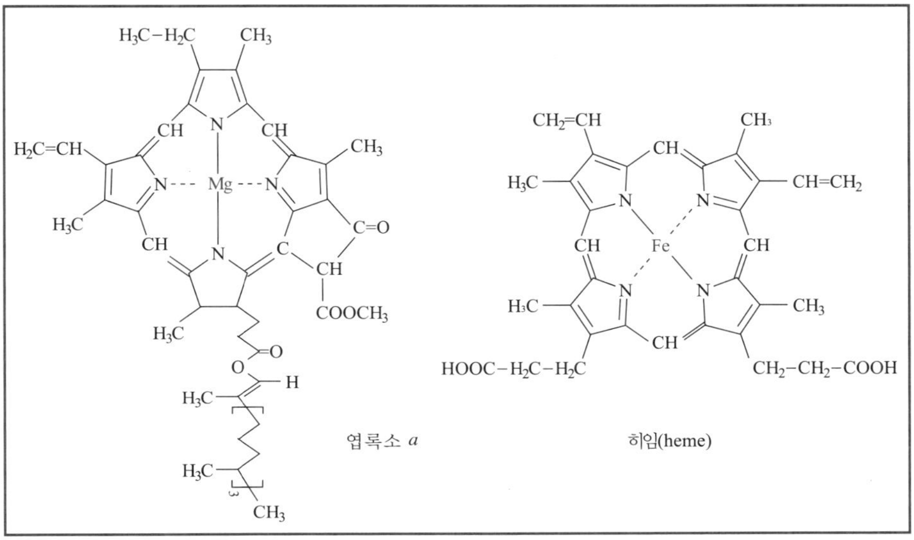

엽록소와 히임의 화학구조

들어 내는 핵심물질인 것이다. 헤모글로빈은 엽록소가 만든 먹이를 산화시켜 에너지로 전환시킴으로써 동물의 생명을 유지시킨다.

식물과 동물의 극히 중요한 역할을 담당하는 엽록소와 히임의 화학구조를 보면 비슷한 점이 많아 참으로 놀랍다. 그림에는 이 두 물질의 화학구조를 보였다. 우선 두 물질의 골격은 모두 피롤이라고 부르는 5각형 모양의 분자 4개가 결합하여 형성된 큰 고리 포피린으로 되어 있다. 포피린 고리의 한 가운데에는 금속 이온이 자리잡고 있는데, 엽록소에는 마그네슘 Mg가, 히임에는 철 Fe가 있다. 포피린 고리에 붙어 있는 치환체들은 상당히 다르다. 특히 엽록소에는 $C_{20}H_{39}$인 긴 탄화수소가 결합되어 있다. 또 히임과 달리 엽록소에는 치환체가 조금씩 다른 종류가 있고, 이들에 따라 엽록소는 *a, b, c-1, c-2, d*로 구분된다. 그림에는 엽록소 *a*를 보였다.

히임과 엽록소는 대단히 중요한 물질이므로 지금까지 이들을 합성해서 각각의 기능을 발현시키려는 연구가 대단히 많았으나, 모두 성공과는 거리가 멀었다. 아직도 왜 하필 철과 마그네슘이라야만 각각 히임과 엽록소의 기능이 발현되고 다른 금속은 안 되는지조차도 잘 모른다.

엽록소를 합성해서 인공적으로 광합성을 일으킬 수만 있다면 노벨상은 말할 필요도 없고, 지구의 온난화를 일으키는 CO_2 문제는 물론, 식량난도 완전히 해결된다. 언젠가는 반드시 이런 문제를 해결할 수 있는 과학자가 나왔으면 좋겠다.

11

합성 고분자

인체가 천연 생체 고분자로 구성되어 있다면, 인체는 거의 모두 합성 고분자로 둘러싸서 몸을 보호하고, 자신의 개성을 표현하기도 한다. 사람이 착용하는 의복, 넥타이, 안경알, 구두, 양말에 이르기까지 모두 합성 고분자 제품이다.

우리나라는 플라스틱, 고무, 섬유, 접착제 등을 모두 합쳐, 연간 약 1,200만 톤의 합성 고분자를 생산하여 세계 4~5위를 기록하고 있다. 합성 고분자는 원래 석유화학의 주산물이어서 울산단지, 여천단지, 대산단지에서 대량으로 생산하고 있다. 이들은 실로 여러 가지 용도를 가지고 있어서 전문가일지라도 잘 알기가 쉽지 않다.

01 비닐과 비닐하우스

일반인들에게 비닐(vinyl 바이닐)이 무엇이냐고 물어 보면, 거의 포장재, 비닐 하우스, 장판 또는 쇼핑백 등에 쓰이는 합성수지 필름이라고 대답한다. 일리가 없는 것은 아니지만, 옳은 답이 아니다. 이 필름들은 비닐 필름이 아니라 모두 플라스틱 필름이라고 해야 옳다.

비닐이 유기화학에서 무엇을 가리키는지를 설명하기 위해서 그림으로 나타내었다. 에칠렌보다 수소 원자 한 개가 적은 나머지 부분이 비닐이다. 화학에서는 분자의 한 부분을 '기'라고 부른다. 즉, 비닐은 하나의 기인 것이다. 그래서 결코 플라스틱 필름을 비닐이라고 부르면 안 된다. 일본에서는 비닐이라고 하면 PVC를 지칭하는 사람들이 많다.

그림에서 볼 수 있는 것처럼 비닐기에 염소가 결합되면 염화비닐이 되고, 이것을 중합하면 폴리염화비닐(PVC)이 된다. 마찬가지로 비닐기에 수산기(–OH)가 결합되면 비닐알코올이 되고, 이를 중합하면 폴리비닐알코올(PVA)이 된다. PVC와 PVA는 1960년대 초 북한에서 먼저 개발하였다. 초대 서울공대 학장이던 이승기 박사가 한국전쟁 중 월북해서 개발을 서둘렀기 때문이다. 북한에서 섬유용으로 개발된 PVA는 비날론이란 이름으로 남한에도 알려졌다.

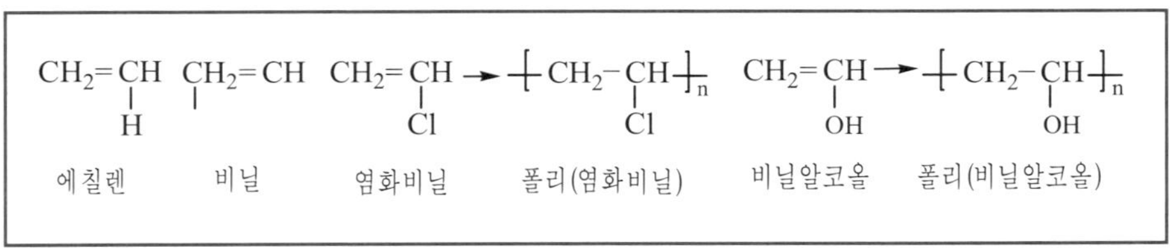

비닐기 및 비닐 고분자들

온실을 지칭하는 영어인 비닐 하우스도 잘못된 용어이다. 일본에서 잘못 도입된 영어가 우리에게까지 그대로 쓰여졌기 때문이다. 비닐로는 하우스를 만들 수 없다. 그린 하우스가 올바른 용어이다. 그래서 지구의 온난화를 지칭할 때 그린 하우스 효과라고 부르는 것이다.

온실에는 시설의 사용기간에 따라 단기용과 장기용이 있고, 설비 재료는 투명성과 절연성이 중요하다. 단기용 온실을 지을 때는 주로 폴리에칠렌 필름이 많이 쓰이고, 장기용에는 아크릴이나 폴리카보네이트 판재가 쓰인다. 아크릴이나 폴리카보네이트 판재는 폴리에칠렌 필름보다 투명성과 절연성이 우수하지만, 값이 비싸다.

02 사람이 만든 인조 복합 재료

탄소섬유를 고성능 에폭시 수지에 충전하여 만든 복합 재료는 천연 복합 재료인 나무를 흉내내서 성공한 제품이다. 긴 탄소섬유는 나무의 셀룰로오스 고분자 사슬 역할을 그리고 비결정질 에폭시 수지는 나무에 함유된 리그닌과 동일한 기능을 발휘한다.

나무가 수직방향으로는 강도가 대단히 높지만, 수평방향으로는 매우 약하다. 이 점을 보완하기 위해서 탄소섬유/에폭시 수지 복합 재료에서는 얇은 수지 코팅층을 0°/90°로 교대로 쌓아 가열, 경화시키거나 탄소섬유천을 에폭시 수지에 함침시킨 뒤, 여러 장을 적층해서 가열, 경화시킨다. 이렇게 만든 탄소섬유/에폭시 수지 복합 재료는 가볍고 강도가 매우 높아서 낚싯대, 골프채, 테니스 라켓 같은 스포츠 용품은 물론이고, 우주선, 미사일, 항공기, 요트, 탱크 등에도 대단히 많이 쓰이고 있다.

이 복합 재료의 성능은 대단히 우수해서 테니스의 경우를 예로 들면, 오늘날의 서비스 속도가 옛날 나무라켓을 쓸 때에 비해서 거의 2배에 이를 정도이다. 골프에서도 마찬가지다. 골프선수들의 비거리가 너무 늘어나 요사이 골프장들은 타선거리를 늘리느라 분주하다. 탄소섬유/에폭시 복합 재료 샤프트가 비거리를 늘어나게 한 요인이다.

탄소섬유 복합 재료는 물성이 우수한 대신 값이 비싼 것이 단점이다. 물성은 조금 떨어지지만, 경제성을 위해서 탄소섬유 대신 유리섬유를 쓴 복합 재료가 섬유강화 복합 재료(FRP)이다. FRP에서는 수지도 에폭시보다 싼 불포화 폴리에스터가 더 많이 쓰인다. FRP는 욕조, 폐수 파이프, 요트 전체를 통째로 만드는 데에 많이 쓰인다. 또 유리강화 복합 재료로 만든 낚싯대는 세계시장을 우리나라가 석권할 정도로 우리 기술이 우수하다.

03 라텍스 침구

중국에 단체여행을 가면 반의무적으로 속칭 "라텍스" 파는 가게에 들르게 된다. 이런 가게에서 "라텍스"란 천연고무를 경화시켜 만든 침대쿠션, 베개, 매트 등 스폰지 같은 제품을 지칭한다. 우리나라 주부들 사이에도 "라텍스"는 중국 가게에서와 똑같은 의미로 "라텍스"를 쓰고 있다. 이 용어는 잘못된 것이다.

라텍스란 원래 고분자 입자와 물로 구성된 마치 우유처럼 뿌연 광택을 띠는 분산체를 말한다. 생활주변에서 흔히 볼 수 있는 천연고무 수액, 수성페인트는 라텍스에 속한다. 천연고무 수액은 폴리이소프렌 고분자가 약 40% 정도의 농도로 물에 분산되어 있는 라텍스이다. 라텍스란 고분자가 물에 분산되어 있는 혼합물이지, 침구처럼 천연고무를 가공한 스폰지 제품이 아니다.

일반인 입장에서 보면 용어가 좀 잘못되어도 사실 별 상관없다. 이들의 관심사는 비싸게 산 "라텍스"가 그만한 가치가 있는가에 있다. 원래 스폰지의 대부분은 공기인데도 불구하고, 놀랍게도 "라텍스"는 상당히 고가에 판매되고 있었다. 판매원의 설명을 들어 보면, "라텍스"는 곰팡이가 스는 것을 방지해 주고, 세균과 해충의 접근을 막아 주기 때문에 건강에 좋고 비싸다고 설명한다. 이런 면은 사실이겠지만, 문제는 다른 데에 있다.

라텍스에서 "라텍스"를 만들기 위해서는 천연고무 라텍스에서 먼저 고무만 분리, 건조, 정제하는 과정이 필요하다. 이렇게 분리된 천연고무를 가공하여 "라텍스"를 만들려면 가교제, 발포제를 비롯하여 가교 촉진제, 충전제 등 약 15~20가지의 화학약품을 배합해서 상당히 높은 온도에서 열처리를 한다. 이런 가공공정을 거치면 폴리이소프렌 고무는 가교된다. 이 가교반응은 쉽게 일어나지 않아 여러 가지 촉진제와 촉매가 첨가되어야 되고 반응온도도 높아야 된다. 또 가교된 고무의 물성을 최적화하기 위해서는 다른 첨가제도 많이 배합되어야 한다. 이렇게 가교된 고무는 탄성을 가지게 되어 잘 늘어나고 바닥에 던지면 되튕긴다.

어떤 형태의 고무 제품이건 가공을 위해서 투입하는 저분자 유기약품들은, 비록 사람들이 인지하기 어려울 정도로 농도가 낮을지는 모르지만, 매우 조금씩 대기 중으로 방출될 수 있고, 또 높건 낮건 독성을 가지고 있으므로 세균, 곰팡이 같은 미생물의 접근을 막는 것이다. 사람은 감도가 낮아 느끼지 못할 뿐이다.

라텍스 제품을 사서 쓰고 있는 사람들은 1) 직접 피부에 접촉되지 않게 하고, 2) 코에 너무 가깝게 대고 자거나, 3) 햇빛에 노출되지 않도록 유의하는 것이 좋겠다. 햇빛을 받으면 C=C 이중결합을 가지는 고무 제품은 쉽게 산화되어 피부에 더 나쁜 영향을 주게 된다. 4) 전기장판 위에 까는 것도 좋지 않다. 전기장판에서 발생한 열에 의해 저분자 물질의 배출이 더 많아진다.

04 폴리우레탄 스폰지

탄성 회복력, 즉 눌렀다 놓았을 때 원 상태로 돌아가는 힘을 가진 발포체에는 여러 가지가 있는데, 그중에서 가장 많이 쓰이고 있는 것은 폴리우레탄 스폰지이다. 물론 천연고무 스폰지도 중요한 발포체에 속한다. 탄성 회복이 가능한 이유는 스폰지 중의 빈 공간이 거의 전부 연결되어 있어 눌렀을 때 빠져 나간 공기가 원상태로 회복될 때 제자리를 메우기 때문이다. 이런 스폰지를 열린 기포체(open-cell foam)라고 한다.

스폰지가 딱딱하여 탄성회복이 느리면 경질 스폰지라고 하고, 부드러워서 탄성회복이 빠르면 연질 스폰지라고 한다. 연질과 경질의 차이는 발포비율, 즉 단위 부피당 공기함량에 따라 결정된다. 공기함량이 많으면, 즉 우레탄 수지 함량이 적으면 연질이고, 그 반대는 경질이다.

빠른 탄성 회복력이 필요한 각종 의자, 침대, 인공피혁, 인조행주 등에는 연질 스폰지가 쓰이고, 탄성 회복 속도보다 충격흡수 능력이 더 중요한 자동차 범퍼에는 경질 스폰지가 쓰인다. 국내에서도 모두 합쳐 연간 수십만 톤이 생산되고 있다.

폴리우레탄 스폰지는 빵과 마찬가지로 CO_2 가스에 의해 발포된다. 제빵에서는 $NaHCO_3$가 열분해하거나 또는 전분이 발효되어 CO_2 가스가 생기지만, 폴리우레탄에서는 그림에 보인 바와 같이, TDI 같은 디이소시아네이트 원료가 물과 반응해서 생긴 카바민산이 분해하여 발포가스 CO_2를 생성

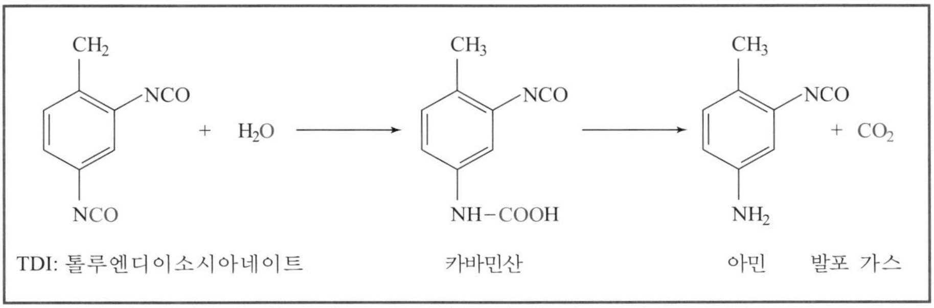

폴리우레탄 수지에서 CO_2 발포가스의 생성

시킨다. 그림의 반응에서 보듯이 최종적으로 CO_2 외에도 아민이 부생한다. 이 아민은 원료 이소시아네이트는 물론 공기 중의 산소와도 반응해서 여러 가지 복잡한 반응물들을 만드는데, 이들 중 일부는 노란색을 띤다. 그래서 우레탄 스폰지는 천연고무 스폰지와 달리, 항상 연한 노란색을 띠게 된다. 그래서 "라텍스" 가게에 가면, 천연고무 스폰지임을 강조하기 위해서 합성 스폰지의 색깔을 보여 준다.

지금 우리는 일상생활에서 우레탄 스폰지를 피할 수 없을 정도가 되었다. 그런데 우수한 품질의 우레탄 스폰지 제품이 되기 위해서는, 기포 안정제, 반응촉매, 산화방지제, 점도 조절제 등 여러 가지 저분자 화합물들이 함유되어야 한다. 극히 적은 양이지만 이들이 흡입되거나 피부와 직접 접촉되지 않도록 유의하는 것이 좋다.

05 폴리우레탄 수영복

2009년 여름 로마에서 열린 세계수영대회의 화두는 단연 첨단 수영복이었다. 이 대회에서 마린보이 박태환 선수는 아쉽게도 국민의 기대에 미치지 못하는 성적을 냈다. 그 원인으로 여러 가지가 지적되었는데 첨단 폴리우레탄 수영복이 그중 하나였다. 과학적인 분석결과 박 선수는 하체만 가리는 반신 수영복을 입고 있었는데, 미국의 8관왕 펠프스 선수나 독일의 비더만 선수는 몸 전체를 가리는 전신 수영복을 착용하여 첨단의 혜택을 두 배로 누렸기 때문이라는 지적이었다. 이제는 운동에도 과학적 분석과 적용이 필요한 것이다.

수영에서 좋은 성적을 내려면 물의 저항을 줄여야 된다. 이 저항은 형상저항 90%와 마찰저항 10%로 구성된다고 한다. 형상저항은 물의 흐름을 거스르는 신체의 모양을 일컫는데, 수영을 할 때 선수가 발생한 와류가 많으면 저항이 높았다는 것을 의미한다. 즉, 선수의 신체 중 물이 흐르는 방향과 평행이 아닌 부분이 많았다는 것이다.

유선형이 가장 적은 형상저항을 받는다는 사실은 잘 알려져 있다. 물의 흐름속도가 빠른 강의 어류는 흐름속도가 느린 강의 어류보다 유선형의 어류가 많으며, 선박을 건조할 때에도 물살을 잘 가를 수 있는 유선형으로 건조한다. 마찬가지로 수영선수도 가급적 유선형에 가깝게 몸을 만들기 위해 온갖 노력을 다하고 있다. 수영선수들은 목에서 어깨로 펼쳐지는 부위에 두툼한 근육을 가지고 있는데, 이 근육이 상체구조를 좀 더 유선형에 가깝게 만들어 주므로, 어깨에서 오는 형상저항을 줄일 수 있게 된다고 한다.

마찰저항은 표면이 매끄러울수록 적어진다. 그래서 수영선수들은 우선 털을 제거하여 저항을 줄인다. 첨단 수영복은 물을 거의 흡수하지 않는 강한 폴리에스터 섬유와 탄성이 우수한 부드러운 폴리우레탄 섬유를 종횡으로 짜 만든다. 또 표면을 피부보다 더 매끄럽게 하기 위해서 다림질을 하거나 실리콘 수지로 발수처리도 하고, 머리에서 발쪽으로 향하는 방향으로 작은 골을 만들기도 한다.

전신 수영복의 문제점은 옷과 피부 사이로 들어가는 물이다. 이 물이 많으면 체중과 표면적이 늘어나 마찰저항이 증가하는 결과를 피할 수 없게 된다. 그래서 수영복은 매우 얇게 그리고 방수성으로 만든다. 또 탄성이 우수해서 가장자리도 몸에 착 달라 붙어 물이 수영복과 피부 사이로 스며들지 않아야 된다. 그러면서도 땀 증기를 외부로 쉽게 배출시킬 수 있어야 고속으로 운동하는 선수에게 쾌적감을 제공, 기록이 향상된다.

잘 만든 전신 수영복은 선수가 움직일 때, 특히 가슴, 엉덩이 등의 움직임에 의해 발생되는 형상저항을 감소시킨다고 한다. 수영을 위한 움직임에 의해 새로 생겨난 근육이 물의 흐름방향에 가로 놓이는 것을 감소시켜 주기 때문이라고 한다.

1972년 뮌헨 올림픽에서 7관왕의 위업을 달성한 수영계의 전설 스피츠는 아주 작은 삼각 수영복을 착용했었다. 당시에는 털 없는 맨피부가 어떤 수영복보다도 마찰저항이 적었다. 37년이 지난 2009년에는 전신 수영복을 입은 펠프스가 8관왕이 되었다. 폴리우레탄 수영복의 마찰저항이 털 없는 맨피부보다 더 낮아진 것이다. 2010년부터 이 전신 수영복 착용은 금지된다고 한다. 하지만 2009년에 폴리우레탄 전신 수영복을 입고 세운 세계기록은 2010년 이후 상당 기간 동안 깨지기 어려울 것이다. 자그마했던 삼각 수영복에서 이제 전신을 감싸는 수영복으로 진화하며 점점 똑똑해지고 있다.

스피츠가 젊어져서 전신 수영복을 착용하고 펠프스와 대결한다면 누가 이길까? 아마도 스피츠일 것이다. 당시 스피츠는 마찰계수가 인간피부보다 더 낮은 우레탄 수영복의 덕을 전혀 보지 않았으니까. 이제 경기기록은 선수의 실력에 과학이 합쳐질 때 극대화시킬 수 있다.

06 투습성 폴리우레탄 방수복

스판덱스란 이름으로 더 많이 알려진 탄성 폴리우레탄 섬유는 스키복, 등산복, 야외복 소재로 잘 알려져 있다. 고무 같은 탄성을 가진 스판덱스는 원래 친수성이 낮아 물에 잘 젖지 않으며, 투습성이 우수한데, 방수성은 부족하였다. 스판덱스의 방수성능을 대폭 향상시켜 만든 새로운 소재가 요즈음 방수성 야외복으로 각광을 받고 있다.

탄성을 가지는 이 야외복의 특성은 물에 잘 젖지 않으면서도 방수성과 투습성이 뛰어나다는 것이다. 탄성 폴리우레탄의 이런 성질은 화학구조에서 연유한다. 폴리우레탄 고분자 사슬은 그림에 나타낸 바와 같이 경질부분과 연질부분으로 구성되어 있다. 경질부분은 섬유의 강도를 제공한다. 연질부분은 여러 가지로 변화시킬 수가 있어 제조회사마다 조금씩 다르지만, 소수성이 매우 높아서 전혀 물이 통과할 수 없다. 그래서 이런 연질부분만으로 만들어진 폴리우레탄 수지는 건축용 방수제로 대단히 많이 쓰이고 있다.

경질부분과 연질부분은 화학구조가 너무 달라서 섬유로 만들었을 때에도 물과 기름처럼 서로 섞이지 않아 별도의 상을 이루면서 따로따로 존재한다. 즉, 두 상이 분리되어 있다. 분리된 두 상 사이에는 자연히 계면이 생

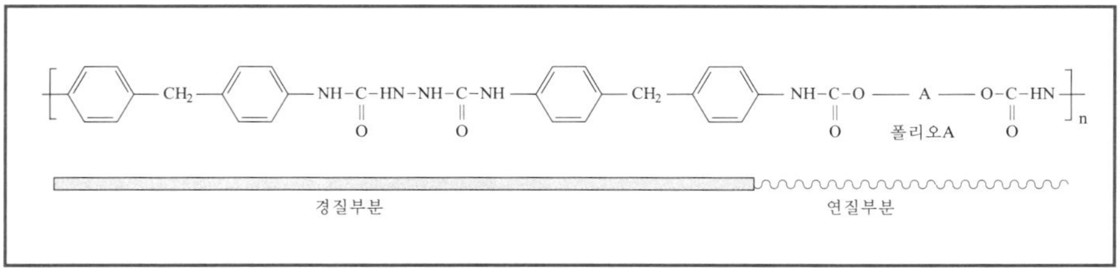

탄성 폴리우레탄 사슬의 경질부분과 연질부분

기게 된다. 이 계면은 각각의 상 내부보다 구조적으로 치밀하지 못하다. 또 바로 옆에는 친수성이 강한 경질부분이 있다. 그래서 이런 상분리 폴리우레탄 수지는 연질만으로 구성된 단일상 수지보다 밀도가 높다. 이 계면을 통해서 기체인 수분이 용이하게 통과하고, 그래서 통기성이 확보된다. 물분자 한 개의 크기는 0.1 나노 밖에 안되므로 수분이 통과하는 통로는 너무 작아 액체인 물은 전혀 통과할 수 없다.

07 테플론 야외복

가을은 사람들의 야외 활동이 많은 계절이다. 등산객, 낚시 애호가 등 야외에서 오랜 시간을 보내는 사람들에게 인기 있는 야외복은 통기성이 좋은 방수복이다. 이런 통기성 방수복으로 탄성 폴리우레탄 소재가 개발되어 인기가 높은데, 최근에는 고어 텍스란 새로운 소재가 개발되어 경쟁이 뜨겁다.

고어 텍스는 미국의 기계 기술자 고어(Gore)가 개발한 방수성이 완전하고 통기성이 우수한 복지이다. 이 복지제조기술은 1976년에 개발된 다공성 안감섬유 소재기술과 1980년에 개발된 5층 샌드위치 구조의 복지제조기술이 모두 병합되어 완성되었다.

첫 번째로 다공성 소재기술을 소개한다. "프라이팬 코팅제"에서 상세히 소개한 바와 같이, 테플론(PTFE)은 통상 분자량이 매우 높아 대략 100만을 초과하며, 모든 고분자 중에서 용해성, 소수성, 응집성, 표면장력이 가장 낮은데, 결정성은 가장 높다. 그래서 접착이 매우 어렵고 가공하기도 어렵다. 또 물에 잘 젖지도 않으며, 어느 정도 구멍이 크지 않으면 물이 통과하기도 어렵다.

이런 PTFE 재료를 필름으로 만들어 X, Y 두 방향으로 천천히 잡아당기면, 즉 연신하면 PTFE 사슬들은 실타래처럼 서로 모여 힘을 합쳐 외부의 힘에 저항한다. 이 저항력보다 더 강한 힘을 외부에서 가하면서 서서히 연신을 계속하면 실타래는 더 가늘어지고, 타래와 타래 사이에는 수없이 많은 작은 구멍이 생기게 된다. 이렇게 만든 PTFE 박막 $1cm^3$에는 약 20~30억 개의 빈 구멍이 있다. 이 구멍은 매우 작아서 작은 물방울 크기의 약 1/20,000 정도이므로 액체인 물은 전혀 통과하지 못한다. 하지만 기체인 물분자는 약 0.1 나노 정도의 크기이므로 이 구멍을 통과하는 데에 전혀 지장이 없다.

두 번째로는 5층 라미네이트 기술을 통해서 만드는 샌드위치 구조를 소개한다. 위에서 설명한 다공성, 방수성, 통기성 소재의 문제점은 기계적 강도가 너무 약해서 자체로는 옷감으로서의 가치가 전혀 없다는 것이다. 이 문제점은 5개의 층을 적층시켜 라미네이트 구조를 만드는 것으로 해결되었다.

라미네이트란 5개의 층을 한 번에 또는 두세 번에 나누어 형성시키되 폴리우레탄 접착제를 필름 형태로 만들어 외피층과 PTFE 필름 사이 그리고 PTFE 필름과 내피층 사이에 삽입하고 롤러에서 가열, 압착하여 접착을 완료하는 기술이다. 코팅하는 것보다 접착력은 약하지만, 생산속도가 빠른 장점이 있다.

외부로 노출되는 외피층은 통상의 내마모성이 우수한 보통의 폴리에스터나 나일론 옷감이다. 안쪽 내피층은 피부와 접촉되는 부드러운 섬유로서 통상 면/폴리에스터 혼방 섬유가 쓰인다. 폴리에스터나 나일론 또는 면 섬유에 폴리우레탄 수지를 접착시키는 것은 별로 어렵지 않다. 모두 폴리우레탄의 −NCO기와 화학반응을 일으킬 수 있는 관능기가 조금씩은 존재하기 때문이다.

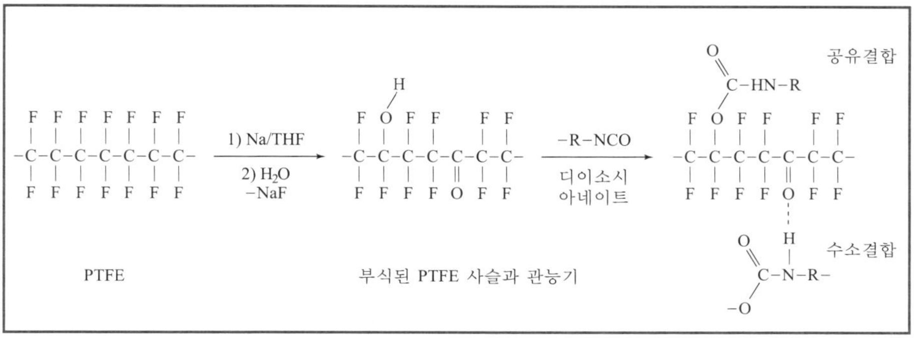

PTFE의 화학적 표면처리

5층 구조를 만들기 위해서는 가장 어려운 PTFE/폴리우레탄 접착기술이 확보되어야 한다. PTFE에는 접착제의 −NCO기와 반응할 수 있는 관능기가 전혀 없어 접착이 매우 어렵다. 그래서 접착을 이루기 위해서는 사전에 PTFE 표면을 처리해서 관능기를 형성시켜 두어야 된다.

그림에는 필자가 익히 알고 있는 화학적인 표면처리반응을 표시하였다. 여기서는 테트라하이드로푸란(THF)에 녹인 Na 금속이 쓰인다. 이 용액을 PTFE 표면에 뿌린 뒤 물로 세척하면 C-F 결합의 일부가 파괴되어 OH, C=O 같은 극성기가 생긴다. 여기에 우레탄 접착제에 함유된 −NCO기를 반응시키면 OH기에는 우레탄기가 생성되고, C=O기에는 수소결합이 생겨나 우레탄 사슬이 PTFE 사슬에 연결된다. 즉, 화학결합을 통한 강력한 접착이 이루어지게 된다.

그러나 금속 나트륨은 대단히 위험하고 값도 매우 비싸서 대량생산에 쓰일 것 같지는 않다. 그 대신 초고압 플라스마 처리 같은 표면부식 기술을 쓰고 있는 것으로 판단되지만, 정확한 것은 알려져 있지 않다. 하지만 이 플라스마 산화기술은 반도체 회로형성에도 쓰이는 기술이라서 신뢰성이 높다. 이 기술로 PTFE 표면을 처리하더라도 극성 관능기가 생기는 현상은 그림에 보인 바와 똑같다.

고어 텍스는 완전한 방수를 보증한다. 원래 다공성 PTFE 막 자체가 완전한 방수성이기 때문이다. 그런데 의복을 완성하려면 바느질을 피할 수 없다. 이 부분의 방수는 5층 구조 중에서 내피층만을 제외한 4층으로 만들어진 테이프를 붙여 확보한다. 다공성 PTFE 막 자체의 방수성이 대단히 우수한데도 불구하고, 라미네이트 복지에는 두 층의 폴리우레탄 수지가 더해졌으므로 방수성은 훨씬 더 강화된다. 그러나 수분은 PTFE층과 두 개의 폴리우레탄층을 통과해야 외부로 제거되므로, 라미네이트 복지의 통기성은 PTFE 막 자체보다 나빠지게 된다.

08 방탄복과 항공기 타이어

방탄복과 항공기 타이어, 이 연관성 없어 보이는 것들에 서로 어떤 관계가 있을까? 경찰과 군인 특공대는 특수임무를 수행할 때 생명을 보호하기 위해서 방탄복을 입는다. 방탄복은 왜 총탄에도 뚫리지 않을까? 이유는 간단하다. 방탄복을 만든 섬유의 강도가 총탄의 에너지를 받아도 전혀 파열되지 않을 만큼 높기 때문이다.

보잉 747 비행기가 이륙하려면 시속 약 340km의 속도로 달려야 한다. 이때 타이어가 받는 단위 면적당 에너지는 총탄에 맞먹는다. 그래도 타이어가 터지지 않는 것은 이 높은 운동에너지를 견뎌내기 때문이다. 이륙 직전 에너지를 견디지 못하고 비행기 타이어가 터지면 약 400명이 한꺼번에 죽을 수도 있다. 비행기 타이어의 강도가 방탄복 강도보다 더 중요한 이유다.

강도가 높은 재료라고 하면 흔히 강철을 먼저 떠올릴 것이다. 그래서 칼,

창, 화살로 싸우던 옛날 무사들은 박물관에서는 볼 수 있는 강철로 만든 망사 옷을 입었다. 하지만 단점이 있었다. 강철은 무겁다. 그래서 중세 이후에는 가급적 가는 철사로 전투복을 만들기 위해 많은 노력을 기울였다. 현재 이 전투복은 무겁기만 할 뿐, 전투복보다 에너지가 훨씬 높은 총탄에는 전혀 견디지 못해 아무런 쓸모가 없다.

전투복을 만들기 위한 목적에서는 아니지만, 아주 가는 강철섬유는 성공적으로 개발되어 시간당 160km 이상으로 달리는 자동차나 항공기 타이어의 고무의 물성을 강화하는데 쓰이고 있다. 이 강화섬유의 문제점은 고무와의 접착력이 나쁘고 무겁다는 것이다. 그래서 현재는 많은 부분이 화학섬유로 대체되고 있다.

화학섬유는 스테인리스 섬유보다 강도가 태부족할 것으로 생각되지만, 동일한 굵기에 대해서 나일론-66은 약 2배, 아라미드는 약 4배 그리고 PBO(폴리벤족사졸) 섬유는 약 16배의 강도를 가지고 있다. 그래서 현재의 방탄복이나 항공기 타이어 강화섬유로는 아라미드 섬유가 주로 쓰이고 있다. PBO 섬유는 비싸서 아직 우주용 외에는 대량으로 쓰이지 못하고 있다.

나일론-66은 미국 뒤퐁사에서 처음 개발되어 제2차 세계대전 중 낙하산 제조용으로 대단히 많이 쓰였다. 우리나라는 나일론-66 수지를 수입해서 실을 뽑아 여성의 스타킹 제조에 쓰고 있다. 아라미드는 방탄복, 항공기 타이어, 고성능 낙하산은 물론 행글라이더와 요트 돛을 만드는 데에도 쓰이

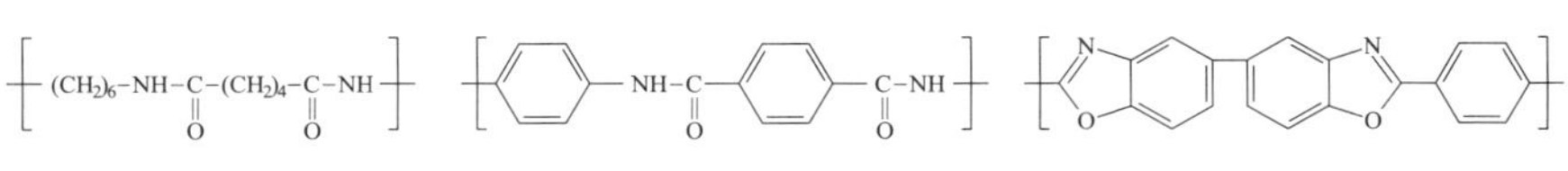

나일론-66 아라미드 폴리벤족사졸 PBO(polybenzoxazle)

초고강도 섬유 고분자의 화학구조

는데, 여전히 개발 중에 있다.

이 화학섬유들이 이처럼 우수한 강도를 가지는 이유는 화학구조를 보면 알 수 있다. 나일론-66의 강도는 키틴에서 소개했던 아마이드(O=C-NH) 결합에서 연유한다. 아라미드는 아마이드 결합 외에 단단한 벤젠고리를 가지고 있어서 나일론-66보다 강도가 더 높다. PBO가 초고강도를 가지는 원인은 벤젠고리에 다른 고리가 붙어서 생긴 큰 고리를 가지고 있기 때문이다. 고분자 화학자들은 화학구조를 생각해서 용도까지 짐작해 낸다.

아라미드 수지는 미국 항공우주국이 우주선의 내장재를 개발할 때, 종이에 함침시켜 6각형의 벌집구조를 가진 골판지 개발에 쓰인 고강도 방향족 나일론이다. 우리나라는 이 섬유를 수입해서 타이어 보강섬유로 많이 쓰고 있다. 아라미드는 또 테니스 라켓용 실로도 많이 쓰이고 있는데, 강도와 탄성이 매우 우수하여 공의 속도를 올리는 데 크게 기여하였다. 또 비에 젖어도 강도저하가 거의 없는 장점이 있다.

09 클로로프렌(CR) 장갑과 돼지본드

우리가 쓰는 장갑에는 용도에 따라 종류가 매우 많다. 털장갑, 가죽장갑 등 보온용이 있는가 하면, 면장갑에 빨간색, 흰색 등 고무를 코팅한 작업용 장갑도 있다. 주부들은 가정에서 설거지를 할 때 조금 두꺼운 분홍색 고무장갑을 착용한다. 최근에는 노란색도 나와 있다.

이 고무장갑은 합성 클로로프렌 고무(CR) 라텍스를 원료로 해서 만든다. CR 라텍스는 자연에서 얻어지는 것이 아니다. 부타디엔을 원료로 출발해서 만들어진 합성고무이다. 천연고무에서처럼, CR에도 경화 촉진제, 충전

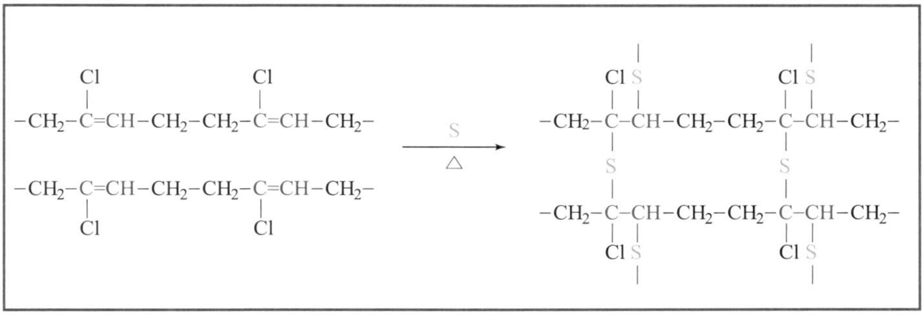

가황에 의한 CR의 가교

제, 유황, 안정제 등을 혼합한 뒤 건조하고 가황하면 CR 완제품이 얻어진다. 그림에 보인 바와 같이 CR에 유황을 가하면 유황은 CR 사슬과 사슬 사이에 다리를 놓아 CR 고무를 가교시킨다. 고무 제품 제조에 가장 중요한 반응이다.

고무는 원래 약간 끈적거리는 점성을 가지고 있으므로, CR 장갑은 가황시켰다고 하더라도 여전히 약간의 점성이 남아 있기 때문에, 끼고 벗을 때 어렵다. 이를 개선하기 위해서는 표면을 더 많이 가교시켜 끈적거림을 줄여야 한다. 표면만을 선택적으로 더 많이 가교시키는 기술은 쉽지 않다. 그래서 이 기술이 CR 장갑제조의 핵심기술이다. 또 표면의 미끄러움을 더욱 증가시키기 위해서는 활석 분말을 이용한다.

가끔 보면 주부들이 CR 장갑을 끼고 김치를 담그거나 주먹밥을 만들기도 하는데 이는 피하는 것이 좋겠다. CR 고무의 가황을 위해서는 유황뿐만 아니라 여러 가지 저분자 유기 화합물이 첨가될 수 밖에 없고, 이들은 기름과 접촉할 경우 녹아 나올 가능성이 있다. 그러므로 가급적 기름 같은 유성 식품과의 접촉을 피하는 것이 좋다. 수성식품 속에도 기름 같은 유성 배합제가 함유되어 있을 수 있으므로 주의하는 것이 좋겠다.

각 가정에는 일명 돼지본드(한 회사의 상품명임)라고도 불리는 만능 접착제를 한 개쯤 가지고 있을 것이다. 문구점에서 싼 가격에 구할 수 있는 흔한 접착제이다. 이 접착제는 고무, 종이, 플라스틱, 나무, 금속 등에 모두 잘 붙고 접착력도 대단히 우수하다. 그래서 만능 접착제로 통하며, 가정에서뿐만 아니라 공업적으로도 많이 쓰이고 있다. 물론 CR 장갑에 구멍이 난 것을 매울 때에도 우수한 접착력을 발휘한다.

이 접착제는 장갑제조에 쓰이는 CR을 유기용매에 녹이고, 여기에 소량의 접착력 강화제 디이소시아네이트를 첨가한 것이다. 이 접착제를 칠하면 용제가 휘발하므로 냄새가 심하다. 그러므로 밀폐된 공간에서 장시간 노출되지 않도록 주의할 필요가 있다. 또 어린이들이 호기심에서 흡입하지 않도록 보관해야 된다.

10 폴리에칠렌(PE) 장갑

가정에서 흔히 비닐 장갑, 위생 장갑이라고 부르는 폴리에칠렌 장갑은 클로로프렌 장갑에 비해 매우 얇아, 투명성이 우수해서 손가락이 비칠 정도이다. 또 클로로프렌 고무(CR) 장갑과 달리 끈적거리지 않으므로 끼고 벗는 데에 어려움이 없다. 그래서 가정에서 요리를 위해 여러 가지 식재료를 양념과 함께 혼합할 때 많이 쓰인다.

폴리에칠렌 장갑의 재질은 고무가 아니고 결정성 플라스틱이므로 잘 미끄러진다. 그래서 만들기도 쉽다. 두 장의 필름을 장갑 모양으로 오려 열접착시키면 된다. 다만 미끄러운 성질 때문에 물건을 집을 때 놓칠 우려가 높다. 이를 방지하기 위해서 제작사들은 미끄럼 방지제를 첨가하기도 하고, 또 바깥쪽에 미세한 홈을 만들기도 한다. 직접 집에 있는 폴리에칠렌 장갑을 직접 만져보면 거친 면을 느낄 수 있을 것이다.

폴리에칠렌 장갑은 가황, 가교할 필요가 없으므로 클로로프렌 고무나 천연고무장갑보다 첨가제를 훨씬 적게 넣어도 우수한 물성을 발휘할 수가 있고, 또 실온에서 쓰인다면 대단히 안전하다. 김치, 깍두기, 잡채, 빈대떡 원료 등을 버무릴 때에는 클로로프렌 고무나 천연고무장갑보다는 폴리에칠렌 장갑을 쓰라고 권하고 싶다.

하지만, 폴리에칠렌 장갑도 가열된 식용유 같은 유성 식재료와 장시간 접촉하는 것은 피하는 것이 좋다. 폴리에칠렌 장갑에도 저분자 화합물을 전혀 배합하지 않을 수는 없기 때문이다. 물론 이런 배합을 감안하더라도 폴리에칠렌 장갑은 고무장갑보다 훨씬 안전하다.

11 커피믹스 튜브 겉 포장

바쁘게 돌아가는 현대사회에서 잘 팔리는 인스턴트 식품 중의 하나가 커피믹스일 것이다. 흔들릴 수 있는 공간이 적으면 분체는 잘 섞이지 않는다는 원리를 이용해서, 커피, 프림, 설탕을 차례로 폴리에칠렌 튜브에 채워 막대 모양으로 포장해서 만든 것이 커피믹스 튜브이다.

커피믹스 튜브의 장점은 편리하다는 것이다. 주머니에 넣고 다니다가 컵과 뜨거운 물만 있으면 수시로 커피를 타 마실 수 있기 때문이다. 게다가 설탕이 싫은 사람은 폴리에칠렌 튜브의 끝을 살짝 눌러 설탕만 넣지 않을 수 있어서 더 편리하다. 같은 원리로 프림도 빼고 커피만 넣을 수도 있다.

커피믹스를 뜨거운 물에 넣은 다음 완전히 녹이기 위해서 겉 포장재를 티 스푼 대용으로 쓰는 사람들이 많은데 과연 위해가 없을까? 대답은 별로 염려하지 않아도 된다. 필자도 즐겨 쓰고 있다. 폴리에칠렌은 결정성 고분자이므로 첨가제를 많이 필요로 하지 않으며, 표면에 코팅된 잉크도 친유성인데다가 가교되어 있어서, 뜨거운 물에 잠시 담겨있더라도 유해성을 염려할 정도는 아니다.

커피를 저을 때 쓰는 대부분의 티스푼은 물론 커피잔으로 스테인리스로 만든 것이 많이 쓰이고 있다. 사람들이 스테인리스라고 해서 매우 안전한 재료로 알고 있다. 녹이 슬지 않는 원리는 망상 구조의 크롬 산화물층이 강철 표면에 덮여 있어 산소의 침투를 막기 때문이다. 이 크롬 산화물층은 산에 약해서 벗겨질 염려가 있다. 그래서 신 김치 같은 산성식품을 오랫동안 스테인리스 그릇에 담아두는 것은 좋지 않다.

12 랩과 자동차 타이어 튜브

얇은 랩 필름은 가정에서 주로 먹다 남은 음식물을 냉장고에 보관하기 전에 포장하는데 쓰인다. 랩으로 음식을 덮어 두면 외부의 미생물은 물론 공기 중의 산소와 수분이 차단되어 신선도가 오래 유지된다. 또 음식물의 냄새가 배어 나오지 않아 냉장고 문을 열었을 때 불쾌감이 덜하다. 즉, 랩은 차단 효과가 우수한 투명한 플라스틱 필름이다.

자동차 튜브는 타이어 안쪽 면을 둘러싸서 약 2~3기압의 공기가 빠져 나가는 것을 막아 운행을 가능하게 만든다. 옛날에는 타이어와 튜브가 분리되어 있어서 튜브를 구경할 수 있었으나 지금은 타이어와 튜브가 일체화된 소위 튜브 없는 타이어가 일반화되어, 자동차 운전자들이 튜브가 있는지조차 잘 모른다. 2~3기압의 공기가 없으면 자동차는 달릴 수 없다. 게다가 자

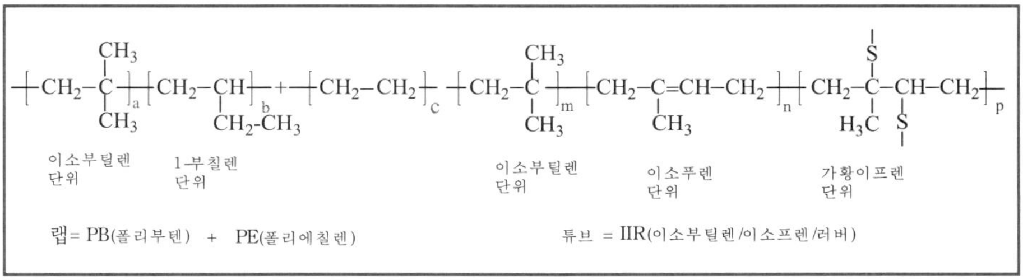

랩 및 커피튜브 제조용 주성분의 화학구조

동차는 대체로 바퀴당 250~500kg 정도의 무게를, 태어나서부터 죽을 때까지 지속적으로 지탱해야 된다. 그럼에도 불구하고 최근에는 6개월 정도 공기압에 전혀 신경을 쓰지 않아도 타이어에 바람 빠지는 일이 거의 없다. 그만큼 튜브의 공기차단효과가 높은 것이다.

이런 차단성은 어디에서 연유하는가? 그림을 보자. 랩 필름은 폴리부텐(PB) 단위와 폴리에칠렌(PE) 단위의 혼합물이 주성분이고, 튜브의 주성분은 이소부틸렌-이소프렌 고무(IIR)이다. 두 주성분의 공통점은 이소부틸렌 단위를 함유한다는 점이다. 타이어나 랩의 우수한 공기 및 수분 차단성은 이 이소부틸렌 단위에서 연유한다.

위 그림에서 볼 수 있는 바와 같이, 랩의 이소부틸렌 단위 함량 [즉, a/(a+b+c)]는 낮은데, 튜브의 이소부틸렌 부분의 함량, 즉 [m/(m+n+p)]은 훨씬 높다. 그래서 자동차 튜브의 공기 차단성은 랩의 차단성보다 훨씬 높은 것이다. 또 랩 필름의 구성성분 중 그림에 표시한 폴리에칠렌(PE)은 필름 형성을 위한 것이고, 1-부틸렌 부분은 점착성을 위한 것이다. 점착성은 접착성과 달리, 필름을 가만히 누르면 쉽게 붙지만 또 쉽게 떨어지는 성질을 말한다. 그래서 랩 필름은 먼지만 없으면 아무 데나 잘 들러붙기 때문에 필름을 일단 자르면 원래의 자른 면적을 평편하게 유지하기조차 힘들다.

반면 고무 튜브는 전혀 들러붙지 않는다. 그림에 보인 것처럼 이소프렌 부분의 일부는 유황 등의 첨가제를 가해서 가교시켰기 때문이다. 가교도가 상당히 높으므로 기계적 강도도 높아져 타이어는 2~3기압의 공기압력을 반년 이상 끄떡없이 견뎌내는 것이다.

차단성과 점착성이 우수한 랩은 원래 디옥틸 프탈레이트(DOP) 같은 가소제를 첨가한 연질 폴리염화비닐(PVC)로 만들었는데, 독성문제로 인해서 사용이 금지되었다. 지금의 PE 랩 필름은 가소제를 함유하지 않아 점착성이 PVC보다 떨어진다. PE 랩이 가소제를 함유하지는 않지만, 필름이 되기 위한 기본적인 저분자 첨가제까지 피할 수는 없다. 그러므로 랩을 쓸 때에는 음식물, 그중에서도 기름진 음식과는 직접 접촉하지 않도록 주의하는 것이 좋다. 또 접촉된 상태에서 음식을 전자 레인지에 넣어 가열하는 것은 더욱 피해야 된다. 가열하면 저분자 첨가제의 확산속도가 빨라져서 음식물로의 이동속도가 크게 증가하게 된다.

음식을 배달시키면 뜨거운 국물이 그릇 밖으로 넘치지 못하게 랩으로 씌워온다. 빠르고 편리하게 수월하게 배달할 수 있기 때문에 대부분의 가게에서 선호하고 있는 방법이다. 긴 시간은 아니겠지만, 뜨거운 국물이 랩과 접촉하는 것은 전자레인지에 사용하는 것만큼 바람직하지 않다.

12

접착제와 코팅제

접착제는 공공연히 본드라 불리는데 공업적으로 생산되는 것은 거의 모두가 합성 접착제이다. 코팅제는 페인트에 대한 전문용어인데, 이것 역시 대량으로 사용되는 천연 제품은 거의 없다. 접착제나 코팅제 모두 유기용매형, 수용액형, 수분산형, 100% 수지형이 개발되어 있지만, 아직도 유기용매형이 가장 많다.

환경개선의 요구와 더불어 용매형을 대체하려는 연구가 집중적으로 진행되고 있지만, 진행 속도는 매우 더딘 실정이다. 또 수용성이나 수분산형이라고 해서 완전히 안전한 것도 아니다. 나름대로 문제점이 있다. 가정에서 접착제와 코팅제를 쓸 때에는 주의사항을 충분히 주지하도록 한다.

01 합성 접착제의 유해성

때때로 언론에서 접착제의 유해성에 대해서 보도한다. 옛날에는 고등학생들이 "본드"에 함유된 유기용매를 흡입하고 마취되어 사망했거나, 병원으로 실려간 피해가 생기니 "본드" 판매 구조를 철저하게 관리해야 된다는 보도가 화제였다. 기사를 작성한 기자에게 "본드"가 무엇이냐고 물어보면 "폴리 무엇이라고 하는데 자세히는 모르겠다"고 대답했었다.

사실 "본드"란 영어 bond(결합, 이음)에서 유래된 것으로 접착제를 말한다. 당시에 문제된 "본드"는 만능 접착제 중의 하나인 클로로프렌 고무 접착제였다. 이는 클로로프렌 고무를 벤젠, 톨루엔, 초산에칠, 사이클로헥산, 2-부타논 등의 혼합용매에 녹인 것으로, 종이, 섬유, 금속, 나무 등에 모두 잘 붙으므로 가정에서 쓰는 데에 매우 유용한 만능 접착제이다. 학생들에게 문제가 된 것은 클로로프렌 고분자가 아니고, 이를 녹이고 있는 유기용매였다.

언론에서 화제가 되면 정부기관에서는 의례 대책마련 차원에서 연구소에게 용역을 주어 개선을 요구한다. 이때에도 유해한 유기용매를 무해한 물로 바꾸라고 지시하였다. 클로로프렌 고분자는 물에 녹지 않으므로 유기용매를 쓰지 않으려면 로션 형태인 에멀젼으로 만들어야 된다. 에멀젼 접착제는 유기용액 접착제에 비해 원래 접착력이 부족하다. 그러니 가정에서는 힘만 많이 들일 뿐 제대로 접착을 해낼 수가 없다. 게다가 유기용매에 비해 물이 빨리 건조되지 않아 우리나라에서는 선호하지 않는다. 그래서 용액형 클로로프렌 접착제가 지금도 문구점에서 버젓이 팔리고 있다.

접착제에 대한 대부분의 기사내용은 구체적인 원인에 대한 설명 없이, 특히 어린이에 대한, 유해 가능성만 강조한다. 하지만 접착제가 위험하다는 사실을 모르는 이는 없다. 근본적으로 유해할 수밖에 없는 것이므로 보관할 때나 사용할 때, 특히 어린이들이 휘발물질을 흡입하거나, 삼키거나, 피부에 접촉하지 않도록 주의해야 된다.

접착제는 여러 가지로 구분할 수 있는데, 형태에 따라 유기용제형, 에멀젼형, 100% 고체형으로 크게 나눌 수 있다. 접착력은 유기용제형이 가장 우수하다. 그 이유는 점도가 낮고 고무성질이 우수해서 피착제 표면에 빠른 속도로 촘촘하게 잘 스며들고, 접착이 끝나면 용제가 빨리 휘발하기 때문이다.

유기용제의 환경문제가 심각해지면서 유기용제를 쓰지 않는 접착제를 개발하려는 노력이 지속적으로 이루어졌다. 그 결과 에멀젼형, 100% 고체형이 개발되어 많이 쓰이고 있다. 에멀젼형은 고체 접착제를 작은 입자로 만들어 물에 분산시킨 것이다. 이 접착제는 접착력이 용제형보다 낮은 것도 문제지만, 특히 겨울처럼 온도가 낮아지면, 에멀젼이 파괴되어 접착제 입자가 모두 바닥으로 침전하는 것도 문제이다. 그래서 보관에도 유의해야 한다.

가정에서 가장 흔히 쓰는 접착은 종이를 붙이는 일이다. 특히 문풍지나 도배를 바를 때에는 이를 붙이기 위해 풀을 썼다. 그런데 지금은 주거환경이 바뀌면서 사용량이 많이 줄었다. 밥풀과 풀은 친환경 접착제인데도 쓰지 않는다. 접착력이 낮아 도배가 어렵고, 여름철 장마가 시작되면 친환경 풀을 먹기 위해 곰팡이가 파랗게 슬기 때문이다. 그래서 지금은 고형분 함량 약 40%의 아크릴 라텍스를 쓴다. 접착력과 작업성도 좋고 곰팡이도 슬지 않기 때문이다.

가정마다 책은 한두 권씩 가지고 있다. 책을 제본할 때, 특히 두꺼운 책이면 옛날에는 한쪽을 가는 실로 꿴 다음 풀로 두꺼운 표지에 붙였다. 지금은 아무리 두꺼운 책일지라도 실로 꿸 필요가 없다. EVA란 100% 고형분 접착제가 개발되었기 때문이다. 실온에서 EVA는 고체이다. 이를 가열하면 녹아서 액체가 된다. 이 액체를 써서 접착한 다음 실온으로 냉각하면 접착이 완료된다. 이 접착제는 유기용제를 쓰지 않는 개발품이다.

유기용제에 대한 규제는 점점 강화되고 있다. 접착제 기술자들은 가급적 유기용제형 접착제를 에멀젼 접착제나 100% 고형분 접착제로 대체하려고 많은 노력을 기울이고 있다. 용매에 대한 환경규제뿐만 아니라 용제는 생산과정에서도 해롭기 때문이다.

전문가로서 거듭 강조하지만, 유기용제형뿐만 아니라 에멀젼형이나 100% 고형분형일지라도 접착제는 거의 전부 합성품이어서 불순물이나 저분자 첨가제의 배합이 불가피하므로 사용자는 항상 주의해야 된다. 특히 어린이에게 접촉되는 일은 없어야 된다.

02 순간접착제로 붙은 입술 그리고 지문

자동차 정비기사나 운전사들 사이에서도 접착제 대신 본드란 말이 일상적으로 쓰이고 있다. 그들이 무슨 접착제를 지칭하는지 자세히 들어 보면, 또 다른 만능접착제 중의 하나인 액체 시아노아크릴레이트 순간접착제를 일컫는다.

이 액체는 작은 폴리에칠렌 병에 들어 있는데, 마개에는 가늘고 긴 토출관이 붙어 있다. 사용할 때에는 가위로 토출관의 일부를 잘라 내야된다. 한 방울 짜내고 나면 토출관은 저절로 막힌다. 왜 저절로 막힐까?

에칠시아노아크릴레이트(ECA)를 사용할 때 가는 토출관 구멍을 내어 조금 짜내어 쓰고, 그러고 나면 토출관 구멍 끝에 묻은 액상의 ECA가 공기 중의 수분에 의해 순간적으로 중합하여 고체로 변해서 구멍을 메운다. 그래서 다음에 쓸 때에는 불편하더라도 중합에 의해 경화된 부분을 또 잘라 내야 된다. 사용할 때마다 잘라낼 수 있도록 토출관은 원래부터 길게 만들

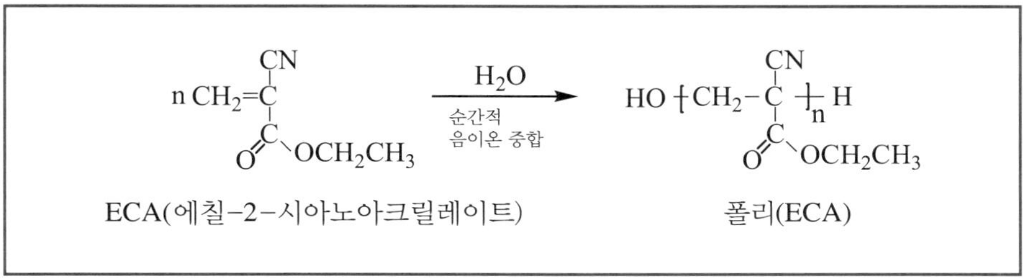

에칠-2-시아노아크릴레이트(ECA)의 수분에 의한 중합

어져 있다.

살인 현장에서 수사관들은 범인이 남긴 흔적을 찾기 위해 열심히 지문을 채취한다. 의심스러운 곳을 붓으로 조심스럽게 닦고, 지문 검출용 스프레이를 뿌린 다음 필름조각을 대고 문질러 살짝 떼낸다. 지문 검출용 스프레이는 어떤 성분이고, 뿌리면 왜 지문이 채취될까?

순간접착제의 주성분인 에칠-2-시아노아크릴레이트(ECA)는 실온에서 액체인데, 그림에 표시한 바와 같이 수분에 의해 순간적으로 음이온 중합하여 고체로 변한다. 그래서 순간접착제라고 부른다. 중합에 의해 굳어지면 ECA는 아주 높은 접착력을 나타낸다. 1cm^2 넓이의 철판 두 장을 ECA로 접착하고 떼는 데에는 1톤의 무게가 필요할 만큼 접착력이 강하다.

ECA의 중합은 수분보다 알칼리에 의해 더 빨리 일어 난다. 그래서 ECA가 손에 묻으면 피부 표면에 존재하는 약알칼리성 지방에 의해 중합이 촉진되어 즉시 경화된다. 살인범이 손가락으로 짚었던 장소에는 적은 양이지만, 염기성 물질을 함유하는 지방이 남아 있다. 이 지문에 ECA를 뿌리면 지방이 있는 곳만 중합해서 지문 모양의 ECA 고분자가 생긴다. 이를 필름에 옮겨 붙은 것을 현미경으로 관찰하면 지문을 식별할 수 있게 된다. ECA가 범죄사건 해결에 중

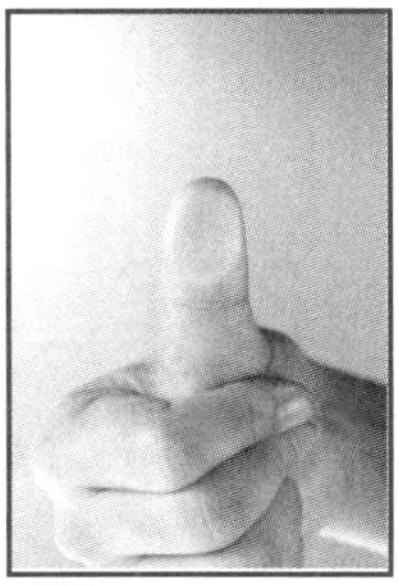

지문

요한 열쇠를 제공하는 것이다.

2009년 지독히 덥던 여름, TV 뉴스에서 어떤 사람의 위아래 입술이 순식간에 ECA로 붙여졌는데, 뗄 수가 없어서 병원으로 수술 받으러 간다는 보도를 본 적이 있었다. 수술 받을 필요 없이 쉽게 뗄 수 있는 방법을 알려주기 위해 방송국에 전화를 시도했으나, 연결되지 못하고 괜한 통화료만 낭비되었다.

ECA가 피부에 묻으면 즉시 굳어진다. 이를 제거하려면 묽은 아세톤으로 닦고 이어 따뜻한 비눗물로 계속 씻으면 떨어진다. 두 손가락이나 위아래 입술이 ECA로 접착된 경우에는 따뜻한 물로 해당 부위를 오랫동안 문지르면 떨어진다. 따뜻한 된장국물로 문지르면 더 빨리 떨어진다. 된장국물은 알칼리성인데, ECA 고분자는 알칼리에 약하기 때문이다.

ECA 한 방울을 유리판에 떨어뜨린 뒤 냄새를 맡아 보면 대단히 역겨운 냄새가 난다. 아황산(SO_2) 가스 때문이다. 이 가스는 유통기간 동안에 수분에 의해 중합되지 않도록 방지해 주는 경화방지제이다.

이 가스는 독성이 매우 심하므로 냄새를 맡지 말아야 한다. 특히 지문 뜨는 일을 전문적으로 수행하는 수사관들은 더욱 주의해야 된다. 더구나 밀폐된 공간에서 지속적으로 스프레이 하는 일에 종사하는 경우에는 더더욱 주의해야 된다. 최근에 일본의 한 회사에서 SO_2 대신 독성이 없는 탄산가스(CO_2)를 충전한 제품을 개발했다고 하는데, 아직 제품을 본 적은 없다.

03 옻칠의 비밀

옻(sumac)은 독을 가지고 있다. 여름철 옻닭을 보양식으로 먹고, 옻 때문

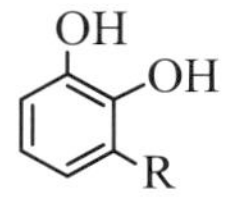

R : -$(CH_2)_7$-CH_2-CH_2-CH_2-CH_2-CH_2-CH_2-CH_2-CH_3 불포화 ω이름
-$(CH_2)_7$-CH=CH-$(CH_2)_5$-CH_3 1 C=C ω_7
-$(CH_2)_7$-CH=CH-CH_2-CH=CH-$(CH_2)_2$-CH_3 2 C=C $\omega_{4,7}$
-$(CH_2)_7$-CH=CH-CH_2-CH=CH-CH=CH-CH_3 3 C=C $\omega_{2,4,7}$
-$(CH_2)_7$-CH=CH-CH_2-CH=CH-CH_2-CH=CH_2 3 C=C $\omega_{1,4,7}$
& 기타

그림 1. 우루시올의 화학구조

에 알레르기반응을 경험한 사람도 있을 것이다. 그럼에도 불구하고 나무에 대한 옻칠은 동양 삼국의 오래된 표면코팅 기술이다. 해인사에 보관된 팔만대장경 목판들이 지금까지도 끄떡 없이 잘 보존된 원인이 옻 때문이라는 것도 잘 알려진 사실이다. 최근에는 옥천에 옻나무와 진액을 전문적으로 생산하는 단지가 생겨 매년 고수입을 올리고 있다고 한다.

옻 진액은 끓는점이 200~210°C의 점조한 노란색 액체이며, 물에는 녹지 않고, 알코올, 에텔 등 유기용제에 잘 녹는다. 주성분은 우루시올인데 이는 일본어 키우루시(옻나무)와 우루시(옻액)에서 연유한 페놀을 의미한다. 우루시올은 비단 옻나무에만 존재하는 것은 아니고, 양은 적지만 독성 오크나 담쟁이에서도 발견되었다.

그림 1에 우루시올의 화학구조를 나타내었다. 이 화합물의 골격은 의외로 매우 간단해서 치환기 R을 가지는 카테콜로 되어 있다. 카테콜은 디페놀로서 상당히 강한 산성을 띤다. 그림 1에서 보듯이 복잡한 것은 치환체 R이다. 이는 포화 또는 불포화 알킬기인데, 특징은 모두 탄소수가 15개라는 점이다. 그림 1에는 불포화기의 위치를 ω 명명법에 따라 표시해 두었다. 서양에서 나는 독성 오크의 우루시올의 R은 탄소수가 17개이다.

옻 독성의 원인이 무엇에 있는지 확실하게 밝혀져 있지 않지만, 일차적으로는 카테콜 구조에 원인이 있고, 치환체 R의 구조도 영향을 미친다. R이 전혀 C=C를 가지지 않으면, 즉 완전히 포화 알킬기일 경우 사람들의 약

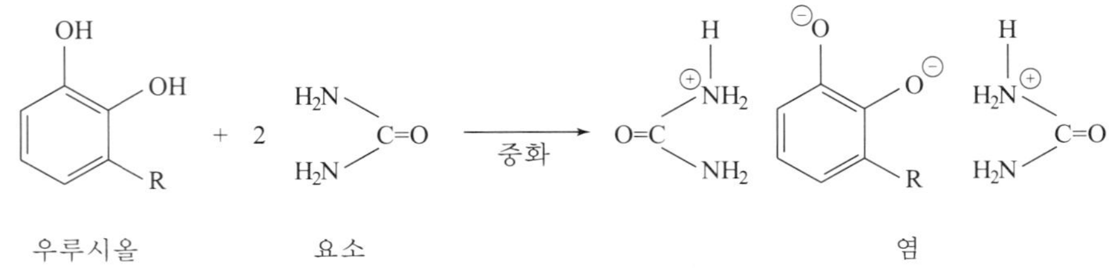

그림 2. 요소에 의한 우루시올의 중화

50%만 옻이 오르는데 반해서, 2개의 C=C를 가지면 90%가 옻이 오른다는 통계가 있다. 옻의 독성은 C=C 이중결합수와 밀접한 관계가 있다는 것을 의미한다. 필자는 독성은 카테콜 부분에서 연유하고, C=C 이중결합은 피부에의 흡착에 관여한다고 생각한다.

우리 선조들은 옻이 오르면 된장이나 소 오줌을 바르는 민간요법을 썼다. 두 물질은 염기성 아미노산 및 요소처럼 $-NH_2$기를 포함하고 있어서 상당히 강한 알칼리성이다. 그래서 그림 2에 나타낸 바와 같이 이 물질은 우루시올을 중화시켜 염을 만들어 일차적으로 독성을 감소시킨다. 또 우루시올 자체는 물에 녹지 않는데, 중화되어 염이 되면 물로 씻어 독성을 제거하는 데에 기여하게 된다.

우루시올을 나무에 칠하면 왜 도막이 형성되는가? 한마디로 C=C 결합을 많이 가진 부분의 산화에 이은 가교중합 때문이다. 이 메커니즘은 상당히 복잡하다. 그래서 그림 3에 아주 간단한 것을 보였다. 산소는 C=C 결합에 쉽게 접근하여 흡착되고 이어 산화(1) 및 탈수(2)에 의해 두 치환기가 연결되는 화학반응을 일으킨다. 이 반응이 나무 표면에서 계속되면 결국 가교가 일어나 도막을 형성하게 된다.

앞서 말한 팔만대장경 목판이 전혀 썩지 않고 잘 보존돼 있는 원인에는 여러 가지가 지적되어 왔다. 가장 먼저 확인된 사실은 보관장소가 공기순

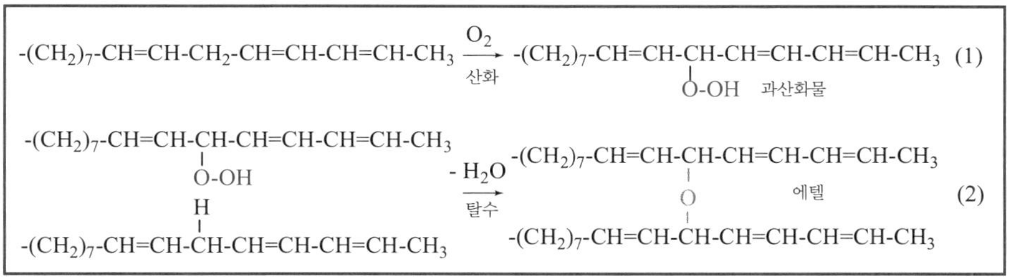

그림 3. 불포화기에 의한 산화 및 탈수에 의한 가교

환이 잘 되고, 의외로 연평균 온도차가 크지 않다는 점이다. 하지만 여러 원인들 중에서도 가장 중요한 원인은 옻칠에 있다고 믿는다. 옻 분자에는 페놀의 일종인 카테콜이 결합되어 있다. 이 카테콜은 강력한 소독력, 살균력을 가지고 있다. 목재를 해치는 미생물이나 해충이 접근하기 어렵다.

필자는 옛날 옻칠하는 것을 관찰할 기회가 있었다. 옻은 잘 마르지(경화) 않는다고 한다. 그래서 한 번 칠하면 하루를 공기 중에 방치하고, 다시 칠하고 또 방치하는 것을 수차례 반복하였다. 옻칠의 경화속도는 금속 이온이나 트리에칠렌디아민 같은 삼급 아민에 의해서 비약적으로 빨라진다. 생산성을 의식하지 않고 우수한 칠만을 생각했던 우리 조상들이 금속 이온이나 삼급 아민의 촉매작용에 대해 알고 있었다면 옻에 덜 올랐을 것이며, 옻칠작업을 더 빨리 마칠 수 있었을 것이다.

04 콩기름 장판과 환경친화적 신문 인쇄

우리나라의 실내 난방은 원래 구들식이었다. 불길을 돌로 덮고 그 위를 흙으로 덮고 장판을 바른다. 해마다 늦가을이 되면 김장, 지붕이엉과 더불어 월동을 위한 준비의 하나로서 횟가루 포대종이로 쓰이던 시멘트 포장지로 장판을 새로 깔았다. 두꺼운 포대종이를 방바닥에 바르고 말린 뒤에 콩기름을 칠하고 불을 지펴 덥힌 다음, 어린이들이 들어가지 못하도록 문을 닫은 채 한 나절을 기다렸다. 오늘날의 과학용어로 표현하면 방바닥 종이를 열가교성 콩기름 락카로 처리한 것이다.

과거 우리 부모들 세대에는 한 방에서 10명에 가까운 식구들이 같이 살았다. 그래서 두꺼운 횟가루 포대종이라고 할지라도 콩기름 락카 처리를 안 하면, 종이 보푸라기가 쉽게 떨어져 나가 한 겨울을 견디기가 어려워진다. 즉, 처리를 통해 장판의 내마모성을 높여 한 겨울을 나기 위한 작업이었다.

한 나절이 지나면 콩기름은 마른다. 콩기름이 건성유이기 때문이다. 하지만 기름이 마른다는 것은 물이 증발해서 빨래가 마른다는 것과는 의미가 전혀 다르다. 이것은 그림에 나타낸 바와 같이 콩기름에 함유된 $-CH=CH-CH_2-$ 결합이 산소와 결합, 산화중합을 일으켜 액상 콩기름이 가교되어 고체로 변하는 과정이다. 가열하는 이유는 이 산화중합반응속도를 증가시켜 분자들을 조금이라도 빨리 결합시키기 위해서다.

콩기름 락카와 친환경 신문의 인쇄잉크에는 무슨 어떤 관계가 있을까? 몇 년 전 어느 일간신문이 자기 인쇄국에서는 잉크소재로 친환경성 콩기름을 쓴다고 대서특필한 적이 있었다. 음식에나 사용할 법한 재료가 잉크라

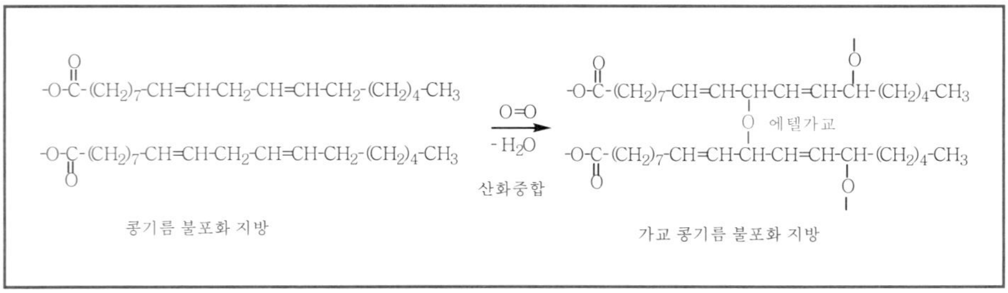

콩기름에 함유된 불포화지방의 산화중합에 의한 가교

니? 사실이다. 하지만 이 기사의 문제점은 이 신문사만 콩기름을 잉크제조에 사용하는 것이 아니라 모든 신문사가 다 쓰는데 마치 자기만 쓰는 것처럼 보도했다는 것이다.

사실 지폐도 불포화 기름을 이용해서 만든 잉크로 인쇄한다. 신문이나 지폐 인쇄용 잉크의 제조에는 불포화 기름만 쓰는 것이 아니라, 송진을 결합시킨 레졸수지와 가교촉매도 사용된다. 이 신문 인쇄 잉크가 마르는 원리도 그림에 보인 것과 똑같다.

촉매는 그림에 보인 산화중합에 의한 가교속도를 엄청나게 올려 실온에서 빠른 속도로 인쇄하기 위한 것이다. 분초를 다투는 신문에서 인쇄된 신문지를 말리기 위해 가열하고, 오랜 시간을 기다릴 수 없기 때문이다. 촉매로서는 유기금속(주로 코발트) 화합물이 사용된다. 여기에 소량의 삼급 아민을 가하면 촉매효과는 더 상승한다. 촉매는 원래 매우 적게 배합되므로 지나치게 염려할 필요는 없다고 하더라도, 건강에 좋을 것은 없으므로 지피나 신문이 피부에 오래 접촉되지 않도록 유의하는 것이 좋겠다.

장판의 콩기름 락카 처리 작업은 이제 옛날 이야기가 돼 버렸다. 우레탄 락카가 나와 한 동안 콩기름 락카를 대체하더니, 그마저 몇 년을 써도 끄덕없는 연질 PVC 장판으로 대체되었다. 효자 같던 PVC 장판도 지금은 가소제의 유해성으로 인해 기피의 대상이 되고 있다. 그만큼 우리가 더 잘 살게 되었다는 반증이겠다. 앞으로 우리가 더 잘 살게 되면 지금의 친환경 신문 인쇄 잉크도 더 친환경으로 바꾸라고 요구받게 될지 모른다. 사람의 가치에 따라 기술력도 변하는 것이니까.

05 도배용 풀

옛날에는 종이가 무척 귀했다. 벽지로는 주로 한지를 사용하였는데 원래 한지는 닥나무 펄프로 만들기 때문에 비쌌다. 그래서 웬만큼 부잣집이 아니면 매년 도배를 새로 하지 못했다. 도배를 하려면 먼저 풀을 쑨다. 풀을 쑤기 위해서는 반드시 쌀가루나 밀가루를 써야 되므로 시골에서는 항상 쌀이나 밀이 수확된 늦가을에 도배를 했다. 그래서 도배도 월동준비의 하나였다.

풀은 많은 물에 쌀가루나 밀가루를 풀고 가열해서 만든다. 쌀에 물을 넣고 가열해서 만드는 제품으로 가장 대표적인 것은 밥이다. 밥을 지을 때보다 쌀에 물을 더 많이 가하면 죽이 된다. 풀은 죽보다 더 많은 물을 가해야 만들어진다. 쌀이나 밀가루의 주성분은 전분이다. 가열해야 빠른 속도로 물이 전분 사이로 들어가서 가소제 역할을 하고, 그래서 젤 모양의 풀이 얻어진다(젤라틴화).

쌀이나 밀가루를 물과 함께 가열해서 만든 풀이 종이에 대해 높은 접착력을 나타내는 원인은, 종이의 셀룰로오스 구조와 풀의 전분구조가 유사해서 친화력이 높고, 또 물에 의해 전분사슬의 유리전이점이 낮아져 종이 표면의 미세한 요철 속으로 쉽게 확산해 들어가기 때문이다. 전분으로 만든 풀은 만들기도 쉽고, 천연물이므로 환경친화적이라서 좋다. 그런데 환경친화성은 오히려 단점으로 작용할 수도 있다. 특히 여름철 축축한 곳에서는 쉽게 곰팡이가 슨다. 이를 막기 위해 옛날에는 가정에서도 곰팡이가 슬지 않게 하는 약을 물에 녹인 다음 풀을 쑤었다. 이 약은 페놀이었다.

언제부터인지 시골에서도 풀 쑤는 모습을 보기 어렵게 되었다. 전분 풀보다 접착력도 강하고, 곰팡이도 슬지 않는 아크릴 라텍스 접착제가 값싸게 공급되었기 때문이다. 뿐만 아니라 종이 역시 지금은 100% 셀룰로오스가 아니어서 전분 풀로는 도배가 쉽지 않게 되었다. 이제는 김장을 할 때나 간단한 요리를 할 때만 만든다.

아크릴 라텍스란 아크릴 공중합체가 물에 분산된 에멀젼이다. 보통 약 40~50%의 고형분을 가지고 있고, 도배할 때에는 물에 희석해서 점도를 조절한다. 기술의 핵심은 아크릴 공중합체인데, 이는 초산비닐, 아크릴산 부틸, 아크릴산, 메칠 메타크릴레이트 등의 모노머 혼합물을 물에 분산시킨 뒤 중합해서 얻는다.

06 광고지가 붙지 않는 가로등 기둥

대도시의 거리는 온통 광고지로 홍수를 이룬다. 조그마한 공간만 있으면 금새 광고지가 붙는다. 이런 공간 중의 하나가 가로등 기둥 및 전봇대다. 접착제 성능이 향상되어 떼내기 어려운 것도 문제지만, 인력을 동원해서 제거해도 금새 꽉 차버린다. 지나친 광고지는 도시미관을 해친다.

서울 종로구 도로변의 가로등 기둥에 한해서는 이 문제점이 거의 완전히 해결되었다. 일정한 높이까지 광고지가 전혀 붙지 않는 고분자 쉬트로 기둥을 씌워버린 것이다. 직접 시험해 보니 효과 만점이었다. 접착이 전혀 불가능하였다.

접착방지 쉬트도 자세히 들여다 보면, 두 가지가 있다는 것을 알 수 있다. 하나는 요철을 낸 고무쉬트이다. 이 쉬트에 광고지가 붙지 않는 이유는 쉬트 표면의 요철로 인해서 접착면적이 대폭 감소해서 접착력이 낮아졌기 때문이다. 접착력이 감소되면 광고지 무게를 견디지 못해 떨어진다. 이 쉬트는 두껍고, 무거우며, 대부분 회색 내지 검은색이다. 광고지를 붙이지 못하게 만드는 본래의 목적은 수행하고 있지만, 도시미관이란 측면에서 보면 아름다움과는 약간 거리가 멀다. 특히 겨울보다 가로변에 예쁜 꽃이 만발한 봄철에는 더 흉물스럽게 보인다.

또 하나는 요철이 전혀 없고, 시원한 해변이나 울긋불긋한 가을단풍 같은, 아름다운 그림을 담은 플라스틱 필름이다. 요철이 없는데도 광고지가 붙지 않는 까닭은 이 필름의 응집력(자기끼리 끌어당기는 힘)이 부착력(다른 물질을 끌어당기는 힘)보다 훨씬 높은 재료로 만들어졌기 때문이다. 그래서 보통의 접착제를 칠해 만든 광고지는 전혀 붙지 않는다.

"코헤시브 젤"에서 간단히 소개한 바와 같이, 응집력이 부착력보다 높은 재료로서는 불소 수지와 실리콘 수지가 있는데, 이들은 값이 비싸서 전봇대 같은 값싼 용도에는 쓰기 어렵다. 폴리프로필렌 수지는 성능은 이들 수지만 못하지만, 값이 훨씬 싸서 접착방지 수지로 많이 쓰인다.

폴리프로필렌 수지 필름에는 접착이 안 된다는데, 그렇다면 뒷면의 그림은 어떻게 인쇄했을까? 폴리프로필렌 수지로 만든 잉크를 사용하여 인쇄하면 된다. 폴리프로필렌 수지끼리의 접착은 응집력을 이용하는 것이므로 문제가 없다. 폴리프로필렌과 화학구조가 거의 비슷한 염소화 폴리프로필렌이나 폴리에칠렌도 사용할 수 있다.

서울시 종로구의 경우 가로등 기둥에는 광고지 부착방지가 매우 잘 돼있는데 전봇대에는 전혀 안 되어 있다. 아마도 관리담당 부서가 달라서 그런 결과가 초래된 것 아닌가 생각된다. 곧 전봇대도 아름답게 처리되어서 "디자인 서울"의 취지에 걸맞았으면 좋겠다.

07 자동차의 유리코팅

2010년 9월, MBC에서는 자동차의 유리코팅제에 대해서 집중적으로 보도했다. 코팅제 가격만 해도 1회분이 30~50만원에 달할 정도로 비싸고, 관련 업계에 유통되는 제품은 수도 없을 만큼 많으며, 가짜가 기승을 부린다는 내용이었다. 유리코팅제가 무엇이고, 왜 유통상 여러 문제가 발생될까?

유리를 만드는 방법에는 용융법과 졸-젤(sol-gel)법이 있다. 대량으로 소비되는 판유리, 거울유리, 성형용 유리 등을 대규모로 값싸게 만드는 기술은 용융법에 의한다. 이는 여러 가지 금속 산화물들의 혼합물을 고온으로 가열해서 녹인 다음, 판, 컵 등으로 성형한 다음 냉각하는 제법이다.

졸-젤 방법에서 졸(sol)은 용액(solution)을 의미하며, 젤(gel)은 가교 젤(crosslinked gel)을 의미한다. 이 방법은 그림에 나타낸 바와 같이 알콕시 사일레인을 수용성 유기용매에 녹인 용액에 물을 가해서 가수분해시켜 실리콘 유리를 만드는 기술이다. 그림에서 볼 수 있듯이 이 가수분해반응이 일어나면 알코올이 생겨 휘발되고, 가교 고분자 구조를 가지는 가교 젤인 실리콘 유리가 생성된다. 이 유리가 가교 구조를 가지는 이유는 실리콘 원자는 4가이고, 산소 원자는 2가이기 때문이다.

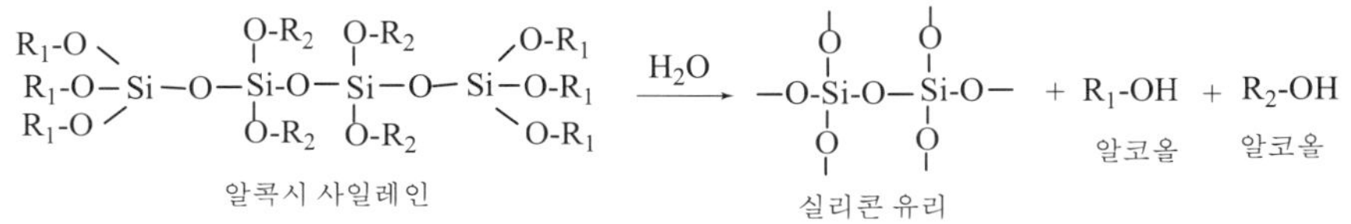

알콕시 사일레인의 가수분해에 의한 실리콘 유리의 제조

그림에서 R_1, R_2는 구체적이 아닌 일반적인 치환기를 나타낸다. R_1, R_2가 모두 메칠(CH_3) 기라면 가수분해반응은 공기 중의 수분에 의해서도 매우 쉽게 일어나고, 메탄올(CH_3OH)이 부생된다. 그래서 메톡시 사일레인 용액을 자동차 강판 표면에 코팅한 뒤 문지르면 우선 유기용매가 휘발하고, 이어 가수분해에 의해 생성된 메탄올이 증발하여 유리 박막이 생긴다.

코팅제인 알콕시 사일레인이 아주 쉽게 가수분해된다는 것은 다량의 유기용매를 함유하는 제품의 모든 성분에 수분이 함유되면 안되며, 제품의 보관 중에는 물론 합성과정에서부터 완벽한 수분 차단 조처가 이루어져야 된다는 것을 의미한다. 이런 모든 조처는 유기용매와 알콕시 사일레인 원료의 제조원가를 비싸게 만든다. 그래서 유리코팅제는 매우 비쌀 수밖에 없다.

알콕시 사일레인은 비단 자동차 표면 코팅에만 사용되는 약품이 아니고, 복합 재료, 안료 표면 처리 등 여러 첨단산업 분야에도 많이 사용된다. 그래서 각 제조회사들은 고유의 특허를 보유하고 있고, 계속 새로운 알콕시 사일레인들을 개발하고 있다. 그림에서 R_1과 R_2의 구조를 바꾸면 수많은 알콕시 사일레인들이 얻어진다. 게다가 그림에 보인 것과 기본 구조가 완전히 다른 사일레인도 매우 많다. 이런 연유에서 제품의 종류가 매우 많은 것이다. 제품의 구조에 따라 가수분해 속도도 달라진다. 예를 들어, R_1, R_2 = CH_3인 제품은 가수분해 속도가 빠르지만, 에칠(CH_2CH_3) 기인 경우에는 이 속도가 느려 유리막이 천천히 형성된다. 그래서 대기온도와 상대습도가 매우 높은 여름철에는 R_1, R_2 = CH_2CH_3인 제품이 좋고, 온도, 습도가 모두 낮은 겨울철에는 R_1, R_2 = CH_3인 제품이 좋다.

자동차 정비소에 들렀을 때 유리코팅제 판매원이 필자에게 미국, 일본, 프랑스 등에서 수입된 10가지 이상의 유리코팅제를 소개하였다. 어느 제품에도 알콕시 사일레인의 이름이나 화학구조를 밝히고 있는 것은 없었다.

판매원들조차도 기술적인 사항에 대해서는 전혀 모르고 있었다. 이런 상황에서 전문가인 필자도 일반 소비자들에게 유익한 정보를 제공하기가 쉽지 않다. 그만큼 제품이 너무 다양하기 때문이다. 그래서 소비자는 소량의 코팅제를 작은 강판 위에 직접 시험해 보는 것이 좋다고 생각한다. 시험적으로 코팅한 뒤 평가해야 할 사항은 유리막의 균일성이다. 즉, 모든 표면에 유리막이 고르게 형성되어 있는가이다.

필자는 이 코팅을 실시하고 싶은 생각이 없다. 비싸기도 하려니와 단순한 코팅에 의해서 모든 부분에 얇고 균일한 두께의 유리막을 형성시키기가 근본적으로 쉽지 않고, 또 만약 코팅되지 않은 부분이 있다면 계면으로 수분이 침투, 팽창되면 쉽게 유리막이 제거되기 때문이다. 또 자동차 페인트의 최대 단점은 장시간에 걸친 태양광 조사에 의해 색조가 퇴색하는 것인데, 유리막 코팅이 이 단점을 막아 주지 못한다. 근본적으로 자외선을 차단하지 못하기 때문이다.

13

기타

자연은 온갖 종류의 물질의 합성과 분해가 이루어지는 거대한 화학 실험실이라고 생각한다. (지표를 덮고 있는 생물적 생명공동체인) 식생(植生)은 조물주가 모든 자연을 살아 움직이도록 하는 기본적인 도구라고 할 수 있다.

-앙투안 로랑 드 라부아지에(1743~1794)-

어떻게 분류하여도 여기에도 저기에도 속하지 않는 것은 존재하기 마련이다. 필자가 생활 속에서 느낀 것들을 꾸준히 모아온 메모에서도 예외는 없다. 그래서 이들을 아쉽지만 기타로 분류하였고, 여기에서 이야기할 것이다. 하지만 기타라고 하더라도 재미있고 유용하게 읽을 수 있도록 노력하였다.

01 천연진주와 양식진주의 차이

진주는 바다나 호수에서 자라는 조개, 전복, 굴, 가리비 등의 패류 속에서 채취하는 천연 또는 양식 보석이다. 진주는 백색, 흑색, 황색, 회색을 띠며, 광택이 영롱해서 옛날부터 많은 여성들의 총애를 받는 보석이었다. 그래서 중국에서는 일찍이 한나라 때에 벌써 천연진주를 캤다고 한다.

천연진주는 처음 전복에서 채취했는데, 1,000~2,000마리를 죽여도 발견하기가 어려워서 양식기술이 개발되었다. 이 양식기술은 통상 일본 사람 미키모토가 맨 처음 개발한 것으로 알려져 있으나, 사실은 호주 사람 윌리엄 켄트가 최초 개발자이다.

그의 기술은 일본인 니시카와와 미세에게 전해졌는데, 굴을 이용하는 니시카와 기술은 미키모토에 의해, 그리고 미세 기술은 미쓰비시에 의해 양산화되었다. 바다와 민물 모두에서 대량으로 양식진주가 생산되어 전체의 90%를 넘지만, 지금은 중국이 일본을 제치고 최대 생산국이 되었다.

자개 재료로 사용되는 굴, 전복, 조개, 가리비 등의 속껍질은 영롱한 무지개 광택을 띤다. 이런 광택이 나오는 이유는, 그림 1에 보인 바와 같이탄산칼슘($CaCO_3$)/콘치올린 복합체가 촘촘한 다층구조를 이루어 입사광이 반사, 굴절, 회절, 간섭 및 산란하기 때문이다. 콘치올린은 자신을 보호하기

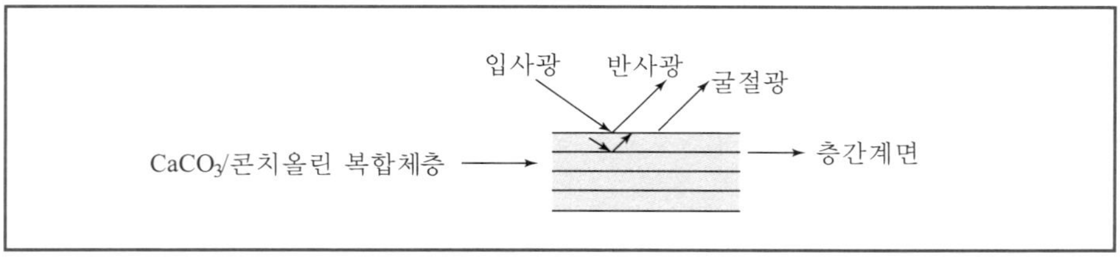

그림 1. 자개 재료의 구조와 진주광택의 발생

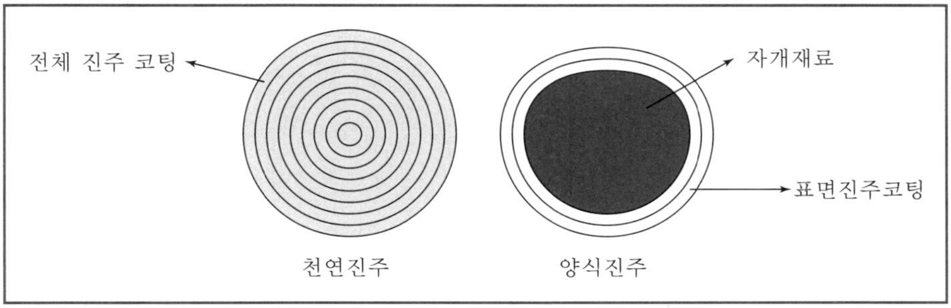

그림 2. 천연진주와 양식진주의 구조 차이

위해 조개들이 만드는 단백질이다. 조개들은 껍질의 강도를 높이기 위해서 탄산칼슘도 함께 만들어 복합화하고, 이 복합체를 층층으로 쌓아 강도를 더 높인다. 복합체층이 얇고 한 층의 두께가 일정할수록 광택이 더 영롱하고 단단하다.

그림 2에 보인 것처럼 진주는 탄산칼슘/콘치올린 복합 재료로 만들어진 구형 또는 그에 가까운 구슬이다. 천연진주와 양식진주의 차이는 그림 2에 보인 바와 같다. 천연품은 중심에 있는 매우 작은 핵으로부터 겉껍질까지 전체가 복합체층으로 쌓여 있고, 그래서 매우 동그랗다. 이에 비해서 양식품의 핵은 인공적으로 큰 것을 심었기 때문에 겉 표면만 복합체로 둘러 싸여 있고 덜 동그랗다.

육안으로 보면 겉껍질만을 관찰할 수 있으므로, 동그란 모양만 구분될 뿐, 천연인지 양식인지 정확히 구분할 수 없다. 정확한 구분을 위해서는 X-선 검사를 해야 되는데, 전문가에게도 쉽지 않은 일이므로 일반인에게는 그림의 떡만도 못하다. 그래서 진주는 속아 사기 쉬운 보석이다. 한 가지 분명한 사실은, 동그란 모양이 아닌 뒤틀어진 형상의 진주는 양식일 확률이 높다는 것이다. 원래 양식용 핵은 아주 동그랗게 만들기 어렵기 때문이다. 하지만 양식업자들은 온갖 기술을 동원해서 양식진주도 천연진주처럼 아주

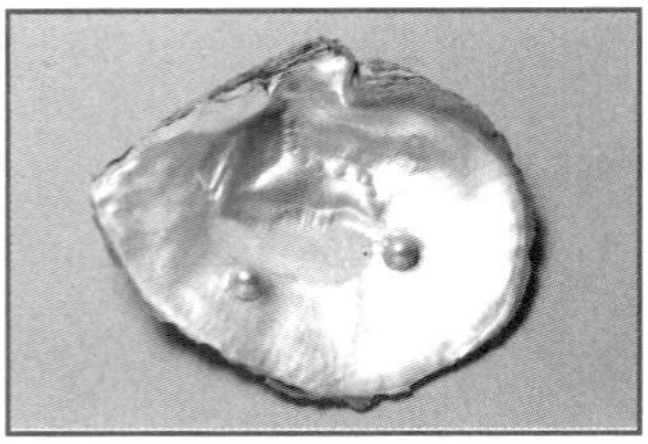
진주를 품고 있는 조개

동그랗게 만드는 노력을 다하고 있다. 그래서 천연과 양식의 구분은 더 어려워질 전망이다.

진주는 유기물인 단백질을 함유하고 있기 때문에, 다이아몬드, 사파이어, 루비, 오팔, 비취 등의 다른 보석에 비해 훨씬 무르고, 수분, 산, 온도에 취약하다. 진주를 파는 가게에서는 예외 없이 컵에 물을 담아 유리잔 속에 넣어 둔다. 진주 속의 단백질은 일정량의 수분을 함유해야 아름다운 구형 모양이 제대로 유지되는데, 너무 건조하면 수분이 빠져 나가서 무게가 감소하고, 모양이 뒤틀어지게 된다. 반대로 진주가 너무 높은 습도에 노출되면, 콘치올린은 물론 탄산칼슘도 수분을 흡수해서 무게는 증가하지만 영롱한 광택을 잃는다.

온도가 높으면 수분침투속도가 빨라져 단시간에 모양이 뒤틀어지고 광택을 잃을 확률이 높다. 그러므로 진주를 지닌 채 뜨거운 사우나나 찜질방에 들어가는 것은 삼가야 한다. 더구나 뜨거운 목욕탕 물에 들어가면 안 된다.

또 진주는 산에도 매우 취약하다. 그 이유는 탄산칼슘이 산에 의해 쉽게 분해되기 때문이다. 석회동굴의 탄산칼슘이 오랜 시간에 걸쳐 산성비에 의해 분해되어 생긴 것과 같은 이치이다. 진주의 탄산칼슘이 산과 반응하면 결국 탄산가스와 물, 칼슘 이온으로 되어 없어지게 된다. 그렇게 되면 단단한 복합 재료 구조는 파괴되고 콘치올린만 남게 된다. 일상생활에서 진주반지나 목걸이를 찬 여성들이 식초를 제외한 다른 산과 접촉할 기회는 매우 드물 것이다. 여성들은 식초가 함유된 음식을 먹거나 조리할 때, 특히 진주반지가 식초와 접촉되지 않도록 유의하는 것이 좋다.

02 소독, 멸균의 화학

2009년은 신종플루로 인해 공포에 떨었던 해였다. 우리나라는 물론 전 세계가 몸살을 앓았다. UN은 일찌감치 위험수위라고 선언했고, 우리나라는 초기 김치가 신비스런 효능을 발휘해서 감염확산이 염려스러운 정도가 아니라고 홍보했다. 그러나 결국 우리나라도 심각한 확산을 겪으면서 사망자 발생을 기록하였다. 사람들의 왕래가 별로 없다는 북한마저도 신종플루로 인한 사망자가 발생하여, 우리나라에서 타미플루 50만 병을 긴급 지원키로 결정했을 정도이다. 병원은 환자들로 만원이고, 백신과 치료제 타미플루가 모자라 전 세계가 아우성이다.

손을 잘 씻어 신종플루에 감염되는 것을 막자는 공익광고가 나오면서 손 소독제의 판매 및 확산이 늘었다. 이 손 소독제로는 에탄올 소독제가 가장 많이 쓰이고 있다. 에탄올은 술의 주성분이다. 에탄올은 삼투압의 원리에

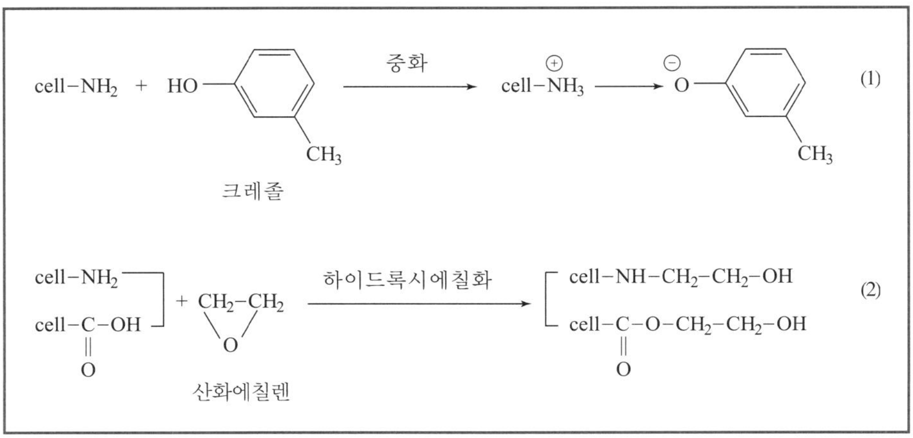

크레졸과 산화에칠렌의 화학반응

의해서 세포 속으로 녹아 들어가 세포를 갈증나게 만들어 죽인다. 이미 실험실에서는 샘플의 오염을 방지하고, 병원에서 환자들에게 감염을 방지하고자 소독제를 써왔다.

수술을 앞 둔 의사는 정성스럽게 손을 소독한다. 이때 쓰는 소독제는 에탄올이 아니고 크레졸이다. 크레졸은 약산성 물질이다. 미생물의 세포에는 염기성 아미노기(NH_2)가 있는데, 이는 그림 (1)에 보인 바와 같이 쉽게 산성인 크레졸에 의해 중화하여 암모늄 크레족싸이드로 변한다. 미생물 세포의 생명유지에 긴요했던 NH_2가 중화에 의해 없어지니 세포는 죽게 된다.

산화 에칠렌 멸균제도 일반인들에게는 생소하다. 이 기체는 감마선과 마찬가지로 곡물은 물론 식품의 멸균이나 플라스틱 주사기, 수술용 장갑 등과 같은 의료용품의 소독에 사용된다. 형상이 복잡해도 기체라서 구석구석 잘 스며들기 때문이다. 이 기체는 반응성이 매우 높아서 세포에 함유된 NH_2, COOH에 닿으면, 그림에 보인 바와 같이 빠른 속도로 하이드록시에칠화 반응을 일으켜 세포를 죽인다.

이 가스는 많은 종류의 물질들에 대해 대단히 높은 반응성을 가지고 있다. 그래서 액화해서 저장할 때나 사용할 때 폭발의 위험이 매우 높다. 고압가스 및 위험물 취급인가를 받은 전문가가 아니면 손대지 말아야 된다. 그럼에도 불구하고 이 가스가 널리 쓰이는 이유는 멸균 후 곡물이나 식품에 화학적으로 결합되어도 생성물이 생분해성을 가지므로 안심하고 먹을 수 있기 때문이다.

염소나 SO_2 가스도 소독제로 쓰이는 경우가 있는데, 식품이나 곡물의 멸균에 사용해서는 안 된다. 식품에 화학적으로 결합되어 멸균성을 발휘되지만, 이렇게 처리된 곡물이나 식품은 염소와 유황을 함유하게 되므로 안심하고 먹을 수 없게 된다.

자외선을 이용하는 물리적 멸균에 대해서는 주부들도 이미 잘 알고 있다. 햇빛이 쨍쨍한 날 이불을 햇빛에 널어 자외선을 쪼인다. 주부는 왜 방안에 널어두지 않고 이불을 밖에 널까? 창유리가 자외선을 흡수하기 때문이다. 자외선은 에너지가 높아 세포의 화학결합을 끊는다. 특히 C=O기는 자외선에 의해 화학결합이 쉽게 끊어지도록 돕는다. 미생물은 세포수가 극히 적어 화학결합이 한두 개만 끊어져도 죽게 된다. 사람의 세포에 있는 화학결합도 쉽게 끊어지지만, 세포수가 워낙 많아 끄떡 없다.

감마선 멸균법은 일반인들에게는 생소할 것이다. 장기간 보관할 곡식이나 대량으로 생산되는 의료용품에 적용되는 멸균법이기 때문이다. 감마선에 의한 소독/멸균 원리도 자외선과 같은데, 방사선이라서 에너지 강도가 훨씬 높다. 사람도 노출되면 지극히 위험하다. 그래서 방사선 취급인가를 받은 전문가만 다룰 수 있다. 식품을 감마선으로 멸균하고 나면 감마선이 식품에 남지 않을까 하는 우려가 있다. 전혀 우려할 필요가 없다. 반감기가 지극히 짧아 모두 파괴되기 때문이다. 염려해야 할 것은 감마선에 의해 파괴되거나 가교된 구조의 곡물이다. 여기에 대해서는 아직 분명한 연구가 없는 것 같다.

03 연탄가스와 동치미 국물

요사이는 겨울철 난방용으로 주로 도시가스를 쓰기 때문에 거의 없어졌지만, 옛날에는 연탄을 썼기 때문에 연탄가스 사고가 상당히 잦았다. 연탄가스를 흡입해서 쓰러져 마비된 사람에게 차디 찬 동치미 국물을 먹이면 깨어나는 데에 도움이 된다고 알려져 있다.

연탄가스는 연탄의 불완전 연소에 의해 생기는 일산화탄소(CO)이다. CO

흡입에 의해 마비되는 현상을 설명하려면 혈액이 체내의 탄산가스(CO_2)를 배출시키고 산소(O_2)를 흡입하는 원리를 알아야 된다. 혈액의 적혈구는 헤모글로빈으로 구성되어 있는데, 핵심역할은 히임(heme)이 담당한다. 글로빈은 히임을 둘러싸고 있는 단백질을 말한다.

"헤모글로빈과 엽록소"에서 보였던 히임의 가운데에 있는 포피린 고리는 매우 딱딱해서 굽힐 수 없는 판 모양이다. 이 판의 가운데에는 철 이온 Fe^{++}이 자리 잡고 있다. 이 철 이온은 CO_2, O_2, CO와 결합하여 각각 Fe^{++}/CO_2, Fe^{++}/O_2, Fe^{++}/CO 착화합물을 만든다. CO가 없는 정상적인 경우, Fe^{++}/CO_2가 폐에 이르면 산소로 치환되어, Fe^{++}/O_2로 변해서 체내의 CO_2를 배출시키고 혈액에 산소를 공급하게 된다.

잠든 사람이 CO를 흡입해서 폐에 CO가 존재하면 Fe^{++}/O_2 외에 Fe^{++}/CO도 생기게 되는데, Fe^{++}/CO 결합은 Fe^{++}/O_2 결합보다 강해서 Fe^{++}/CO가 더 많이 생긴다. 즉, $Fe^{++}/O_2 \leftrightarrow Fe^{++}/CO$ 평형이 오른쪽으로 치우치게 된다. 시간이 지나면 Fe^{++}/CO는 더 많이 축적되고, 산소를 공급받을 수 없게 되어, 사람은 의식이 없어지고 결국 마비되고 만다.

이런 상태에서 찬 동치미 국물을 먹이면 어떤 도움이 될까? 동치미 자체에 어떤 생리학적 효과가 있는지는 모르겠지만, 필자의 소견으로는 잠든 사람의 의식을 깨워 CO 없는 신선한 공기를 마시게 하는 데에 도움이 될 것이다. 의식이 깨어나 호흡이 빨라져 산소를 빠른 속도로 흡입하게 되면 $Fe^{++}/O_2 \leftrightarrow Fe^{++}/CO$ 평형이 다시 왼쪽으로 치우치게 되므로 의식이 소생하게 된다.

그래서 필자의 소견으로는 찬 동치미 국물만이 아니라 찬 물도 의식을 깨우는 데에 똑같은 효과를 가져올 것이다. 고문 끝에나 술에 만취해 의식을 잃은 사람을 깨우는 데에 찬물을 끼얹으면 효과를 가져오는 것처럼, 의식이 깨어나 호흡을 많이 해서 산소 흡입속도를 높여야 CO를 빨리 몸밖으로 배출시킬 수 있다.

04 다림질 할 때 물은 왜 뿌리나?

옷을 다림질 할 때 예외 없이 모두 뜨거운 다리미를 쓰고, 가끔 물을 뿌린다. 최근에는 성능이 좋은 다리미가 나와 다리미에 물을 넣으면 스팀효과를 내면서 물이 뿜어져 나온다. 왜 다리미는 뜨거워야 되고, 물이 없으면 다림질이 잘 안 되는가? 다림질을 열심히 해서 바지선을 칼날처럼 빳빳하게 세우고 외출했는데, 비를 맞으면 열심히 세운 "칼날"은 온데 간데 없이 사라진다. 왜 그럴까?

대부분의 양복지는 면/폴리에스터 혼방이거나 모직으로 만들어진다. 화학구조를 보면 그림에 보인 것처럼 면은 셀룰로오스이고, 폴리에스터는 폴리에칠렌테레프탈레이트(PET)이며, 모직은 20개의 아미노산이 공축합되어 생성된 폴리펩티드(PP)이다. 셀룰로오스와 PP는 천연섬유이고, PET는 합성섬유이다.

셀룰로오스는 친수성 OH기를 많이 가지고 있어서 수분을 가장 많이 흡수한다. 그래서 습도가 낮은 겨울에도 전혀 정전기를 발생시키지 않는다. PET는 벤젠고리를 가지고 있어서 PP보다도 흡수력이 훨씬 낮다. 또 셀룰로오스는 HO/OH 사이의 그리고 PP는 C=O/HN 사이의 강한 수소결합을

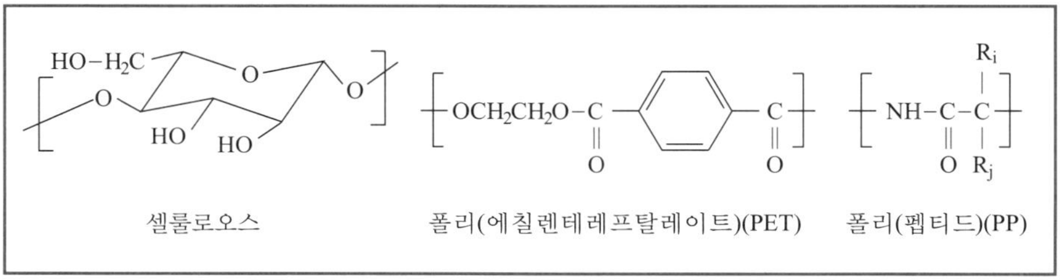

면, 폴리에스터(PET) 및 모직(PP)의 화학구조

형성하고 있는데 반해서, PET에는 이런 수소결합이 전혀 없다. 그래서 셀룰로오스와 PP는 매우 결정성이 높고 딱딱한데 반해서, PET는 결정성이 40% 정도 밖에 안되고 부드럽다. 그래서 PET는 다리면 쉽게 주름이 생기지만, 반면에 생긴 주름이 쉽게 풀어져 버린다.

결정성이 높은 셀룰로오스와 PP의 고분자 사슬은 웬만큼 가열해도 구부러지기 어렵다. 더 높은 온도로 가열하면 섬유가 분해될 우려가 있다. 다리미로 뜨겁게 가열하면서 수분을 공급하면, 수분이 사슬 사이로 들어가 가소화시켜 부드럽게 만든다. 이때 주름이 생긴다. 가소화에 사용된 수분은 다릴 때 증발되는데, 물은 증발할 때 많은 열을 빼앗아 다려진 부분을 급속도로 냉각시킨다. 이 냉각에 의해 가소화에 사용된 수분을 방출하고, 섬유는 다시 딱딱해지므로 생긴 주름이 빳빳하게 유지된다. 칼날처럼 빳빳했던 주름도 비를 맞으면 빗물이 섬유를 가소화시켜 부드럽게 만들므로 흔적을 찾아볼 수 없게 된다.

옛날 우리 어머니들은 숯불 다리미로 온 가족의 의복을 다렸는데, 당시에는 폴리에스터 의복은 존재하지도 않았다. 실크 같은 비단이나 무명 옷을 물을 입에 품어 분사시켜 가면서 다렸다. 당시의 어머니들도 이미 온도/습도에 따른 셀룰로오스 및 폴리펩티드 섬유의 절묘한 변화를 알고 이용하고 있었던 것이다.

05 드라이 클리닝 세탁소에서 왠 화재가?

세탁에 한해서는 업무분담이 분명히 된 것 같다. 물빨래는 가정이 담당하고, 드라이 클리닝은 세탁소가 담당한다. 물빨래에는 물에 녹인 비누나 세제가 쓰인다. 비누나 세제는 물에 녹아 마이셀을 형성하여 유성인 때를 빨아들여 제거한다.

드라이 클리닝을 위해 세탁소에서는 원래 유기용제인 퍼클로로에칠렌(perchloroethylene)을 쓴다. 이름이 너무 길어서 미국 사람들은 퍼크(perc)라고 줄여 부른다. 이 화합물은 불에 타지 않을 뿐만 아니라 타는 불을 끄는 데에 아주 높은 성능을 발휘하며, 기름을 아주 잘 녹이는 성질도 가지고 있다. 이런 성질은 이 화합물의 분자가 염소 원자를 4개나 가지고 있는 데에서 연유한다. 염소가 많이 결합된 화합물은 인체에 유해하다. 이 화합물도 마찬가지인데 다른 대안이 없어서 지금도 쓰이고 있다.

때라고 하면 모두 친유성으로 간주하겠지만, 때에도 친수성과 친유성이 있다. 밥풀 같은 오염은 친수성이므로 퍼크에는 전혀 녹지 않는다. 반면에 삼겹살 기름은 물빨래로 지울 수도 있지만, 퍼크에 녹여 내는 것이 더 확실하다. 세탁소에서 친유성 때를 제거하는 것은 쉽다. 기름이 퍼크에 아주 잘 녹기 때문이다. 친수성 때를 제거하기 위해 각 세탁소에서는 퍼크에 소량의 친수성 세제를 녹인다. 어떤 친수성 세제를 쓰는가는 세탁소의 기술과 비법에 속한다. 실력 있는 세탁소는 성능이 우수한 친수성 오염을 잘 제거하는 업소이다.

겨울이 되면 가끔 드라이 세탁소에서 세탁용제로 인한 화재가 난다. 이런 사고는 그 세탁소가 퍼크를 쓰지 않고 벤젠 같은 값싼 연소성 유기용제를 쓰기 때문에 일어난다. 이는 위법이다. 퍼크를 사용했다면 화재가 날 수 없다. 퍼크는 조금만 뿌려도 화재진압효과가 아주 우수하기 때문이다.

그래서 가정이나 실험실에서 화재진압용으로 소화기 대신에 보관해 두는 것도 좋을 것 같다. 초기에 화재를 아주 쉽게 진압할 수 있기 때문이다. 다만 불이 꺼진 다음에는 환기를 철저히 해야 된다. 독성이 매우 강한 염소(Cl_2)와 염화수소(HCl) 기체가 발생한다.

양복이나 와이셔츠를 세탁소에 맡기면 말끔하게 다림질해서 가져 온다. 그래서 주부들은 자주 세탁소를 찾는다. 양복이나 와이셔츠의 대부분은 양모나 셀룰로오스/폴리에스터 혼방섬유 베로 만들어진다. 베가 만들어지면 내마모성과 내수성을 향상시키기 위해서 멜라민/포름알데히드 수지나 요소/포름알데히드 수지 또는 글리옥살/포름알데히드 수지로 처리한다. 이 수지들은 가교되어 있어서 퍼크에 녹지 않지만, 너무 자주 퍼크와 접촉하면 서서히 제거된다.

이 수지가 제거되면 내마모성과 내수성이 저하되어 옷이 산뜻한 촉감을 주지 못하고 후줄근해지며, 다려도 매끈한 선이 잘 안 나온다. 그러므로 값비싼 양복은 물론 와이셔츠도 너무 자주 세탁소에 맡겨 퍼크로 처리하는 것은 바람직하지 않다. 옷이 빨리 낡는다. 세탁소에 맡겨 다림질만 잘 해서 입는 것이 더 좋을 수도 있다.

06 염료가 빠지는 것을 피하려면 흰옷이 좋다

미술 전공자 이외의 일반인들에게 염료는 잘 알려져 있지만, 안료는 그렇지 않은 것 같다. 둘 다 섬유나 플라스틱 등의 재료에 색깔을 부여하는 색재지만, 염료는 모두 분자량이 낮은 유기화합물이고, 안료는 일부를 제외한 대부분이 무기금속산화물 분말이다.

무기 안료의 특징은 1) 대부분은 활석, 탄산칼슘, 이산화티타늄, 실리카, 산화마그네슘, 점토, 백토 등처럼 백색이고, 2) 섬유나 플라스틱에는 물론 유기용제에도 전혀 녹지 않아 색깔을 내기 위해서는 미세한 분말 상태로 분산시켜야 되고, 3) 세탁해도 빠지지 않는다는 점이다. 금속 산화물들은 가시광선 에너지를 흡수하지 않으므로 흰색으로 보인다.

가끔, 방금 세탁했음에도 불구하고, 겨울에 헌 양말을 털면 하얀 분말이 계속 나오는 것을 관찰할 수 있다. 이 백색분말의 대부분은 양말에 대전방지성을 부여하기 위해서 첨가했던 실리카이다. 원래 실리카는 섬유에 비해 친수성이 월등하게 높아서, 친유성인 섬유의 고분자 사슬 사이에 빠지지 않게 첨가하기가 쉽지 않다. 하지만 지금은 기술적으로 이 문제를 해결하는 것은 전혀 어렵지 않다. 실리카의 표면을 미리 커플링제로 처리해서 섬유로 방사할 고분자에 첨가하면 된다. 실리카가 계속 빠지는 양말은 제조기술에 문제가 있었다고 보면 된다. 다행인 것은 실리카 미세분말이 특별한 해를 끼치는 것 같지는 않다는 점이다. 실리카는 모래의 주성분이다.

옷감에 물들일 염료를 고를 때에는 옷감을 이루는 아크릴, 나일론, 면, 폴리에스터 등의 고분자와 염료 분자 사이에 가급적 화학반응이 일어나는 것이라야 된다. 화학반응이 일어나기 어렵다면 적어도 물리적 흡착이 매우 강해서 차후에 뜨거운 물로 세탁할 때 또는 유기용매로 드라이 크리닝해도 염료가 빠지지 않을 정도로 염색 견뢰도가 높아야 된다. 염료의 화학은 대단히 복잡하고, 화합물 종류도 매우 많다. 그래서 이런 일은 전문가의 몫이다.

일반적으로 아크릴, 면, 나일론 섬유는 염료와의 화학반응을 일으키기가 쉬워서 염색했을 때 색상이 뚜렷하고 세탁 견뢰도가 매우 높다. 이에 반해 폴리에스터는 고분자 사슬구조 자체가 염료와의 화학반응이 어렵게 돼있으므로, 세탁해도 염료가 빠지지 않도록 염색하기 위해서는 더 고도의 기술이 필요하다.

특히 화려한 색상을 가진 옷감이 뜨거운 물이나 심지어는 찬물에 담갔을 때 염료가 빠지는 것을 종종 관찰할 수 있다. 이런 섬유의 대부분은 폴리에스터라고 보면 된다. 염료는 피부에, 특히 어린이의 피부에 좋지 않은 영향을 미칠 위험성이 높다. 그러므로 염료가 빠지는 옷은 입지 않도록 하고, 입을 때에는 염료를 완전히 빼낸 뒤 입는 것이 좋다.

문제는 새 옷을 살 때 염색 견뢰도가 어떤지 미리 시험해 볼 수가 없다는 것이다. 특히 어린이 옷은 어른 옷에 비해 색상도 화려한데, 판매장의 새 옷을 세탁해 볼 수는 없지 않은가? 이럴 경우 가장 안전한 선택은 흰옷을 사는 것이라고 생각한다. 흰색을 내는 염료는 없기 때문이다. 특히 신생아의 옷은 그렇다.

07 귀신 불과 화학발광

공상과학 영화는 어린이들과 젊은이들에게 큰 인기를 끈다. 필자는 이런 영화를 별로 좋아하지 않는데, 오래 전에 상당히 많은 호응을 받은 〈별들의 전쟁〉을 관람한 적이 있었다. 이 영화에는 두 사람이 싸우는 장면이 나오는데 이 싸움에서는 창, 칼이 아니라 청색의 "레이저 방망이"가 쓰였다.

이런 "레이저 방망이"는 영화 속의 싸움에만 쓰이는 것이 아니라, 스포츠 경기의 응원에도 사용된다. 축구, 야구 같은 인기 높은 경기가 야간에 열릴 때 수많은 관중들이 일사불란하게 "레이저 방망이"를 휘두르며 응원하는 장면을 여러 번 본 적이 있다. 이때 사용된 "레이저 방망이"도 청색이었다. 실상 "레이저 방망이"는 레이저와는 전혀 상관없는 화학발광 플라스틱 튜브이다.

화학반응이 일어날 때 대부분은 열을 방출한다. 그런데 열 대신 빛을 내는 화학반응도 있다. 어렸을 적 밤에 공동묘지 인근에서 보았다는 "귀신불"이 바로 화학발광의 한 예다. 이 빛은 기체 상태의 인이 공기 중의 산소에 의해 일산화인(O=P-P=O 또는 H-P=O)으로 산화될 때 생기는 빛이다. 이 빛

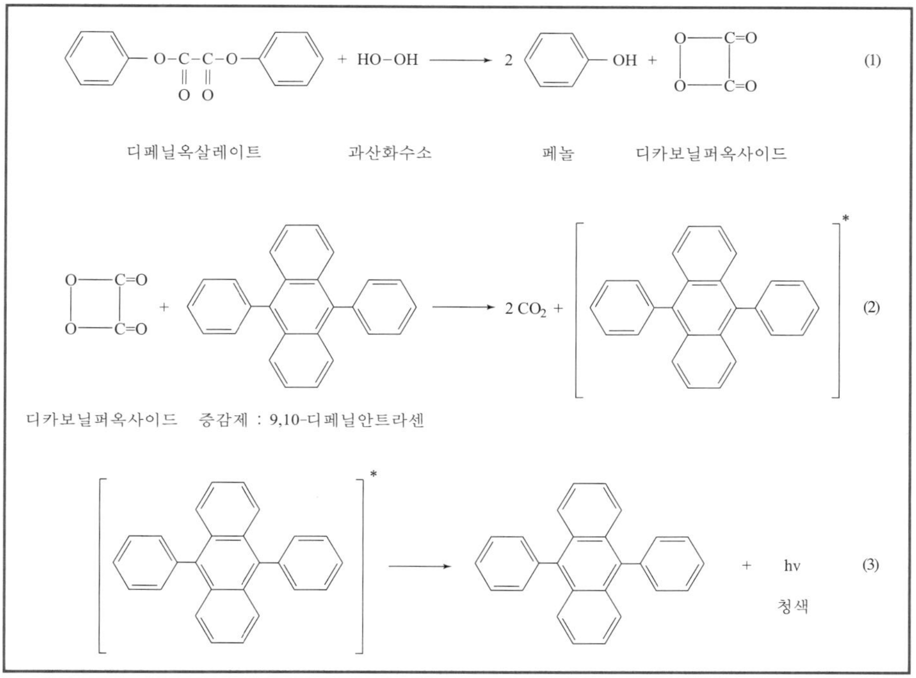

디페닐옥살레이트/증감제/과산화수소의 발광반응

이 발생할 때에는 열이 나지 않는다.

지금 가장 많이 사용되는 화학 발광제는 디페닐옥살레이트/증감제/과산화수소의 혼합물이다. 이 세 물질을 혼합하면 그림에 보인 것처럼, 먼저 페놀과 디카보닐퍼옥사이드가 생긴다(반응 1). 이 과산화물은 에너지를 9,10-디페닐안트라센 증감제에 전달한 뒤 분해되어 탄산가스로 변환된다(반응 2). 증감제가 가진 에너지(*로 표시)는 청색 빛으로 바뀌어 방출된다(반응 3). 결과적으로 증감제는 광반응 효율을 높이는 것을 도와주는 화합물이다.

증감제에는 많은 종류가 알려져 있고, 사용하는 증감제에 따라 방출되는 빛의 색깔이 달라진다. 예를 들면, 9,10-디(페닐에치닐)안트라센에서는 녹

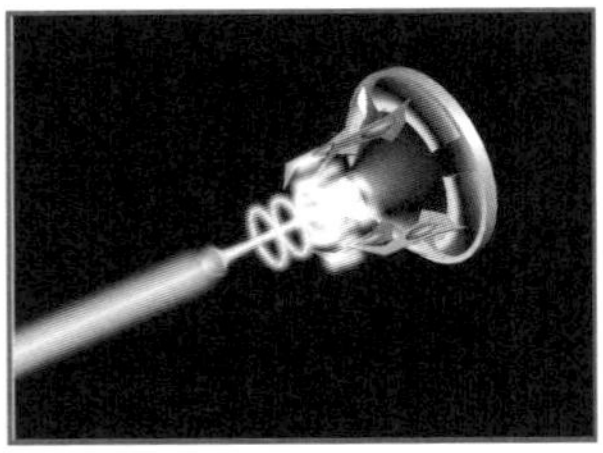

레이저

색이 나오고 테트라센을 쓰면 황녹색 빛이 나온다. 반응 2에서 증감제가 받은 에너지가 같다고 하더라도, 증감제가 빛 에너지로 변환시키기 위해 내놓는 에너지 양이 다르기 때문에 방출광의 색깔이 다르게 된다.

이 원리를 이용해서 발광봉을 만들기 위해서는 플라스틱 튜브에 과산화수소를 넣고, 이어 디페닐옥살레이트/증감제 혼합물이 담긴 작은 유리병과 쇠구슬을 함께 넣고 밀봉한다. 사용 직전에 튜브를 강하게 흔들면 쇠구슬에 의해 유리병이 깨져 두 용액이 혼합되면서 빛을 내게 된다. 이제 흔들기만 하면 "레이저 방망이"가 된다.